FLUGZEUGE DER WELT

2006

Coverfoto: Airbus A380
Dreiseitenrisse: Aeromedia Anton E. Wettstein

Lizenzausgabe für Deutschland und Österreich,
Motorbuch Verlag, Stuttgart 2006
Sie finden uns im Internet unter:
http://www.motorbuch-verlag.de

ISBN: 3-613-02583-3
ISBN: 978-3-613-02583-7

CLAUDIO MÜLLER

2006

FLUGZEUGE DER WELT

Motor buch Verlag

Mittlerweile liegt die 46. Ausgabe von Flugzeuge der Welt vor. Wie seit Jahren üblich, stellt das Buch jene Typen vor, die sich derzeit in Produktion befinden oder ältere Modelle, welche einer wesentlichen Modernisierung unterworfen werden. Am interessantesten sind jeweils Typen, die im Jahre 2006 voraussichtlich ihren Erstflug absolvieren. In dieser Beziehung scheint dieses Jahr einiges zu bieten.

Als Schwerpunktsthema habe ich dieses Jahr eine ganz spezielle Kategorie von Flugzeugen gewählt, deren Bedeutung immer mehr zunimmt und die besonders in den letzten Jahren stark im Mittelpunkt standen, die Feuerwehrflugzeuge. Dies bietet Gelegenheit, eine vielfältige Szene vorzustellen und mehrere alte bekannte Muster, aber mit einer neuen Aufgabe, zu beschreiben. Der Bedarf an Löschflugzeugen nimmt weltweit sprunghaft zu. Die Branche verwandelt sich von einem Sammelsurium von Altflugzeugen immer mehr zu einer äusserst effizienten und professionellen Umweltschutz-Organisation. Die alten im wahrsten Sinne ausgeleierten Propellerflugzeuge aus den fünfziger Jahren werden nach und nach durch eine Vielzahl neuerer und einigen ganz neuen Typen abgelöst, seien es Flugboote, Hubschrauber oder Landflugzeuge. Neuerdings diskutiert man sogar über Unmanned Aerial Vehicles (UAV), vorläufig als Verbindungs-, Überwachungs- und Leitflugzeuge, später aber auch als «Löschbomber».

In der Militärluftfahrt gibt es eher wenig Neues zu berichten. Einige seit vielen Jahren in der Erprobung stehende Muster kommen nun langsam in den Truppendienst, allen voran der Eurofighter und die F/A-22 Raptor. Für Neuheiten sorgen immer mehr asiatische Länder, allen voran China. Sonst leidet die Branche weiterhin an den weltweit eng gehaltenen Verteidigungsbudgets und den neuen Schwerpunkten. Einen davon stellen immer mehr die UAV's dar. Laufend entstehen neue Muster und neue Aufgaben werden ihnen zugetraut. Der nächste Schritt geht von der eigentlichen Aufklärungsplattform hin zum Kampfflugzeug für besondere Einsätze. Zwei Muster sind diesbezüglich zu nennen, die Boeing X-45C und die Northrop Grumman X-47B. In diesem Bereich findet eine eigentliche technologische Revolution statt.

Stichwort neue Technologien: Flugzeuge erfordern bekanntlich viel Energie und verbrauchen als Treibstoff heute noch ausschliesslich Erdöl-Derivate. Die letzten Jahre haben wieder einmal gezeigt, dass diese Abhängigkeit der Luftfahrt vom Erdöl mittelfristig bedrohlich werden kann. Noch befinden sich Versuche mit alternativen Energiequellen für die Luftfahrt in den Kinderschuhen. Erste Experimente wurden mit Solarzellen als Energiequelle gemacht. Die bisherigen Versuchsmuster, z.B. das NASA-Projekt Global Observer zeigen, wie schwierig dieser Weg noch ist und wie weit entfernt eine echte kommerzielle Einsatzreife ist. Eine etwas andere Lösung sind sog. Ultralights z.B. mit Fanwings, deren Entwicklungspotenzial noch wenig ausgeschöpft wird.

Das eigentliche Sorgenkind der Luftfahrt ist nach wie vor die kommerzielle Verkehrsfliegerei. Eigentlich müsste man meinen, dass sich die weltweit ansteigende Konjunktur positiv auf diesen Industriezweig auswirkt. Tatsächlich trifft man auf ein geteiltes Bild. Hier kräftig wachsende Billig-Airlines und dort teilweise um das Überleben kämpfende traditionelle Gesellschaften mit einem umfassenden Angebot. Aber das Bild der Billig-Airlines trügt. Viele sind aus einer sehr günstigen Marktkonstellation heraus entstanden. Den Beweis, dass sie langfristig überleben können, haben bisher die wenigsten erbracht. Hier wird es noch zu einer grossen Marktbereinigung kommen, sobald die Sonderfaktoren wegfallen und die Startkapitalien aufgebraucht sind. Eine teilweise brutale Konkurrenz und fehlende supranationale Regulierungen führen dazu, dass in fast allen Regionen ein Preiskampf herrscht, der kaum jemandem mehr nachhaltige Gewinne ermöglicht. Gemäss der IATA erlitt 2005 die Gesamtheit der Fluggesellschaften einen Verlust von rund US$ 6 Mrd. Auch für 2006 ist ein negatives Resultat zu erwarten. Von den sechs grössten USA-Gesellschaften sind vier derzeit unter Konkursrecht (sog. «Chapter 11») oder erst kürzlich in die ungewisse «Freiheit» entlassen worden. Das sagt eigentlich alles. Auch europäische Gesellschaften wie z.B. Alitalia und Olympic wären ohne kräftige Staatshilfe längst von der Bildfläche verschwunden. Wie lange soll dieser Zustand noch andauern? Die deutlich angestiegenen Treibstoffkosten haben die Situation noch verschärft. Eine Konsequenz daraus ist die eigentliche Renaissance von Commuterflugzeugen mit Propellerturbinen. Typen wie die ATR 42/72, die chinesische Y-7/MA60 sowie die Dash 8 verzeichnen kräftige Verkaufszunahmen. Opfer sind dagegen die 35- bis 50-plätzigen Jets. So werden mangels Nachfrage sowohl die EMBRAER ERJ-135/-145 wie auch die Bombardier CRJ 200 spätestens ab Mitte 2006 nicht mehr gebaut.

Ein neuer Trend bestätigt sich immer mehr. Leichte Jets sowohl für Businesseinsätze aber auch als Privatflugzeuge stossen auf rege Nachfrage. Neue Modelle werden lanciert, wobei anzunehmen ist, dass nur eine kleine Anzahl davon am Markt reussieren wird. Nebst konventionellen Angeboten gibt es auch Exoten, wie zum Beispiel die ATG Javelin. Mit dem Aufkommen dieses neuen Sektors ist auch eine neue Dienstleistung, das Airtaxi verbunden. Wie der Name sagt, können Einzelpersonen oder kleine Gruppen für einen Flug von A nach B ein Lufttaxi bestellen und das zu offenbar recht günstigen Konditionen. Die hohe Zahl von Bestellungen durch neue Unternehmen in diesem Bereich lassen auf ein grosses Potenzial schliessen. Wird sich dieses Angebot auch durchsetzen?

Eine spezielle Erwähnung verdient die russische Luftfahrtindustrie. Nach Jahren einer eigentlichen Agonie zeigen sich neue Lebenszeichnen. Während bisher hauptsächlich Militärprogramme diesen Industriezweig einigermassen am Leben erhielten, kommen nun auch zunehmend Aufträge für Hubschrauberprogramme und Verkehrsflugzeuge herein. Muster wie die Antonow An-148, die Kazan Ansat, aber auch die seit Jahren um Aufträge kämpfende Tupolew Tu-204/234 erfreuen sich eines recht guten Bestellungseingangs.

Alles in allem wird 2006 ein interessantes und bewegtes Jahr für die Luftfahrt. Einen wichtigen Meilenstein stellt sicherlich die Indienststellung des Airbus A380 dar. Ende 2006 soll es soweit sein. Wenn auch der hohe Sicherheitsstandard und die geringe Zahl an Flugunfällen weiter anhalten, können wir sehr optimistisch in die Zukunft schauen.

Claudio Müller

FLUGZEUGPROJEKTE VON MORGEN

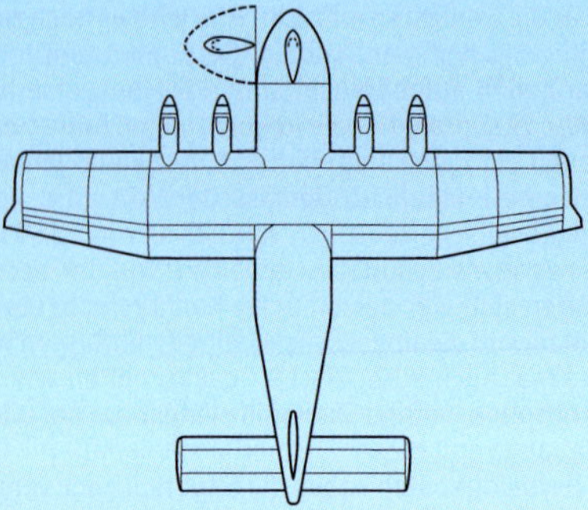

Ursprungsland: USA
Kategorie: Ultraschwerer Frachter für zivile und militärische Einsätze.
Triebwerke: Acht Propellerturbinen in vier Triebwerkgondeln von je zwischen 60000 und 80000 WPS (44700 bis 59600 kW) Leistung.
Leistungen: Max. Reisegeschwindigkeit auf Meereshöhe mit Bodeneffekt 460 km/h; Dienstgipfelhöhe rund 6100 m; Reichweite 7 m über Meer 18500 km, über Land auf normaler Flughöhe 12000 km.
Gewichte: Max. Startgewicht 2700000 kg.
Zuladung: Zwei Mann Cockpitbesatzung und in zwei Frachträumen übereinander auf einer Bodenfläche von 2790 m² eine max. Nutzlast von 1300000 kg. In Hohlräumen zwischen den Triebwerken ist Platz für Passagiere bzw. für Begleitpersonen vorgesehen.
Entwicklungsstand: Sofern das Projekt weiter verfolgt wird, ist mit einer Indienststellung der Pelican Ultra um das Jahr 2020 zu rechnen.
Hersteller: The Boeing Company, Seattle, Washington, USA.

Abmessungen:
Spannweite 152,0 m
Länge 122,0 m
Flügelfläche 4047,0 m²

BOEING PELICAN ULTRA

Dieses Projekt zeigt, in welcher Richtung sich besonders die Frachtfliegerei entwickeln könnte. Bei dieser Grössenordnung - das Flugzeug wäre etwa vier Mal so schwer wie das derzeit grösste Flugzeug der Welt, die Antonow An-225 (siehe Ausgabe 2002) - macht es direkt der Schifffahrt Konkurrenz. Die massive Zuladung von Seefrachtern würde mit der Geschwindigkeit von Flugzeugen kombiniert. Die wesentliche Innovation besteht darin, dass dieses Muster nur wenige Meter über dem Wasserspiegel fliegen würde. Damit macht man sich den sog. Bodeneffekt (Flügel-Boden-Effekt; Wing-in-Ground-Effect) zunutze und benötigt dazu wesentlich weniger Kraft. Zur Verstärkung dieser Wirkung lassen sich die Aussenflügel während des Fluges nach unten klappen. Zum Landen werden sie wieder in die Horizontale gebracht. Über Land würde auf normalen Höhen geflogen. Je zwei der mächtigen Triebwerke würden auf einen gegenläufigen Vierblatt-Propeller wirken. Die Pelican ist sowohl für zivile wie militärische Einsätze ausgelegt. Trotz der Grösse soll die Pelican Ultra in der Lage sein, auf normalen Flugplätzen starten und landen zu können. Das Fahrwerk besteht aus 76 Rädern. Ob auch die Möglichkeit vorgesehen ist, ab Wasser operieren zu können, ist nicht bekannt.

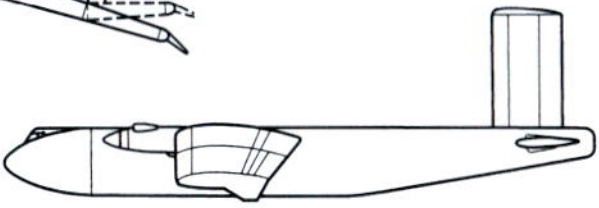

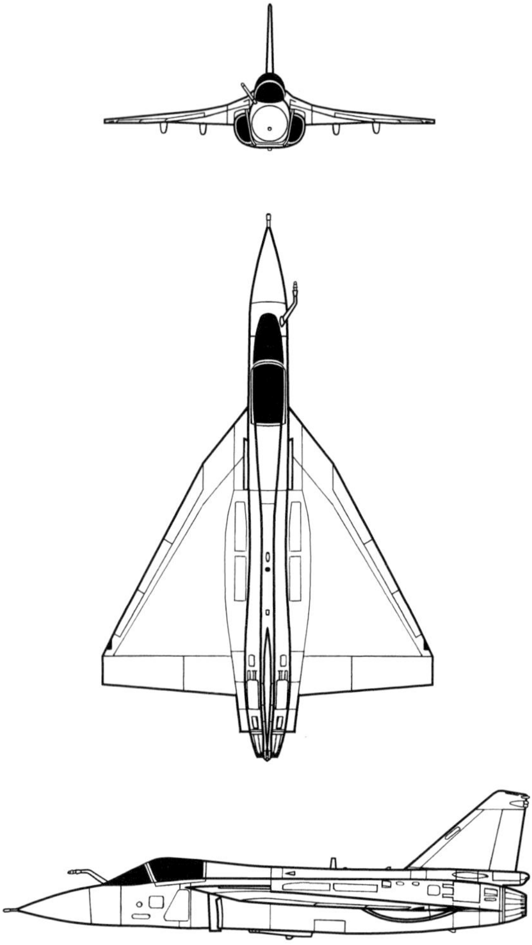

Abmessungen:
Spannweite 8,20 m
Länge 13,20 m
Höhe 4,40 m
Flügelfläche ca. 38,40 m²

ADA (HAL) LCA TEJAS

Ursprungsland: Indien.
Kategorie: Ein- und zweisitziger leichter Mehrzweckjäger.
Triebwerke (Erprobungsträger TD-1/2 + 13 erste Exemplare): Ein Mantelstromtriebwerk General Electric F404-F2J3 mit 8210 kp (80,50 kN) Standschub mit Nachbrenner; (ab 14. Maschine) ein Mantelstromtriebwerk Kaveri GTX-35VS von 5270 kp (52,44 kN) ohne und 8170 kp (80,68 kN) mit Nachbrenner.
Leistungen (geschätzt): Höchstgeschwindigkeit in grossen Höhen Mach 1,8+; Dienstgipfelhöhe über 15000 m.
Gewichte: Leergewicht TD-1 ca. 5500 kg, PV1 ca. 5000 kg; Startgewicht ohne Aussenlasten 8500 kg, mit Aussenlasten bis zu 13000 kg.
Bewaffnung: Eine doppelläufige 23 mm-Kanone GSh-23 mit 200 Schuss sowie an sieben Aufhängepunkten Waffenlasten bis zu 4000 kg.
Entwicklungsstand: Der erste von zwei Erprobungsträgern TD-1 nahm die Flugerprobung am 6. Januar 2001 auf. Der erste eigentliche Prototyp PV1 startete am 25. November 2003 zum Erstflug. Vier weitere, darunter ein Doppelsitzer folgen. Ein Muster in der Marineausführung soll 2007 erstmals fliegen. Die indischen Streitkräfte wollen als Ersatz der MiG-21 rund 200 Einheiten beschaffen, wobei die Auslieferungen erst ab ca. 2007 erwartet werden. 17 Einheiten sind mittlerweile fest bestellt worden. Ein weiterer Auftrag für 40 Tejas wird nächstens erwartet.
Bemerkungen: Das neu als Tejas (Strahler) bezeichnete Muster ist ein kleines, wendiges und kostengünstiges Mehrzweckkampfflugzeug. Dank Verwendung von modernsten Verbundwerkstoffen und Aluminium/Lithium-Verbindungen ist die Tejas auch sehr leicht. Weite Teile der Elektronik sind aus politischen Gründen in Indien entwickelt worden, so auch der Multifunktions-Dopplerradar. Das Projekt leidet nach wie vor wegen der ungenügenden Leistungen des indischen Triebwerks Kaveri und Problemen mit dem digitalen Fly-by-Wire-System unter grossen Verzögerungen, welche das Datum der Indienststellung immer weiter hinausschieben. Die Ausführung für die indische Marine soll für Trägereinsätze ausgelegt werden.
Hersteller: ADA Aeronautical Development Agency der Hindustan Aeronautics Ltd., Bangalore, Indien.

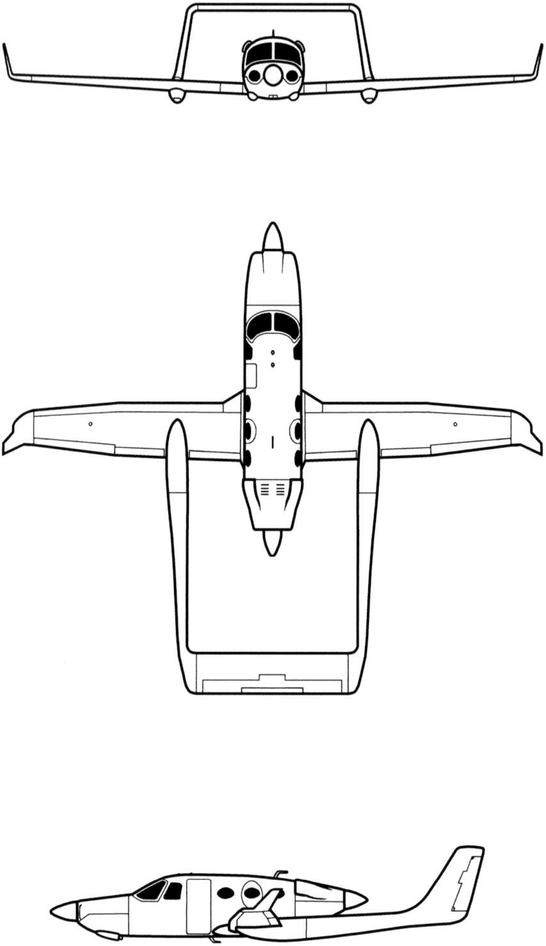

Abmessungen:
Spannweite 13,40 m
Länge 11,09 m
Höhe 2,86 m

ADAM A500

Ursprungsland: USA.
Kategorie: Leichtes Firmenflugzeug.
Triebwerke: Zwei luftgekühlte Sechszylinder-Boxermotoren Teledyne Continental TSIO-550E von je 350 PS (260 kW) Leistung.
Leistungen (nach Angaben des Herstellers): Max. Reisegeschwindigkeit bei 75 % Leistung 463 km/h; ökonomische Reisegeschwindigkeit bei 75 % Leistung 425 km/h; Anfangssteiggeschwindigkeit 6,9 m/Sek; Dienstgipfelhöhe 7620 m; max. Reichweite mit IFR-Reserven 1850 km.
Gewichte: Rüstgewicht 2340 kg; Abfluggewicht 3175 kg.
Zuladung: Ein Pilot und in der Normalausführung fünf Passagiere; max. Nutzlast rund 800 kg.
Entwicklungsstand: Ein als M-309 bezeichneter Erprobungsträger flog erstmals am 21. März 2000 (siehe Ausgabe 2002). Der erste von drei überarbeiteten Prototypen begann die Flugerprobung am 11. Juli 2002. Bisher sind Verkäufe für mehr als 70 Einheiten bekannt geworden. Aus technischen Gründen verzögerten sich die Erstauslieferungen auf Ende 2005.
Bemerkungen: Nach langer Entwicklungs- und Erprobungszeit erlangt die A500 nun die Serienreife. Dank der Triebwerksanordnung vorne und hinten am Rumpf weist dieser Zweimotorer die Flugeigenschaften eines einmotorigen Flugzeuges auf. Aussergewöhnlich ist auch die Konzeption des vollständig aus Karbon bestehenden Flügels. Der als Tiefdecker ausgelegte Hauptflügel besteht aus einem einzigen Teil und ist durch Doppelrümpfe mit dem Höhen-/Seitenleitwerk verbunden. Das Cockpit weist die heute üblichen Flachbildschirme auf. Die Kabine ist im Vergleich zu anderen Flugzeugen dieser Klasse recht voluminös (Innenlänge 4,14 m, Breite 1,33 m, Höhe 1,29 m). Mit einem Kaufpreis von US$ 935000.-- ist die A500 attraktiv. Die US Airborne Surveillance hat eine Überwachungsvariante bestellt, welche Infrarot- und TV-Sensoren unter den Flügeln aufweist. 32 Einheiten sollen beschafft werden. Eine mit zwei Mantelstromtriebwerken ausgerüstete Weiterentwicklung A700 wurde in der Ausgabe 2005 vorgestellt.
Hersteller: Adam Aircraft Industries, Denver, Werk Centennial Airport Englewood, Colorado, USA.

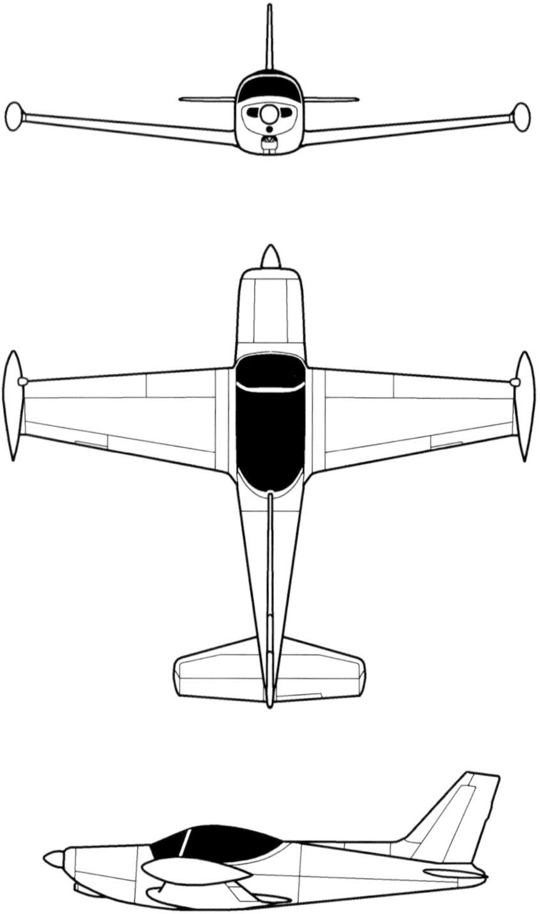

Abmessungen:
Spannweite inkl. Flügelendtanks 8,35 m
Länge 7,10 m
Höhe 2,68 m
Flügelfläche 10,1 m²

AERMACCHI SF-260EA

Ursprungsland: Italien.
Kategorie: Grundschultrainer und leichter Waffentrainer.
Triebwerke: Ein luftgekühlter Sechszylinder-Boxermotor Textron Lycoming AEIO-540-D4A5 mit Benzineinspritzung oder (F) O-540-E4A5 mit Vergaser von 260 PS (194 kW) Leistung.
Leistungen: Höchstgeschwindigkeit in optimaler Höhe 337 km/h, auf Meereshöhe ebenfalls 337 km/h; normale Reisegeschwindigkeit 324 km/h; Anfangssteiggeschwindigkeit 7,6 m/Sek; Dienstgipfelhöhe 5790 m; Reichweite mit zwei Piloten 1140 km, max. mit externen Treibstofftanks 1750 km.
Gewichte: Leergewicht 840 kg; max. Startgewicht für Akrobatikeinsätze 1200 kg, als Waffentrainer 1350 kg.
Bewaffnung (Warrior): Übungsbomben, Behälter für ungelenkte Raketen oder für 7,62 mm-Maschinengewehre bis zum Gewicht von 300 kg an zwei Unterflügelstationen.
Entwicklungsstand: Das Ausgangsmuster wurde in den sechziger Jahren entwickelt und in etwa 880 Exemplaren u.a. an rund 27 Luftwaffen und Flugschulen verkauft. Die neueste Ausführung SF-260EA nahm am 20. Oktober 2004 die Flugerprobung auf. 30 Exemplare hat die Luftwaffe Italiens bestellt. Diese werden bis Mitte 2006 ausgeliefert.
Bemerkungen: Die derzeitigen Produktionsvarianten SF-260E und F unterscheiden sich hauptsächlich durch den Motor. Während die E über eine Direkteinspritzung verfügt, ist die F mit einem Vergaser ausgerüstet. Beide Ausführungen erhielten 1992 die Zulassung. Die Ausführung EA verfügt über eine neue Avionik, verbesserte Cockpit-Ergonomie und soll leichter zu unterhalten sein. Weiterhin erhältlich sind auch die als Warrior bezeichnete Version eines leichten Waffentrainers sowie die SF-260TP mit einer Propellerturbine Allison 250-B17D von 350 WPS (261 kW) Leistung. Einige Merkmale der SF-260: Ganzmetallstruktur, Sitze nebeneinander mit Möglichkeit hinter den Piloten einen dritten Sitz einzubauen, Einziehfahrwerk, Avionik von AlliedSignal oder Collins. Dank ihrer robusten Konstruktion ist die SF-260 besonders gut für militärische Trainingseinsätze geeignet.
Hersteller: Aermacchi SpA, Varese-Venegono, Italien.

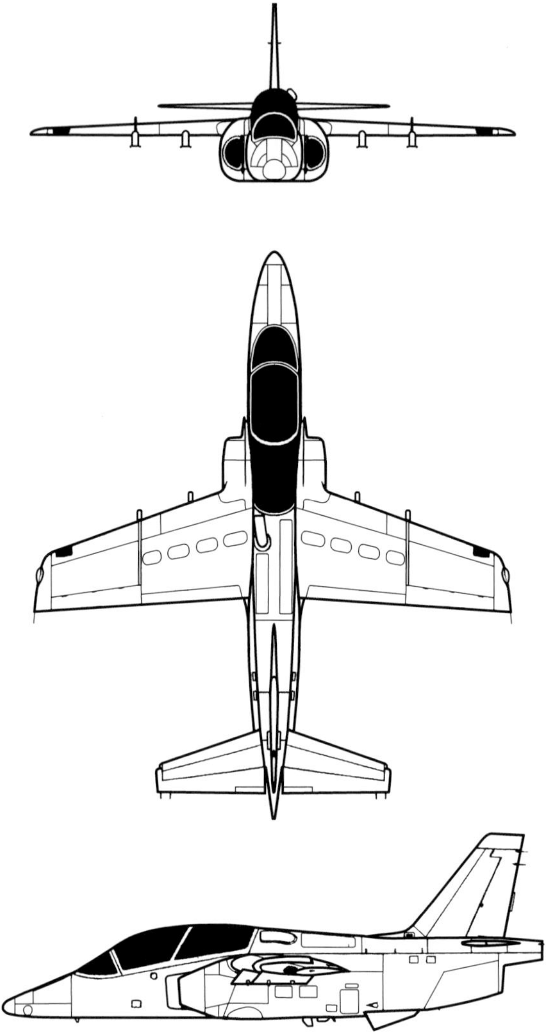

Abmessungen:
Spannweite 8,51 m
Länge 9,53 m
Höhe 3,73 m
Flügelfläche 12,60 m^2

AERMACCHI M-311

Ursprungsland: Italien.
Kategorie: Zweisitziger Basistrainer.
Triebwerke: Ein Mantelstromtriebwerk Pratt & Whitney (Canada) JT15D-5C von 1447 kp (14,19 kN) Standschub.
Leistungen: (nach Angaben des Herstellers): Höchstgeschwindigkeit 740 km/h auf 6096 m; Anfangssteiggeschwindigkeit 24,6 m/Sek; Dienstgipfelhöhe 12192 m; Reichweite mit max. internem Kraftstoff 1200 km, mit zwei externen Zusatztanks und 10 % Reserven 1560 km.
Gewichte: Leergewicht 2200 kg; Startgewicht für Trainingseinsätze 3100 kg, mit voller Bewaffnung 4000 kg.
Bewaffnung: Maximal können für Trainingseinsätze Waffen in einem Gesamtgewicht von 1000 kg mitgeführt werden.
Entwicklungsstand: Das Vorführmuster der M-311 nahm die Flugerprobung am 1. Juni 2005 auf. Bisher sind keine Bestellungen bekannt geworden. Von der Ursprungsausführung S-211 (Erstflug 10. April 1981) wurden insgesamt nur 30 Exemplare für die Luftwaffen von Singapur, Philippinen und Haiti hergestellt.
Bemerkungen: Das Ausgangsmuster der M-311, der Basistrainer S-211, wurde umfassend überarbeitet. Die Aerodynamik verbesserte man u.a. durch neue Flügelenden und durch zwei Spoiler an der Rumpfunterseite hinten. Um eine Lebensdauer von 15000 Flugstunden zu ermöglichen wurden die Struktur sowie das Fahrwerk verstärkt. Nun sind bei einem Gewicht von 3100 kg Flugmanöver von bis zu +7 g bzw. -3,5 g zugelassen. Schliesslich baute man ein gegenüber der S-211 rund 30 % stärkeres Triebwerk ein. Das Vorführflugzeug ist mit zwei redundanten Missions-Computern von GMC, GPS und HUD ausgestattet. Beide Cockpitsitze verfügen über LCD-Instrumentenanzeigen mit Multifunktionsfähigkeit. Um kürzere Standzeiten zu ermöglichen, verfügt die M-311 über Druckluftbetankung. Weiter hat Aermacchi durch mehrere Massnahmen die Wartung vereinfacht und für einen kostengünstigen Betrieb gesorgt.
Hersteller: Aermacchi SpA, Varese-Venegono, Italien.

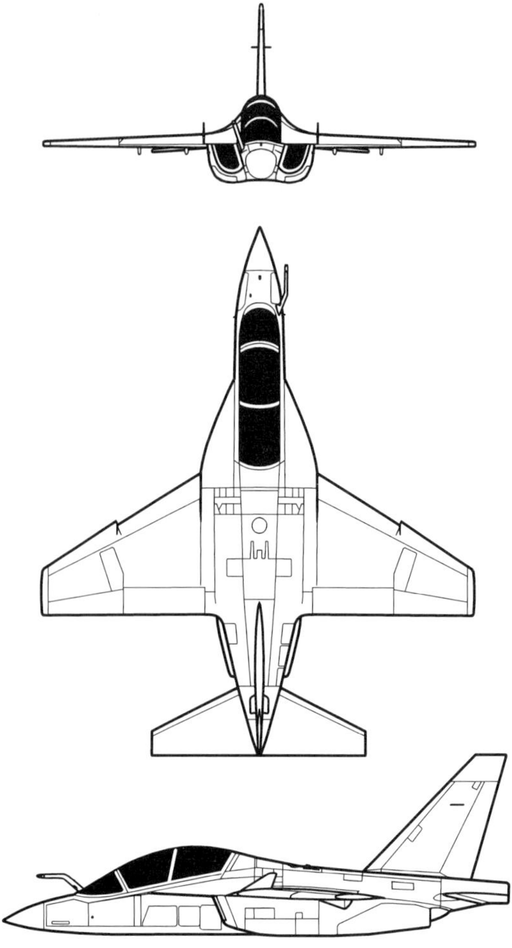

Abmessungen:
Spannweite 9,72 m
Länge 11,49 m
Höhe 4,98 m
Flügelfläche 23,52 m^2

AERMACCHI M-346

Ursprungsland: Italien.
Kategorie: Fortgeschrittenentrainer.
Triebwerke: Zwei Mantelstromtriebwerke Honeywell F124-GA-200 von je 2835 kp (27,80 kN) Standschub.
Leistungen: Höchstgeschwindigkeit 1092 km/h auf 1520 m; Anfangssteiggeschwindigkeit 102 m/Sek; Dienstgipfelhöhe 13700 m; Reichweite mit max. internem Kraftstoff 1770 km, mit zwei externen Zusatztanks und 10 % Reserven 2410 km.
Gewichte: Leergewicht 4610 kg; Startgewicht für Trainingseinsätze 6700 kg, mit voller Bewaffnung 9500 kg.
Bewaffnung: Die M-346 kann eine Waffenlast von bis zu 3000 kg mitführen.
Entwicklungsstand: Das erste von drei Erprobungsmustern startete am 15. Juli 2004 zum Erstflug. Der zweite folgte am 17. Mai 2005. Bestellungen vorausgesetzt, könnte das erste Einsatzmodell im 2007 geliefert werden.
Bemerkungen: Die M-346 ist eine Ableitung des russisch-italienischen Gemeinschaftsprojekts Yak/AEM-130. Obwohl äusserlich diesem Muster ähnlich, handelt es sich weitgehend um eine Neukonstruktion mit etwas geringeren Abmessungen. Die Struktur besteht überwiegend aus Leichtaluminium, Teile der Flügel sowie Höhen- und Seitenleitwerk sind aus Verbundwerkstoffen. Eine wesentliche Neuerung stellt die von Teleavio/Marconi gelieferte, je nach Einsatz verschieden programmierbare Flugsteuerung dar. Diese kann von manuell bis zur Fly-by-wire-Konfiguration eingestellt werden. Dadurch lässt sich ein optimaler Trainingseffekt erzielen. Die doppelt redundante Avionik-Struktur basiert auf einem MIL-STD-1553B-Databus und umfasst u.a. TACAN, IFF, IN/GPS usw. Dank diesen Vorzügen ist die M-346 eines der zur Zeit weltweit fortschrittlichsten Trainingssysteme für angehende Kampfflieger. Yakowlew führt die Weiterentwicklung des Ausgangsmusters YAK/AEM-130 alleine weiter (siehe Seiten 314/315).
Hersteller: Aermacchi SpA, Varese-Venegono, Italien.

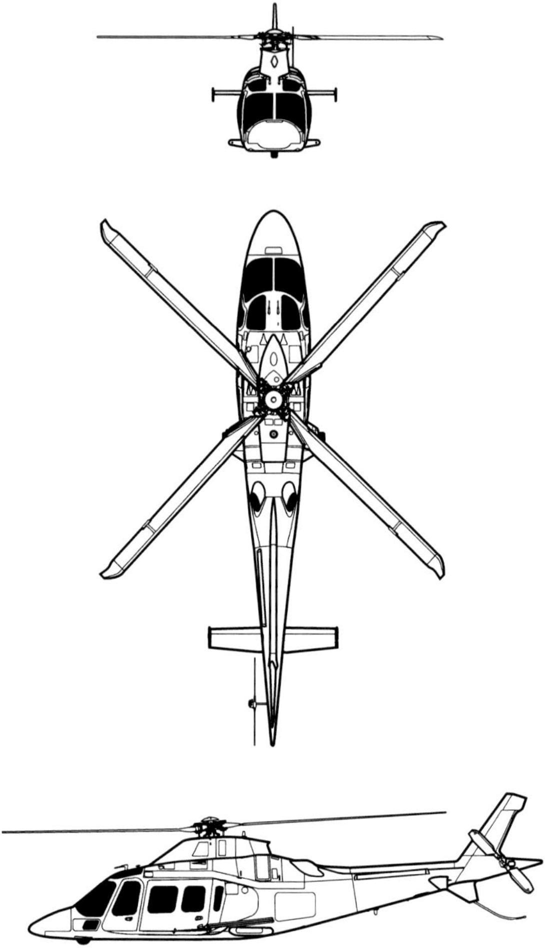

Abmessungen:
Rotordurchmesser 10,83 m
Rumpflänge 11,65 m
Höhe 3,44 m

AGUSTA WESTLAND A109 GRAND

Ursprungsland: Italien.
Kategorie: Leichter Mehrzweckhubschrauber.
Triebwerke: Zwei Gasturbinen Pratt & Whitney Canada PW207C von je 735 WPS (548 kW) Leistung.
Leistungen: Höchstgeschwindigkeit 311 km/h; max. Reisegeschwindigkeit 288 km/h auf Meereshöhe; max. Schrägsteiggeschwindigkeit 9,30 m/Sek; Dienstgipfelhöhe 4940 m; Schwebehöhe mit Bodeneffekt 4570 m, ohne Bodeneffekt 3050 m; Reichweite 890 km; max. Flugdauer 4 Std. 28 Min.
Gewichte: Leer 1655 kg; max. Startgewicht 3175 kg mit interner Nutzlast bzw. 3200 kg mit externer Nutzlast.
Zuladung: Ein Pilot und sieben Passagiere. Als Ambulanzhubschrauber zwei liegende Patienten und zwei Helfer. Max. Nutzlast (Power) 1130 kg.
Entwicklungsstand: Die neueste Version Grand fliegt seit Anfang 2005. Erste Auslieferungen erfolgten noch im gleichen Jahr. Die Vorgängerausführung, welche weiterhin gebaut wird, flog erstmals am 8. Februar 1995. Agusta hat bisher über 350 Festbestellungen bekannt gegeben, darunter auch viele für diverse Streitkräfte und als Ambulanzhubschrauber. Die A109 wird in der Republik Südafrika und in der VR China in Lizenz gebaut.
Bemerkungen: Im 2004 stellte AgustaWestland als aktuelles Top-Modell eine nochmals vergrösserte und leistungsfähigere Version «Grand Space» vor. Diese um rund 20 cm «gestreckte» A109 bietet einen auf 2,30 m verlängerten Innenraum. Zum erleichterten Einstieg wurden auch die zwei Schiebetüren vergrössert. Damit ist die Grand besonders für Ambulanzeinsätze geeignet. Den Antrieb übernehmen leistungsstärkere PW207C-Triebwerke. Im übrigen ist sie gleich wie die Version Power (siehe Ausgabe 2005) mit der Ausnahme, dass der Heckrotor nun aus Verbundwerkstoff besteht. Power wie Grand weisen einen Hauptrotorkopf mit Titannabe und Elastomerlagern auf, welcher wesentlich wartungsfreundlicher ist. Die Triebwerke sind mit einem elektronischen Triebwerkmanagement FADEC versehen. Das Fahrwerk ist einziehbar. Dank eines 1553 MIL-STD-Databusses kann eine Vielzahl von (Zusatz)Systemen kompatibel gemacht werden.
Hersteller: AgustaWestland Ltd., Werk Vergiate, Italien.

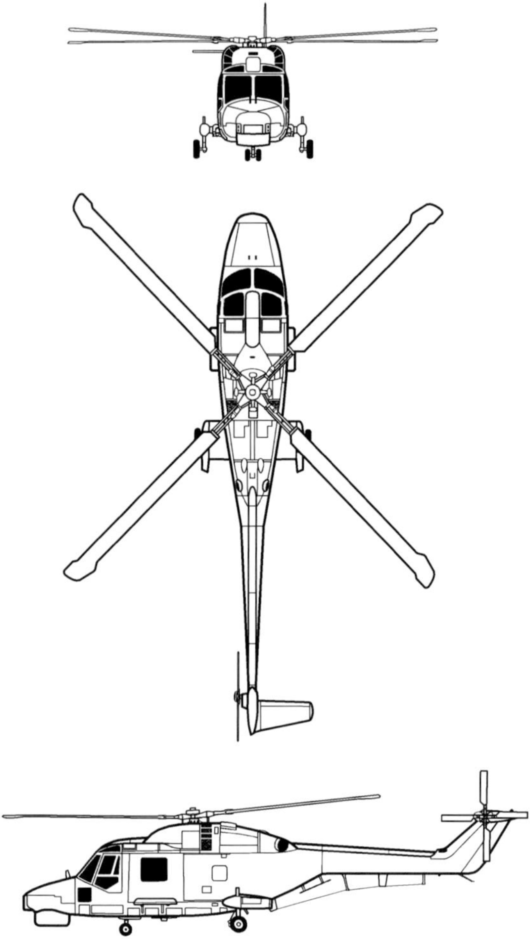

Abmessungen:
Rotordurchmesser 12,80 m
Rumpflänge 13,33 m
Höhe inkl. Rotorkopf 3,67 m

AGUSTA WESTLAND SUPER LYNX 300

Ursprungsland: Grossbritannien.
Kategorie: Militärischer Mehrzweckhubschrauber für Armee- (Battlefield Lynx) und Marineeinsätze (Super Lynx).
Triebwerke: Zwei Gasturbinen Honeywell LHTEC CTS800-4N von je 1620 WPS (1207 kW) oder Rolls-Royce Gem 42-1 von je 1120 WPS (835 kW) Leistung.
Leistungen: Max. Reisegeschwindigkeit 245 km/h auf Meereshöhe; normale Reisegeschwindigkeit 230 km/h; Schrägsteiggeschwindigkeit 10 m/Sek; Schwebehöhe mit Bodeneffekt 2103 m, ohne Bodeneffekt 1448 m; Reichweite bei taktischem Einsatz 685 km, max. 1000 km; max. Flugdauer mit Zusatztanks 5 Std. 15 Min.
Gewichte: Rüstgewicht 3943 kg; max. Startgewicht 5330 kg.
Zuladung: Ein bis zwei Piloten und je nach Einsatzzweck bis zu 12 Personen. Als Rettungshubschrauber drei bis acht Patienten samt Pfleger.
Bewaffnung: Als Panzerabwehrhubschrauber an bis zu acht Aufhängepunkten TOW-, HOT- oder Hellfire-Lenkwaffen; als Schiffsabwehr-Hubschrauber bis zu vier Lenkwaffen Sea Skua, AS12TT oder zwei Penguin.
Entwicklungsstand: Die neueste Variante der Lynx fliegt seit 2001, der erste Serienhubschrauber für die Marine von Malaysia seit Mai 2002. Oman erhält 16, Thailand 2 Super Lynx 300. Von allen Ausführungen wurden bisher über 430 Einheiten an Luftwaffen und Marinen geliefert.
Bemerkungen: Unter der Bezeichnung Future Lynx werden die britischen Streitkräfte eine noch unbekannte Zahl von Lynx-Hubschraubern beschaffen, ausgestattet mit CTS800-Triebwerken. Die Landversion erhält verbesserte Navigations- und Kommunikationssysteme sowie u.a. ein Laser-Zieldarstellungsgerät und wird besser geeignet sein, die Unterstützungsfunktion für die englischen AH-64D (siehe Seiten 92/93) zu erfüllen. Die Marineversion Super Lynx soll voraussichtlich ein 360°-Seaspray-Radar im Rumpfbug aufweisen und zusätzlich mit Night-Vision-Goggles (NVG), Glascockpit, digitaler Avionik und doppelt redundantem Databus MIL-STD-1553D ausgerüstet sein. Wann der Beschaffungsauftrag erfolgt, ist derzeit noch offen. Die Einsatzreife ist für 2011 geplant.
Hersteller: AgustaWestland Ltd., Werk Yeovil, Somerset, GB.

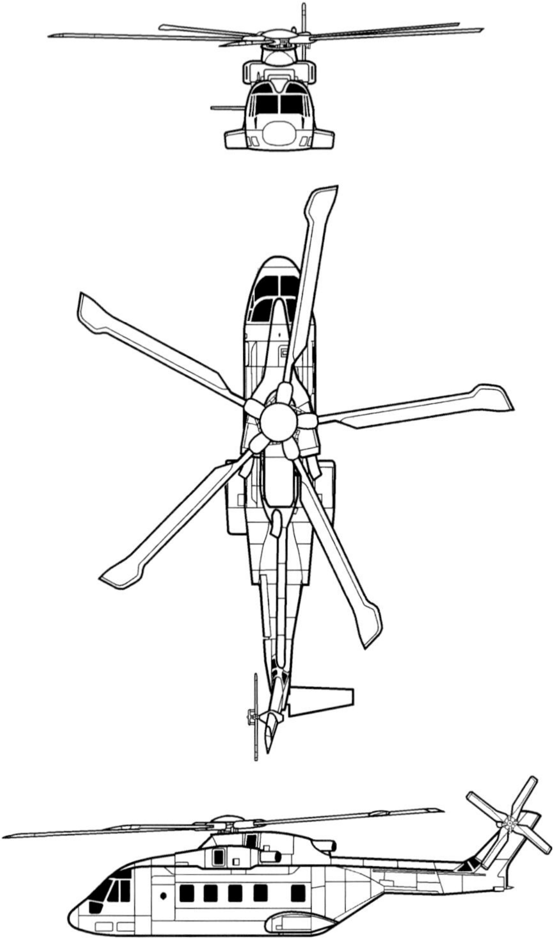

Abmessungen:
Rotordurchmesser 18,59 m
Rumpflänge 19,51 m
Höhe inkl. Rotorkopf 5,21 m

AGUSTA WESTLAND EH 101

Ursprungsland: Grossbritannien und Italien.
Kategorie: Militärischer und ziviler Mehrzweck- und Transporthubschrauber.
Triebwerke: Drei Gasturbinen (RN) Rolls-Royce-Turboméca RTM 322 von je 2241 WPS (1671 kW) oder (italienische Marine) General Electric CT7-6A1 von je 2040 WPS (1521 kW) Leistung.
Leistungen (CT7-6): Max. Fluggeschwindigkeit 308 km/h; ökonom. Reisegeschwindigkeit 267 km/h; Schwebehöhe mit Bodeneffekt 2745 m, ohne Bodeneffekt 1675 m; max. Flughöhe 4600 m; Reichweite mit 30 Passagieren 926 km; Überführungsreichweite mit Zusatztanks 1760 km.
Gewichte: Rüstgewichte ASW-Ausführung 9275 kg, Mehrzweckversion 9000 kg, Zivilausführung 8993 kg; max. Startgewicht ASW-Ausführung 13530 kg, übrige 14288 kg.
Zuladung: Zwei Piloten und 30 Passagiere; max. Nutzlast 6700 kg.
Bewaffnung (HM Mk.1): Vier Leichtgewichttorpedos Stingray oder Antischiffslenkwaffen der Exocet-Harpoon-Klasse.
Entwicklungsstand: Die erste Entwicklungsmaschine flog erstmals am 9. Oktober 1987. Bisher sind 150 Bestellungen für die verschiedenen Ausführungen eingegangen: Dänemark 18, Grossbritannien 66, Italien 24, Kanada 15, Portugal 12 (+ 2 Optionen), Polizei von Tokyo 1, japanische Marine 14. Rund 110 davon sind bereits abgeliefert. Neueste Bestellung: 23 als VH-71A bezeichnete Hubschrauber für den US Presidential Service.
Bemerkungen: Die EH 101 wird in verschiedenen Ausführungen gebaut: ASW (U-Boot-Jäger), Minensucher, SAR/Rettungsaufgaben, taktischer Transporter, AEW sowie Zivilversion. AgustaWestland prüft die Entwicklung einer für amphibische Einsätze optimierten Variante, die von Hubschrauberträgern aus operieren soll. Diese Ausführung würde dank leistungsfähigerer Triebwerke RTM322-04 über ein höheres Abfluggewicht von rund 16000 kg verfügen. Sie hätte auch neue, leicht vergrösserte Rotoren. Die VH-71A wird in Zusammenarbeit mit Lockheed Martin gebaut. Diese ist für die gesamte Systemausstattung verantwortlich. Angetrieben wird sie von CT7-8E-Triebwerken mit einer Leistung von 2467 WPS (1840 kW).
Hersteller: AgustaWestland (ex. EH Industries Ltd.), London, GB.

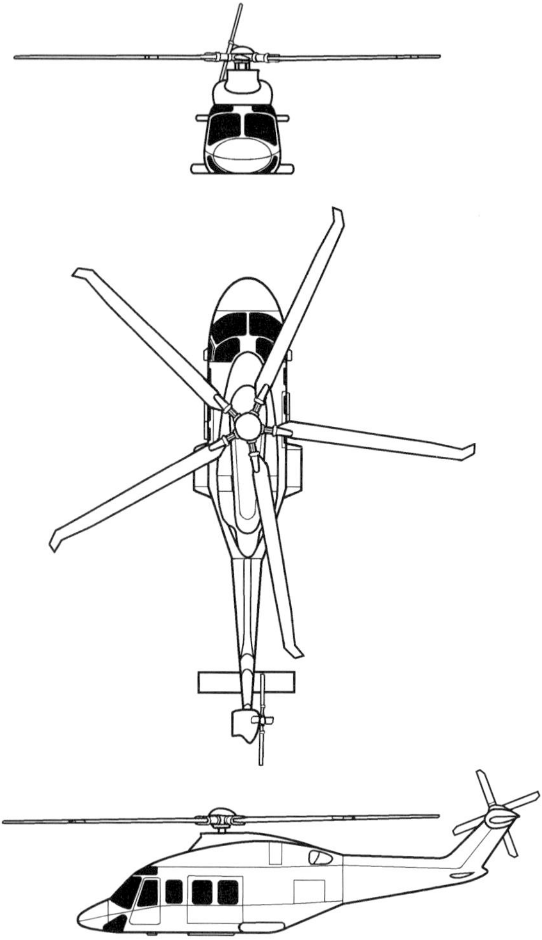

Abmessungen:
Rotordurchmesser 13,80 m
Rumpflänge bei drehendem Rotor 16,65 m
Höhe über Heckleitwerk 4,95 m

AGUSTA WESTLAND BELL AB139

Ursprungsland: Italien und USA.
Kategorie: Mittelschwerer Mehrzweckhubschrauber.
Triebwerke: Zwei Gasturbinen Pratt & Whitney Canada PT6C-67C von je 1679 WPS (1250 kW) Leistung.
Leistungen: Höchstgeschwindigkeit 310 km/h; max. Reisegeschwindigkeit 290 km/h; Schrägsteiggeschwindigkeit 10 m/Sek; Schwebehöhe mit Bodeneffekt 3600 m, ohne Bodeneffekt 2920 m; Dienstgipfelhöhe 5914 m; max. Flugdauer 3,9 Std; Reichweite mit 10 Passagieren 650, max. 750 km.
Gewichte: Max. Startgewicht 6000 kg.
Zuladung: Zwei Piloten und zwischen 12 und 15 Passagiere oder für Rettungseinsätze sechs liegende Verletzte und vier Pfleger; max. Nutzlast intern 2500 kg, extern 2700 kg.
Entwicklungsstand: Der Prototyp nahm am 3. Februar 2001 die Flugerprobung auf, gefolgt vom ersten Serienmuster am 24. Juni 2002. Nach Erhalt der Zulassung Mitte 2003, begann man mit den Auslieferungen Ende des gleichen Jahres. Der Auftragsbestand stieg zwischenzeitlich auf über 135 Einheiten, darunter 20 für Seacor Holding und acht für die Luftwaffe der Vereinigten Arabischen Emirate. Dagegen hat die US Coast Guard den Auftrag für 34 AB139 vorläufig storniert.
Bemerkungen: Die AB139 ist ein Gemeinschaftsprojekt von Agusta (75%) und Bell (25%), wobei die erstgenannte Firma den Lead beim Vorhaben innehat. An der Herstellung sind u.a. auch GKN Westland (Heck), PZL Swidnik (Rumpfkomponenten), Honeywell (Primus Epic Avionik) beteiligt. Als eigentlicher Nachfolger der erfolgreichen Bell 205 - 412-Familie soll das neue Muster auf beiden Seiten des Atlantiks parallel hergestellt werden. Als Haupteinsatzgebiete der AB139 sind vorgesehen: Transport von Geschäfts-/VIP-Personen, Überwachungsaufgaben, EMS-Transporte und Versorgung von Ölbohrplattformen. Auch bewaffnete Ausführungen für Militäreinsätze sind geplant. Die AB139 zeichnet sich durch eine für ihre Klasse sehr voluminöse Kabine aus. Die elektronische Ausrüstung entspricht dem heutigen Standard.
Hersteller: AgustaWestland Ltd., Werk Vergiate, Italien und Bell Helicopter Textron, USA.

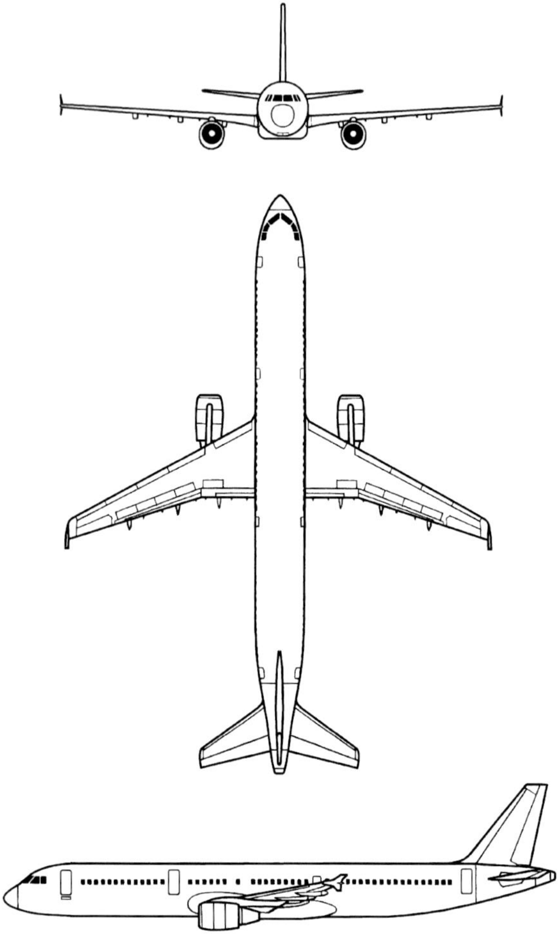

Abmessungen:
Spannweite 34,09 m
Länge (A320) 37,57 m, (A321) 44,50 m
Höhe 11,80 m
Flügelfläche 122,40 m^2

AIRBUS A321

Ursprungsland: Europäisches Konsortium.
Kategorie: Kurz- und Mittelstrecken-Verkehrsflugzeug.
Triebwerke: Zwei Mantelstromtriebwerke CFM International CFM56-5B1 von je 13607 kp (133,4 kN) bzw. -5B2 von je 14060 kp (138 kN) oder zwei IAE V2530-A5 von je 14060 kp (138 kN) Standschub.
Leistungen: Max. Reisegeschwindigkeit 903 km/h auf 8535 m; ökonom. Reisegeschwindigkeit 828 km/h; Dienstgipfelhöhe 11890 m; Reichweite mit max. Passagierzahl inkl. Reserven 4350 km.
Gewichte: Rüstgewicht 47500 kg; max. Startgewicht 83000 kg.
Zuladung: Zwei Mann Cockpitbesatzung und Mehrklassenbestuhlung für normalerweise 170 Passagiere. Einheitsklassen-Innenausstattung für max. 220 Passagiere; max. Nutzlast 21600 kg.
Entwicklungsstand: Der Prototyp der A320 nahm am 22. Februar 1987 (siehe Ausgabe 2004), jener der A321 am 11. März 1993 die Flugerprobung auf; erste Auslieferungen (A320) im März 1988 bzw. (A321) im Januar 1994. Von den Modellen A318/319/320/321 waren bis Ende 2005 zusammen rund 4280 bestellt, darunter etwa 490 A321 (davon rund 2630 bzw. 340 abgeliefert).
Bemerkungen: Der Rumpf der A321 wurde um je ein Einsatzelement von 4,27 m vor und einem von 2,67 m hinter dem Flügel verlängert und fasst dadurch zusätzliche 36 Passagiere in Sechserreihen. Ausser einem wegen des höheren Abfluggewichts verstärkten Fahrwerk und leistungsfähigeren Triebwerken sind die Änderungen gegenüber dem Grundmuster A320 bewusst auf ein Minimum beschränkt. Unter der Bezeichnung A321-200 fliegt seit 12. Dezember 1996 eine schwere Ausführung, welche dank leistungsfähigeren Triebwerken und auf 93000 kg erhöhtem Abfluggewicht und grösserer Treibstoffzuladung Reichweiten bis zu 5600 km zulässt. Die NATO plant eine militärische Weiterentwicklung der A321 als fliegendes Bodenüberwachungssystem AGS (**A**lliance **G**round **S**urveillance-System). Fünf dieser mit einem über dem Rumpf montierten Radar und weiterer Elektronik sollen ab 2010 einsatzbereit sein.
Hersteller: Airbus Industrie, Blagnac, Frankreich, Werk Hamburg-Finkenwerder, Deutschland, Teil der EADS (European Aeronautic Defence and Space Company).

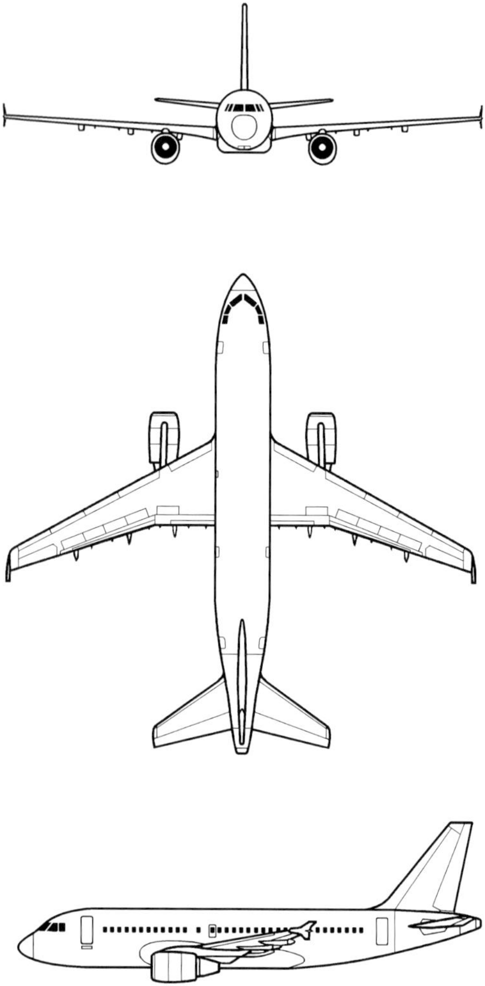

Abmessungen:
Spannweite 34,10 m
Länge 33,84 m
Höhe 11,80 m
Flügelfläche 122,40 m^2

AIRBUS A319

Ursprungsland: Europäisches Konsortium.
Kategorie: Kurz- und Mittelstrecken-Verkehrsflugzeug, Firmenflugzeug.
Triebwerke: Zwei Mantelstromtriebwerke CFM International CFM56-5A4/-5B5 von je 10160 kp (99,7 kN) Standschub oder zwei IAE V2524 mit gleicher Leistung. Weitere Triebwerksvarianten mit grösserer Leistung als Option.
Leistungen: Max. Reisegeschwindigkeit 900 km/h auf 10050 m, normale Reisegeschwindigkeit 840 km/h auf 11280 m; Reichweite mit max. Nutzlast 3300 km, max. Reichweite 7700 km.
Gewichte: Rüstgewicht 39200 kg; max. Startgewicht 64000 kg, als Option 68000 kg.
Zuladung: Zwei Mann Cockpitbesatzung und je nach Innenausstattung bis zu 153 Passagiere in Sechserreihen, normalerweise aber 124 Passagiere in zwei Klassen. Max. Nutzlast 15000 kg.
Entwicklungsstand: Die erste A319 hat am 25. August 1995 die Flugerprobung aufgenommen und wurde im April 1996 in Dienst gestellt. Bis Ende 2005 sind 1157 Einheiten bestellt und rund 780 abgeliefert worden.
Bemerkungen: Die A319 ist die zweitkleinste Version der mittlerweile recht umfangreichen A320-Familie und deckt vorwiegend die Bedürfnisse des Kurzstreckenverkehrs ab. Ausser einem kürzeren Rumpf, leistungsreduzierten Triebwerken und geringeren Gewichten fügt sie sich nahtlos in das modulare Konstruktionsprinzip von A320 und A321 ein. Drei Ausführungen mit unterschiedlichem Abfluggewicht und Reichweitenleistungen werden angeboten: Die oben beschriebene Basisversion, die neu hinzugekommene A319-100ER mit einer dank Zusatztanks erhöhten Reichweite (max. Startgewicht 75000 kg, fünf von Air France beschafft) sowie die Geschäftsreiseversion A319CJ. Mit je nach Ausführung zwei bis sieben Extratanks im Rumpf kann sie Reichweiten bis zu 11700 km erzielen. Abhängig von der Einrichtung finden 25 bis 60 Personen Platz. Bisher sind rund 30 Einheiten (+ Optionen) bestellt worden, darunter von mehreren Staaten als Regierungsmaschinen (Brasilien, Frankreich, Italien, Thailand).
Hersteller: Airbus Industrie, Blagnac, Frankreich bzw. Werk Hamburg-Finkenwerder, Deutschland, Teil der EADS (European Aeronautic Defence and Space Company).

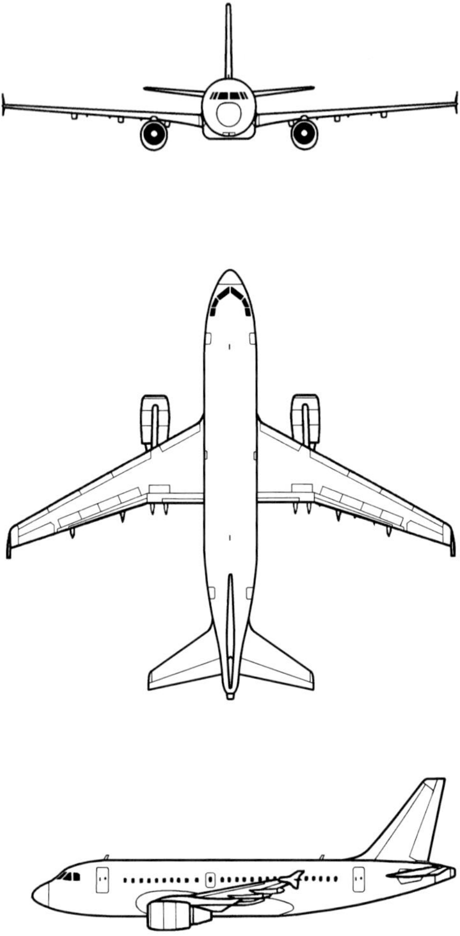

Abmessungen:
Spannweite 34,10 m
Länge 31,44 m
Höhe 12,56 m
Flügelfläche 122,40 m²

AIRBUS A318

Ursprungsland: Europäisches Konsortium.
Kategorie: Kurz- bis Mittelstrecken-Verkehrsflugzeug.
Triebwerke: Zwei Mantelstromtriebwerke CFM International CFM56-5B bzw. Pratt & Whitney PW6000 von je zwischen 9070 und 10886 kp (89,0 und 106,0 kN) Standschub.
Leistungen: Max. Reisegeschwindigkeit Mach 0,82; Reichweite mit max. Nutzlast 2800 km, als Option max. Reichweite 5300 km.
Gewichte: Rüstgewicht 38400 kg; Startgewicht 59000 kg, max. Startgewicht als Option 66000 kg.
Zuladung: Zwei Mann Cockpitbesatzung und je nach Innenausstattung normalerweise 107 Passagiere in zwei Klassen oder 117 Passagiere in einer Klasse; max. Nutzlast 14000 kg.
Entwicklungsstand: Die A318 mit PW6000-Triebwerken absolvierte ihren Erstflug am 15. Januar 2002, das erste mit CFM-5-Triebwerken ausgerüstete Muster folgte am 29. August 2002. Letztere Ausführung erhielt Mitte 2003 die Zulassung. Angesichts aufgetretener Schwierigkeiten mit dem PW6000-Triebwerk verzögerte sich die Auslieferung dieser Ausführung bis 2005. Ende 2005 belief sich der Auftragsbestand auf 89 Einheiten. Rund 30 davon sind ausgeliefert worden.
Bemerkungen: Die A318 wurde hauptsächlich als Konkurrenzmuster zur Boeing 717 entwickelt (siehe Ausgabe 2005). Als neueste und kleinste Version der A320-Familie deckt sie vorwiegend die Bedürfnisse des Kurzstreckenverkehrs ab. Ausser gegenüber der A319 einem nochmals um 2,40 m verkürzten Rumpf, leistungsreduzierten Triebwerken und geringeren Gewichten fügt sie sich nahtlos in das modulare Konstruktionsprinzip von A319, A320 und A321 ein. Aus Gründen der Richtungsstabilität wurde das Seitenleitwerk etwas grösser gestaltet. Zurzeit werden zwei Ausführungen mit unterschiedlichem Abfluggewicht und Reichweitenleistungen angeboten. Neu wurde auch eine Geschäftsreiseversion A318 Elite in zwei Ausführungen lanciert, je eine mit 14 bzw. 18 Sitzplätzen. Bisher sind 13 Exemplare bestellt worden.
Hersteller: Airbus Industrie, Blagnac, Frankreich, Werk Hamburg-Finkenwerder, Deutschland, Teil der EADS (European Aeronautic Defence and Space Company).

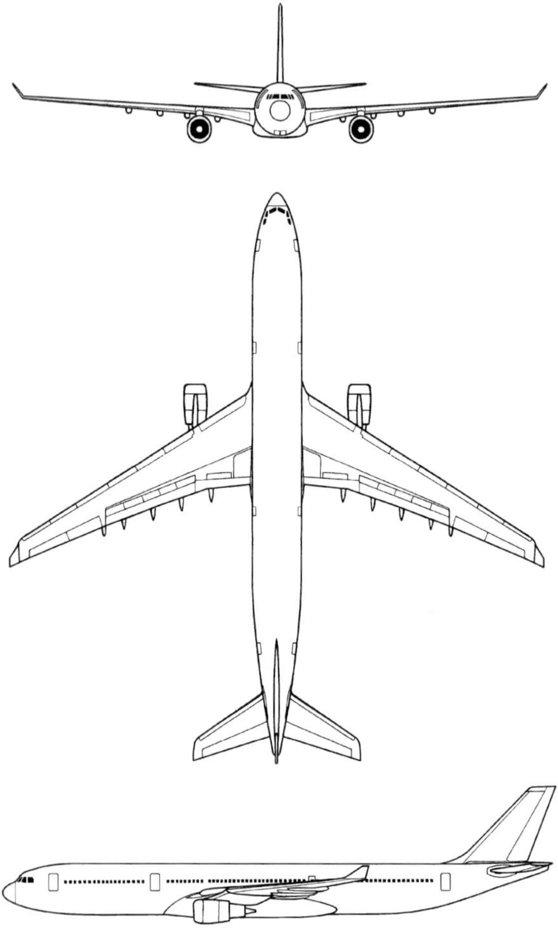

Abmessungen:
Spannweite inkl. Winglets 60,30 m
Länge 58,98 m
Höhe 17,89 m
Flügelfläche 363,10 m²

AIRBUS A330-200

Ursprungsland: Europäisches Konsortium.
Kategorie: Langstrecken-Verkehrsflugzeug.
Triebwerke: Zwei Mantelstromtriebwerke Rolls-Royce Trent 772, General Electric CF6-80E1 oder Pratt & Whitney PW4168 von zwischen 29600 und 31000 kp (302 und 316 kN) Standschub.
Leistungen: Max. Reisegeschwindigkeit 900 km/h; ökonom. Reisegeschwindigkeit 880 km/h; Dienstgipfelhöhe 12000 m; Reichweite mit 293 Passagieren 12000 km, mit 380 Passagieren 9900 km.
Gewichte: Rüstgewicht 120000 kg; max. Startgewicht 230000 kg.
Zuladung: Zwei Mann Cockpitbesatzung und bei üblicher Dreiklassenbestuhlung 16 Passagiere in der ersten, 36 in der zweiten Klasse und 205 in der Touristenklasse in Sechser- bzw. Achterreihen mit zwei Mittelgängen. Max. 380 Passagiere in Neunerreihen bzw. max. Nutzlast 36400 kg.
Entwicklungsstand: Der Erstflug des Prototyps der 330-200 fand am 13. August 1997 statt. Die Auslieferungen begannen im April 1998. Von der A330-Reihe sind bisher 564 bestellt worden, aufgeteilt in etwa 330 A330-200 und rund 234 A330-300. Rund 360 hat Airbus bis Ende 2005 ausgeliefert.
Bemerkungen: Die A330-200 ist die Langstrecken-Version der A330-Familie. Dafür wurde der Rumpf gegenüber der A330-300 (siehe Dreiseitenriss) um 5,33 m verkürzt und das Fassungsvermögen an Treibstoff auf 139000 Liter erhöht. Zudem erfuhr das Seitenleitwerk eine kleine Überarbeitung. Im übrigen ist diese Ausführung mit der A330-300 (siehe Ausgabe 1998 und Dreiseitenriss) weitgehend identisch. Mit der A340-300 gemeinsam sind die Flügel, das Seitenleitwerk, die Cockpitauslegung sowie alle übrigen Systeme. In Planung steht eine Frachtausführung A330-200F. Im 2007 folgt eine militärische Variante MRTT als Luftbetanker, der bis zu 140000 l mitführen kann. Australien hat fünf Einheiten bestellt, Grossbritannien will rund 20 beschaffen. Unter der Bezeichnung KC-30 erwägt auch die USAF deren Beschaffung.
Hersteller: Airbus Industrie, Blagnac, Frankreich, Werk Toulouse, Teil der EADS (European Aeronautic Defence and Space Company).

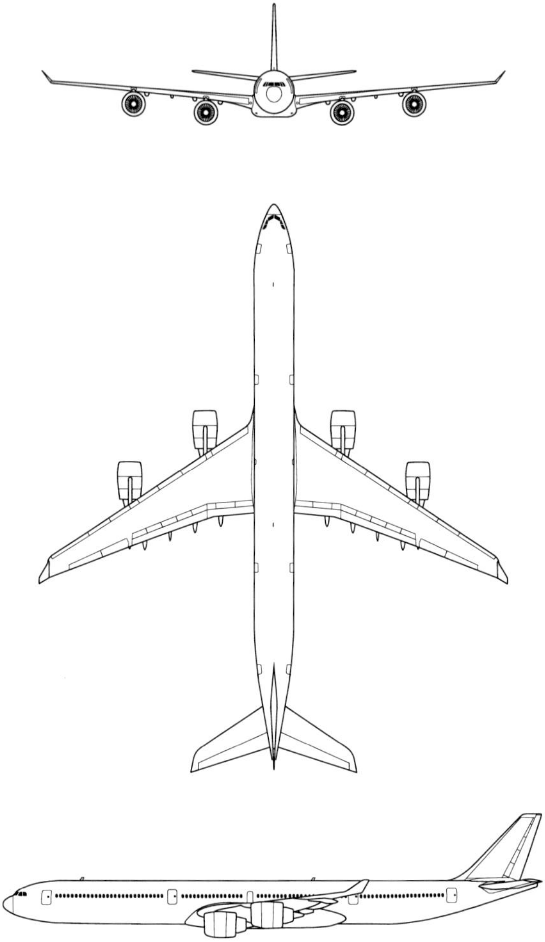

Abmessungen:
Spannweite inkl. Winglets 63,45 m
Länge (-600) 75,30 m, (-500) 67,90 m
Höhe 17,29 m
Flügelfläche 439,40 m²

AIRBUS A340-600/-500

Ursprungsland: Europäisches Konsortium.
Kategorie: Langstrecken-Verkehrsflugzeug.
Triebwerke: Vier Mantelstromtriebwerke Rolls-Royce (-600) Trent 556 von je 25400 kp (249 kN) oder (-500) Trent 553 von je 24050 kp (236 kN) Standschub.
Leistungen: Max. Reisegeschwindigkeit 910 km/h (Mach 0,86); ökonom. Reisegeschwindigkeit 890 km/h (Mach 0,83); Dienstgipfelhöhe 12500 m; Reichweite (-600/-500) mit normaler Passagierzahl 14800/16700 km.
Gewichte (-600/-500): Leergewicht 177000/170400 kg; max. Startgewicht 368000 kg, als Option 372000 kg.
Zuladung: Zwei Mann Cockpitbesatzung und in einer Dreiklassenbestuhlung (-600/-500) 12 Erstklasse-, 54/42 Businessklasse- und 314/259 Touristenklassepassagiere in Siebner-, Achter- und Neunerreihen, insgesamt also 380 bzw. 313 Passagiere; bei Einklassenbestuhlung in Neunerreihen 485/440, max. Nutzlast (-600) 67200 kg, (-500) 54100 kg.
Entwicklungsstand: Als aktuellste Ausführung hat die A340-600 ab 23. April 2001 die Flugerprobung aufgenommen, gefolgt von der ersten A340-500 am 11. Februar 2002. Die Auslieferung der -600 begann Mitte 2002, die -500 folgte Anfang 2003. Von diesen beiden Ausführungen waren bis Ende 2005 142 Maschinen von 16 Gesellschaften bestellt (26 -500, 116 -600, darunter eine als VIP-Ausführung) und deren 100 abgeliefert.
Bemerkungen: Mit den Ausführungen A340-600 (siehe Dreiseitenriss) bzw. -500 (siehe Foto) erfuhr die A340-Familie eine wesentliche Weiterentwicklung. Die -500 setzt, bei nur wenig grösserer Rumpflänge als die A340-300, auf grosse Reichweitenleistungen. Beide Modelle sind mit einem neuen Flügel sowie wesentlich leistungsfähigeren Triebwerken ausgestattet. Das Höhenleitwerk ist neu komplett aus Kohlefaser gefertigt. Im übrigen sind weite Teile von Struktur und Systemen mit der A330 identisch. Eine Ausführung der -600 mit auf 376000 kg erhöhtem Startgewicht wird ab 2006 erhältlich sein. Nebst leistungsfähigeren Triebwerken verstärkt man einzelne Teile des Rumpfes und des Fahrwerks. Von der -500 ist eine Variante mit 380000 kg Abfluggewicht und höherer Reichweite geplant.
Hersteller: Airbus Industrie, Blagnac, Frankreich, Werk Toulouse, Teil der EADS (European Aeronautic Defence and Space Company).

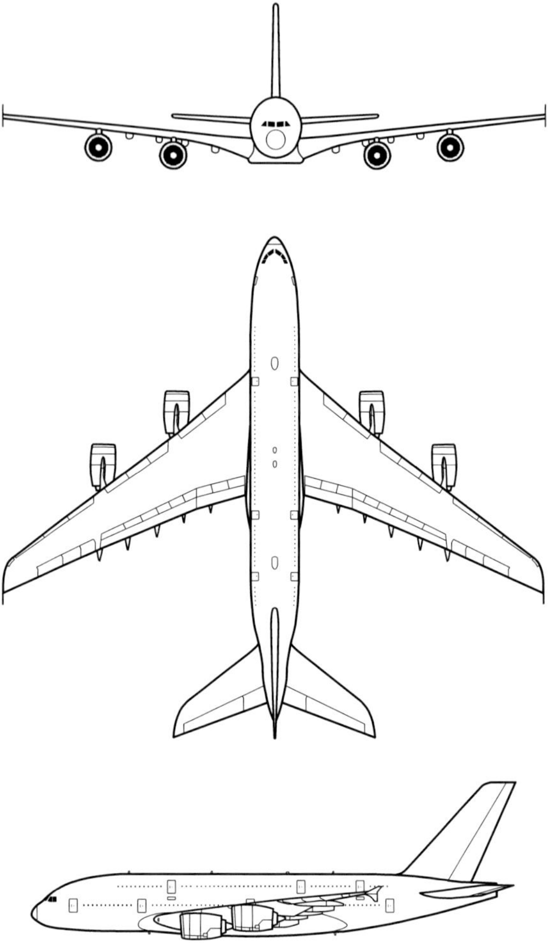

Abmessungen:
Spannweite inkl. Winglets 79,80 m
Länge 73,00 m
Höhe 24,10 m
Flügelfläche 845 m²

AIRBUS A380-800/800F

Ursprungsland: Europäisches Konsortium.
Kategorie: Langstrecken-Verkehrs- bzw. Frachtflugzeug.
Triebwerke: Vier Mantelstromtriebwerke Rolls Royce Trent 900 bzw. General Electric/Pratt & Whitney Engine Alliance GP7200 von je 31750 kp (312 kN) Standschub.
Leistungen (nach Angaben des Herstellers): Max. Reisegeschwindigkeit Mach 0,89; ökonom. Reisegeschwindigkeit Mach 0,85; Dienstgipfelhöhe 13100 m; Reichweite mit normaler Passagierzahl 15000 km, (-800F) 10400 km.
Gewichte: Rüstgewicht (-800) 276000 kg, (-800F) 252000 kg; max. Startgewicht (-800) 560000 kg, als Option 569000 kg, (-800F) 590000 kg.
Zuladung: Zwei Mann Cockpitbesatzung und in typischer Dreiklassenbestuhlung 555 Passagiere, mit Einheitsklasse bis zu 853 Passagiere. Max. Nutzlast des Frachters 152400 kg.
Entwicklungsstand: Das erste von vier Erprobungsmustern startete am 27. April 2005 zum Erstflug, gefolgt vom zweiten am 18. Oktober und vom dritten am 4. November 2005. Ende 2006 beginnen die Auslieferungen an die Erstkunden. Die Frachtausführung -800F folgt 2008. Bisher sind von 16 Gesellschaften 159 Einheiten bestellt worden.
Bemerkungen: Mit der A380 dringt die Zivilluftfahrt in eine neue Dimension vor, was Grösse aber auch Kabinenkomfort angeht. Das weltgrösste Verkehrsflugzeug wird vorerst in drei Versionen angeboten: Die Passagierausführung A380-800, eine VIP-Ausführung sowie der Vollfrachter A380-800F. Später sind noch verlängerte Varianten geplant. Der Rumpf umfasst zwei Stöcke durchgehend für Passagiere sowie einen Gepäck- und Frachtraum. Im Querschnitt ist dieser gegenüber der Boeing 747 (siehe Seiten 74/75) im unteren Passagierraum um rund 0,50 m und im oberen um 1,85 m breiter. Die ganze Konstruktion der A380 ist auf grosse Wirtschaftlichkeit ausgelegt. Es wurden die neuesten Technologien angewendet, um die Betriebskosten tief zu halten. So bestehen beispielsweise grosse Teile des Rumpfes aus Verbundwerkstoffen.
Hersteller: Airbus Industrie, Blagnac, Frankreich, Werk Toulouse, Teil der EADS (European Aeronautic Defence and Space Company).

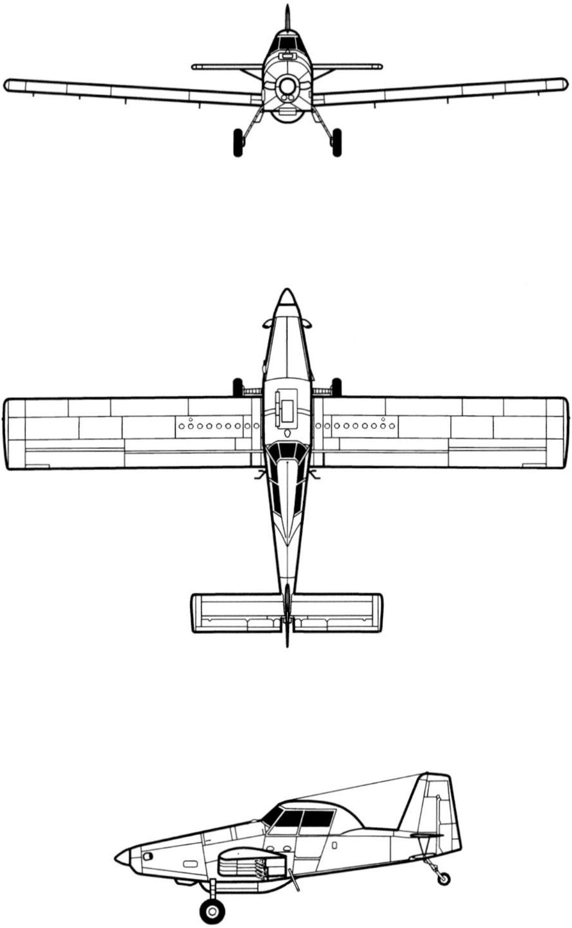

Abmessungen:
Spannweite 17,68 m
Länge 10,87 m
Höhe 3,35 m
Flügelfläche 36,33 m^2

AIR TRACTOR AT-802

Ursprungsland: USA.
Kategorie: Landwirtschafts- (AT-802) und Feuerlöschflugzeug (AT-802F SEAT).
Triebwerke: Eine Propellerturbine Pratt & Whitney Canada (AT-802) PT6A-65AG von 1295 WPS (965 kW) oder (AT-802F) PT6A-67AG von 1350 WPS (1006 kW) Leistung.
Leistungen: Normale Reisegeschwindigkeit 307 km/h; Einsatzgeschwindigkeit rund 260 km/h; Anfangssteiggeschwindigkeit 4,0 m/Sek; Reichweite 981 km.
Gewichte: Leergewicht als Sprühflugzeug (AT-802) 2866 kg, als Löschflugzeug (AT-802F) 3088 kg; max. Startgewicht 7257 kg.
Zuladung: Pilot und in einem Tank vor dem Piloten Chemikalien bzw. Löschmittel bis zu 3000 Liter; max. Nutzlast nach Herstellerangaben 4390 kg.
Entwicklungsstand: Der Prototyp fliegt seit 1993, die Serienfertigung begann im gleichen Jahr. Mitte 2005 wurde die 200. Maschine abgeliefert. Frühere Modelle werden seit 1974 ununterbrochen gefertigt. Rund 2000 Einheiten wurden bisher gebaut.
Bemerkungen: Die AT-802 ist das Top-Modell einer langen Reihe von besonders für die Landwirtschaft ausgerichteten Modellen. Weiter erhältlich sind die Ausführungen AT-401/402, die AT-502B sowie die AT-602. Sie unterscheiden sich vorwiegend durch die Grösse und verfügen mit Ausnahme der mit einem Radialmotor ausgerüsteten AT-401 über Propellerturbinen des Typs PT6. Alle Modelle zeichnen sich durch die für Sprühflugzeuge typische robuste Auslegung als einsitziger oder zweisitziger Tiefdecker mit grossem Tank vor dem Cockpit aus. Sie sind ausgesprochen wendig. Die AT-802 ist das derzeit grösste einmotorige Flugzeug der Welt und wird in zwei Ausführungen angeboten: Die AT-802 als Sprühflugzeug für die Landwirtschaft sowie die AT-802F SEAT optimiert für Löscheinsätze z.B. bei Waldbränden. Air Tractor bietet auch eine Ausführung mit Schwimmern an.
Hersteller: Air Tractor, Olney, Texas, USA.

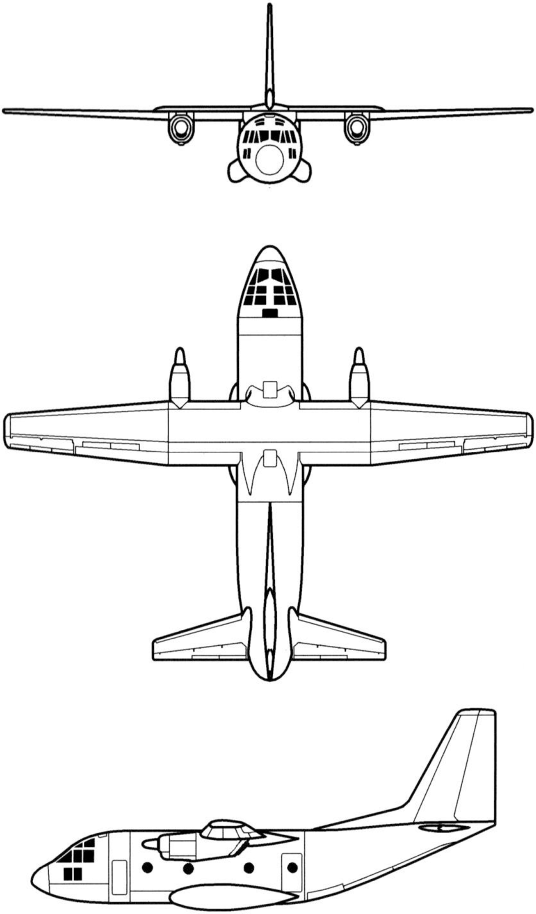

Abmessungen:
Spannweite 28,70 m
Länge 22,70 m
Höhe 9,70 m
Flügelfläche 82,00 m²

ALENIA C-27J SPARTAN

Ursprungsland: Italien und USA.
Kategorie: Militärischer Mehrzweck- und STOL-Transporter.
Triebwerke: Zwei Propellerturbinen Allison AE2100-D2 von je 4640 WPS (3460 kW) Leistung.
Leistungen: Max. Reisegeschwindigkeit 602 km/h, Langstrecken-Reisegeschwindigkeit 500 km/h auf 6000 m; Anfangssteiggeschwindigkeit 10+ m/Sek; Dienstgipfelhöhe 9150 m; Reichweite mit einer Nutzlast von 10000 kg 1770 km, mit 6000 kg 3850 km; Überführungsreichweite 5150 km.
Gewichte: Leergewicht 16500 kg; max. Startgewicht 31800 kg.
Zuladung: Zwei Mann Cockpitbesatzung und als Truppentransporter 53 voll ausgerüstete Soldaten, 46 Fallschirmjäger oder 36 Verwundete bzw. bis zu 11500 kg Fracht.
Entwicklungsstand: Der erste Prototyp der C-27J fliegt seit 25. September 1999, gefolgt vom ersten Serienmuster am 12. Mai 2000. Die italienische Luftwaffe hat bisher 5 (+ 7 Optionen) sowie Griechenland 12 C-27J bestellt. Neu beschafft auch Bulgarien acht Einheiten. Von der Ursprungsausführung C-27A/G.222 wurden an zehn Luftwaffen 111 Exemplare ausgeliefert.
Bemerkungen: Die C-27J ist eine wesentlich weiterentwickelte Ausführung des Ursprungmodells G.222 (siehe Ausgabe 1995). In einem Joint-Venture von 50 : 50 mit Lockheed Martin entwickelt, weist sie viele Gemeinsamkeiten mit dem mittelschweren Transporter C-130J Hercules II auf (siehe Seiten 229/229). So sind Triebwerk, Sechsblattpropeller und Avionik weitgehend identisch. Damit verspricht man sich bei einem gemeinsamen Beschaffen beider Muster einen wesentlich wirtschaftlicheren Betrieb. Die C-27J wurde nach zivilen Grundsätzen im Juni 2001 zugelassen. Erste Auslieferungen erfolgten ab 2003. Eine AEW-Version mit einem APS-145-Radar befindet sich ebenfalls in Entwicklung.
Hersteller: Alenia, Rom, Italien und Lockheed Martin Marietta Corp., Marietta, Georgia, USA.

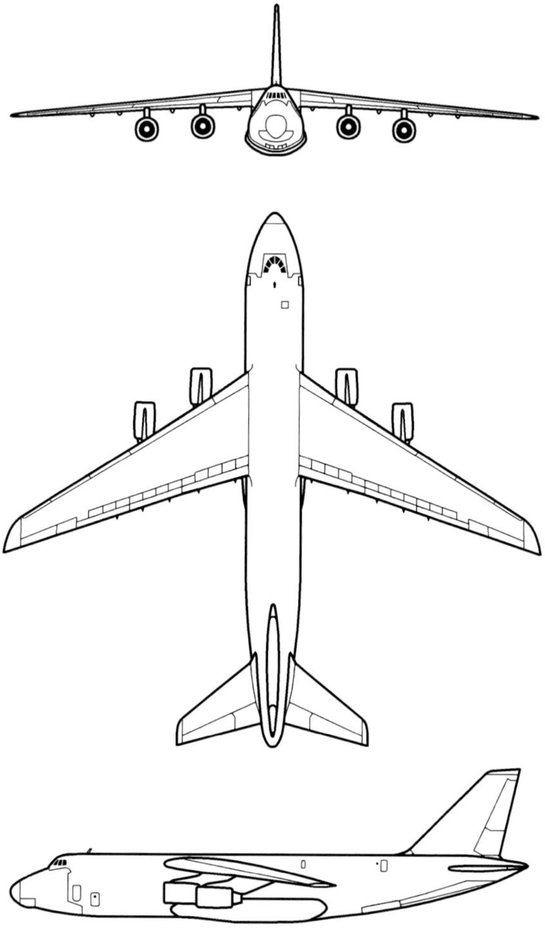

Abmessungen:
Spannweite 73,30 m
Länge 69,10 m
Höhe 20,78 m
Flügelfläche 628 m^2

ANTONOW AN-124

Ursprungsland: Ukraine.
Kategorie: Schwerer strategischer Transporter und ziviler Frachter.
Triebwerke: Vier Mantelstromtriebwerke ZMKB Progress D-18T von je 23430 kp (230 kN) Standschub.
Leistungen: Max. Reisegeschwindigkeit 865 km/h; Reisegeschwindigkeit 800 bis 850 km/h auf 10000 m; Reichweite mit einer Nutzlast von 150000 kg 4500 km; max. Reichweite 16500 km.
Gewichte: Rüstgewicht 175000 kg; max. Startgewicht 405000 kg.
Zuladung: Besatzung von sechs bzw. (An-124-100M/-150) vier Personen. Hinter dem Cockpit befindet sich eine Kabine für 88 Personen, einschliesslich der Ersatzmannschaft. Der eigentliche Frachtraum (36,00 m lang, 6,40 m breit und 4,40 m hoch) vermag besonders sperrige und schwere zivile wie militärische Güter zu befördern. Max. Nutzlast normal 120000 kg, mit Überlast 150000 kg.
Entwicklungsstand: Erstflug des ersten Prototypen am 26. Dezember 1982; Beginn der Serienherstellung im Laufe von 1984. Bis Ende 1997 sind 56 Einheiten hergestellt worden. Davon ging rund die Hälfte an die ex. sowjetische Luftwaffe. Weitere Betreiber: Volga-Dnepr Airlines/Heavylift 10, Antonow Design Bureau/Air Foyle 8, Poliot 6. Die Produktion der verbesserten Variante An-124M-150 soll 2006 wieder aufgenommen werden. Mindestens 15 Einheiten sind geplant.
Bemerkungen: Angesichts der Nachfrage nach grossen Transportern hat sich ein Konsortium unter der Leitung von Antonow entschlossen, eine neue Version AN-124M-150 (bisher zehn bestellt) zu lancieren. Dank neuen Triebwerken werden sowohl Nutzlast wie Reichweite verbessert. Zudem gelangt ein digitales Cockpit zum Einbau. Die Ruslan ist so konzipiert, dass sie gleichzeitig von vorn über den hochklappbaren Rumpfbug als auch von hinten beladen werden kann. Heute wird die An-124 hauptsächlich für den Transport von sperrigen und sehr schweren Gütern eingesetzt. Sie kann sowohl auf unvorbereiteten Pisten wie auch auf hartgefrorenem Schnee operieren. Verschiedene Maschinen wurden mittlerweile etwas modernisiert und u.a. mit neuer russischer wie auch amerikanischer Avionik ausgerüstet. Zudem ist das Passagierabteil anders gestaltet. Sie werden als An-124-100M bezeichnet.
Hersteller: Antonow Aeronautical Scientific Complex, Kiew, Werk Uljanowsk, Ukraine.

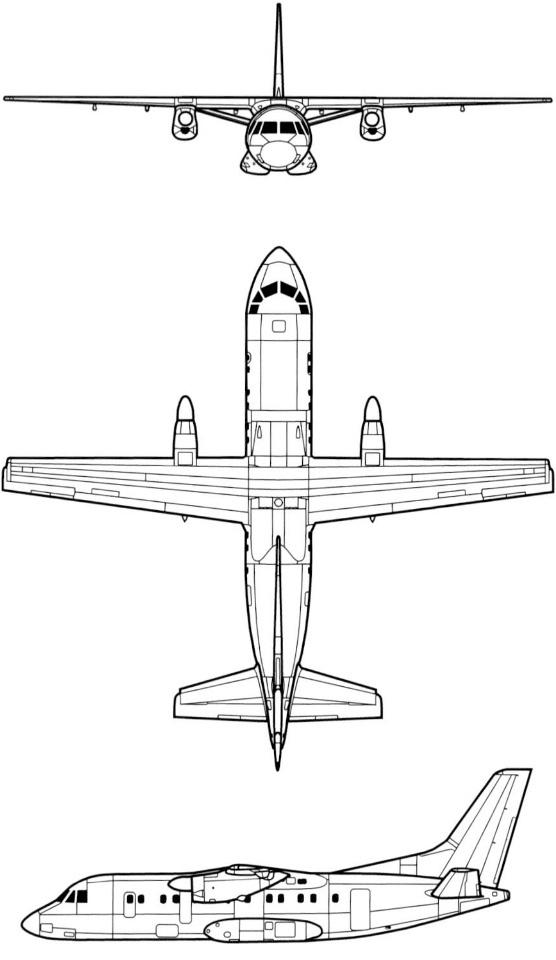

Abmessungen:
Spannweite (An-140) 24,50 m, (An-140-100) 25,50 m
Länge 22,46 m
Höhe 8,03 m
Flügelfläche 56,36 m^2

ANTONOW AN-140

Ursprungsland: Ukraine (Iran).
Kategorie: Ziviles und militärisches Kurzstrecken-Passagier- und Frachtflugzeug.
Triebwerke: Zwei Propellerturbinen Klimow NPP TV3-117VMA-SBM1 von je 2466 WPS (1838 kW) Leistung.
Leistungen: Max. Reisegeschwindigkeit 533 km/h auf 3960 m; Dienstgipfelhöhe 7200 m; Reichweite mit 52 Passagieren und 45 Min. Reserven 2100 km; Überführungsreichweite 3900 km.
Gewichte: Rüstgewicht 11800 kg; max. Startgewicht (An-140) 19150, (An-140-100) 21500 kg.
Zuladung: Zwei Piloten und (An-140) je nach Inneneinrichtung bis zu 52 Passagiere in Viererreihen mit Mittelgang oder (An-140TK) 20 Passagiere und 3650 kg Fracht. Als militärischer Frachter (An-140T) max. Nutzlast 6000 kg.
Entwicklungsstand: Der erste Prototyp der An-140 nahm die Flugerprobung am 17. September 1997 auf, gefolgt vom ersten Serienflugzeug Anfang 2000. Die ersten Auslieferungen der An-140 begannen im Sommer 2002, jene der An-140-100 im 2004. Bis Ende 2005 waren etwa 20 Maschinen gebaut. Der aktuelle Bestellungsstand ist nicht bekannt. Die iranische Regierung hat 80 als IrAn-140 bezeichnete Maschinen bestellt (Lizenzbau), deren erstes Exemplar am 7. Februar 2001 erstmals flog.
Bemerkungen: Die An-140 ist ein robustes Passagier- und Frachtflugzeug, welches über gute STOL-Eigenschaften verfügt und auf unvorbereiteten Pisten starten und landen kann. Trotzdem soll sie einem gehobenen Passagierkomfort genügen. Auf einfache Wartung und kostengünstigen Betrieb wurde besonders geachtet. Die An-140-100 erbringt bessere Start- und Landeeigenschaften auf hochgelegenen, heissen Flugplätzen. Dazu ist die Flügelspannweite um 1,00 m verlängert. Das höhere Startgewicht ermöglicht eine um 300 km grössere Reichweite bei max. Nutzlast. Im Planungsstadium befindet sich eine um 3,80 m längere Ausführung für 68 Passagiere. Iran will zudem einen Militärtransporter IrAn-140T mit Heckladerampe sowie eine Seeaufklärerversion IrAn-140MP entwickeln.
Hersteller: Antonow ASTC, Kiew, Ukraine; Werke Isfahan, Iran, und Kharkow State Aircraft Production Company, Ukraine sowie bei Aviakor, Samara, Russland.

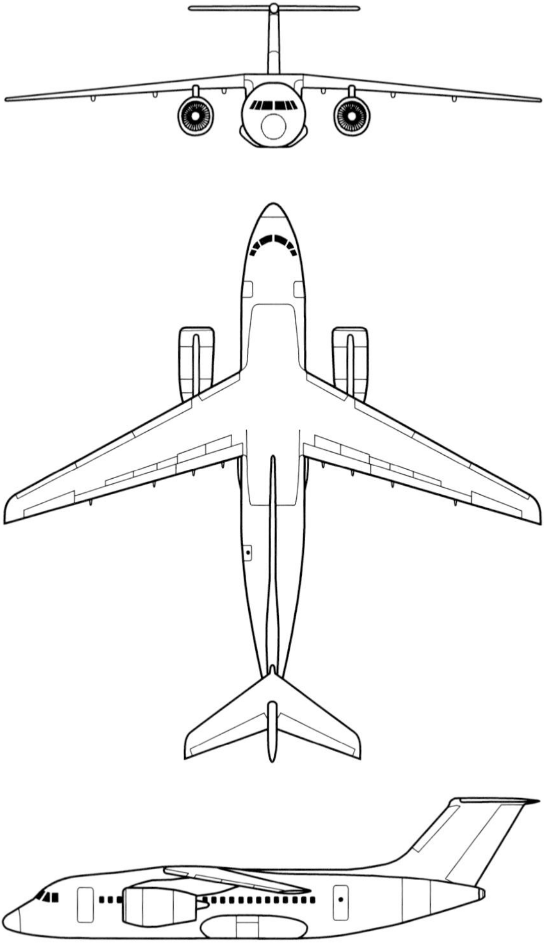

Abmessungen:
Spannweite 28,91 m
Länge 29,13 m
Höhe 8,02 m
Flügelfläche 87,30 m^2

ANTONOW AN-148-100

Ursprungsland: Ukraine.
Kategorie: Ziviler Transporter für Kurz- bis Mittelstrecken.
Triebwerke: Zwei Mantelstromtriebwerke Progess D-436-148 von je 6920 kp (67,8 kN) Standschub.
Leistungen (nach Angaben des Herstellers): Max. Reisegeschwindigkeit 820 bis 870 km/h; Dienstgipfelhöhe bis 12200 m; max. Reichweite 5100 km.
Gewichte: Max. Startgewicht 42600 kg.
Zuladung: Zwei Mann Besatzung im Cockpit und bei Einheitsbestuhlung in Fünferreihen bis zu 80 Passagiere; max. Nutzlast 9000 kg.
Entwicklungsstand: Nach einigen Verzögerungen hat der erste Prototyp am 17. Dezember 2004 die Flugerprobung begonnen. Der zweite folgte im ersten Quartal 2005. Mit den Ablieferungen an Kunden soll Mitte 2006 begonnen werden. Rund 50 Einheiten sind bereits bestellt, 12 davon beschafft die russische Kras Air, zehn die Pulkovo, 14 die Ilyushin-Finance. Für weitere Maschinen bestehen Letter of Intents. Zwei An-148 in VIP-Ausführung hat die Regierung von Kazakhstan bestellt.
Bemerkungen: Die An-148 ist eine konsequente Weiterentwicklung der An-74 (siehe Ausgabe 2005). Der Rumpf wurde von ihr übernommen, jedoch verlängert. Dagegen sind die Flügel völlig neu konstruiert. Mit diesem Typ will man vorab die im russischen Binnenverkehr eingesetzten, völlig veralteten Typen wie die An-26 und Yak-40 ablösen. Die An-148 soll sich durch hohe Wirtschaftlichkeit und leichte Wartbarkeit auszeichnen. Ab 2006 wird eine verlängerte Ausführung An-148-200 für 100 Passagiere gebaut, ausgerüstet mit westlicher Avionik und CF-34-Triebwerken von General Electric. Für später ist auch eine Geschäftsreiseversion vorgesehen. Mit einem Basispreis von ca. US$ 17 Mio. ist die An-148 gegenüber dem Mitbewerber EMBRAER 170 (siehe Seiten 156/157) rund 30 % günstiger.
Hersteller: Antonow Aeronautical Scientific Complex, Kiew, u.a. Werk Aviant, Kiew, Ukraine.

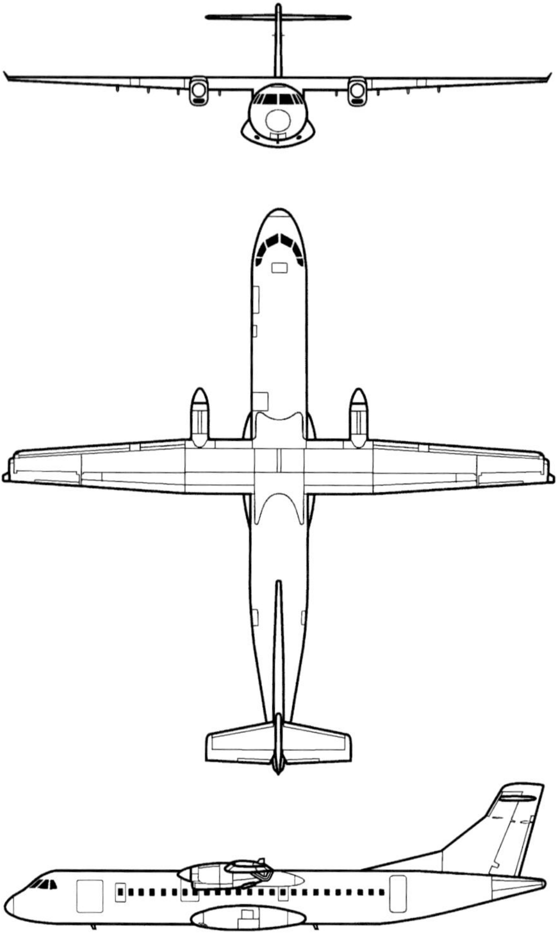

Abmessungen:
(ATR 42-500/ATR 72-500): Spannweite 24,57/27,05 m
Länge 22,67/27,17 m
Höhe 7,59/7,65 m
Flügelfläche 54,50/61,00 m²

ATR 42-500/ATR 72-500

Ursprungsland: Frankreich und Italien.
Kategorie: Regionalverkehrsflugzeug.
Triebwerke (ATR 42-500/ATR 72-500): Zwei Propellerturbinen Pratt & Whitney Canada PW127E von je 2400 WPS (1790 kW) bzw. PW127F von je 2750 WPS (2050 kW) Leistung.
Leistungen (ATR 42-500/ATR 72-500): Max. Reisegeschwindigkeit 555/511 km/h auf 7620 m; ökonom. Reisegeschwindigkeit 450 km/h auf 7620 m; Reichweite mit 48/68 Passagieren und max. Gepäckzuladung 1550/1650 km und ohne Nutzlast über 4000 km.
Gewichte (ATR 42-500/ATR 72-500): Rüstgewicht 11250/12950 kg; max. Startgewicht 18600/22500 kg.
Zuladung: Zwei Mann Cockpitbesatzung und verschiedene Innenausstattungen für (ATR 42-500, siehe Foto) max. 48 bzw. (ATR 72-500, siehe Silhouette) 64 bis 74 Passagiere in Viererreihen mit Mittelgang; Nutzlast (ATR 42-500) 5450 kg, als Frachter 5800 kg bzw. (ATR 72-500) 7350 kg.
Entwicklungsstand: Erstflug der neuesten Ausführung ATR 42-500 am 16. September 1994. Von allen Varianten waren bis Ende 2005 769 Einheiten (ATR-42 391, ATR-72 378) bestellt, rund 675 davon ausgeliefert. Angesichts der steigenden Nachfrage wird die Jahresproduktion auf über 20 Einheiten erhöht.
Bemerkungen: Die ATR-Familie wurde durch die ATR 42/72-500 bereichert. Bei gleichen Abmessungen wie die früheren ATR-42-Versionen, stellt sie eine leistungsstärkere Variante mit Sechsblatt-Propeller dar. Um den Lärmpegel weiter zu verringern, wurde das Kabineninterieur überarbeitet und mit einem «Active-Noise-Control-System» ausgerüstet. Bis auf die Länge und die Flügelspannweite ist die ATR 72-500 genau gleich wie die ATR 42-500. Unter der Bezeichnung ATR 42-400MP bzw. ATR-72-400MP existiert eine Seeüberwachungsversion der ATR, versehen mit einem Raytheon SV2022-Radar unter dem Rumpf, FLIR und ESM-Ausrüstung (je zwei ATR-42-400MP für die italienische Guardia di Finanza und Küstenwache und neu 10 ATR-72-400MP für die türkische Marine). Eine ATR-42/-72 wird als Frachter mit seitlichem Tor und verstärktem Kabinenboden angeboten.
Hersteller: Avions de Transport Regional (ATR): Aérospatiale Matra, Toulouse-Blagnac (Frankreich) und Alenia, Neapel (Italien).

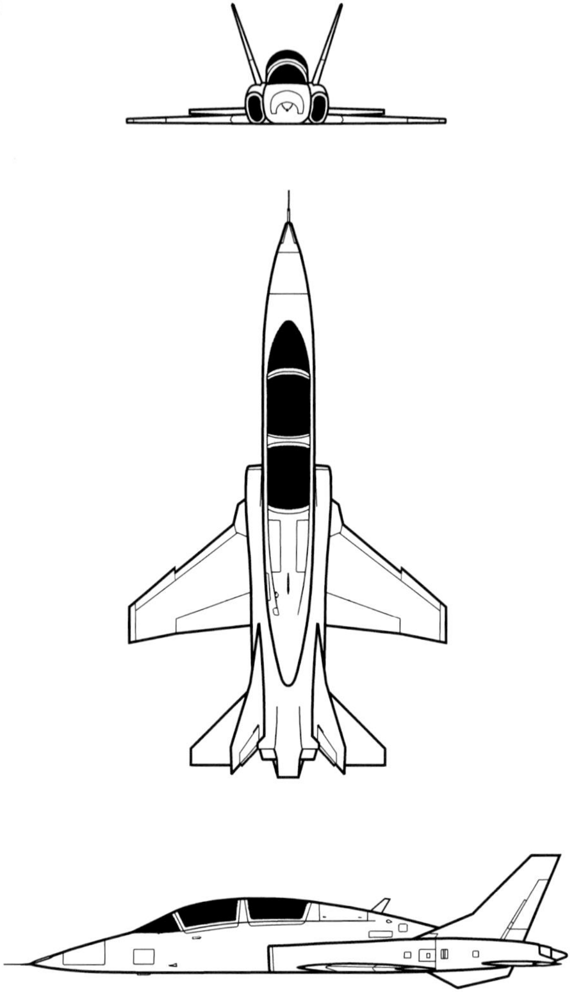

Abmessungen:
Spannweite 7,10 m
Länge 11,00 m
Höhe 3,20 m
Flügelfläche 11,15 m^2

AVIATION TECHNOLOGY GROUP (ATG) JAVELIN

Ursprungsland: USA.
Kategorie: Zweisitziges ziviles Reiseflugzeug (Mk-10) und militärischer Fortgeschrittenentrainer (Mk-20).
Triebwerke: Zwei Mantelstromtriebwerke Williams International FJ33-4-17M von je 771 kp (7,6 kN) Leistung.
Leistungen (nach Angaben des Herstellers): Max. Reisegeschwindigkeit 963 km/h (Mach 0,9); Anfangssteiggeschwindigkeit 51 m/Sek; Dienstgipfelhöhe 13716 m; Reichweite 2682 km mit VFR-Reserven bzw. 2257 km mit IFR-Reserven.
Gewichte: Max. Startgewicht 2812 kg.
Zuladung: Zwei Piloten in Sitzen hintereinander.
Bewaffnung: Bisher ist nicht bekannt, ob für Übungseinsätze Waffen mitgeführt werden können.
Entwicklungsstand: Der Prototyp startete am 30. September 2005 zum Erstflug. Die zivile Ausführung Mk-10 soll ab Ende 2007 an Kunden ausgeliefert werden, die militärische Javelin Mk-20 ab 2008. Bisher sind noch keine Bestellungen eingegangen, dagegen wurden für rund 100 Einheiten Depotzahlungen vorgenommen.
Bemerkungen: Ursprünglich als sehr ausgefallenes privates Reiseflugzeug konzipiert, hat sich die Javelin nun verstärkt in Richtung eines militärischen Fortgeschrittenentrainers entwickelt. Ihre Leistungsfähigkeit soll z.B. jene der Northrop T-38C (siehe Ausgabe 2003) in wesentlichen Bereichen übertreffen. Privaten Benützern will man ein jäger-ähnliches Fluggefühl vermitteln, dies allerdings zu Lasten einer Passagierkabine und nur geringer Nutzlast. Aus Gewichtsgründen besteht die Struktur der Javelin weitgehend aus Verbundwerkstoffen. Die Avionik stammt weitgehend von Avidyne und umfasst alle wichtigen Instrumente für den zivilen Einsatz. Eine Weiterentwicklung ist die Mk-20 für militärische Ausbildung. Sie verfügt u.a. über eine verstärkte Cockpithaube, Martin Baker 16-Schleudersitze. Im Cockpit wird eine militärische Avionik mit Head-Up-Display eingebaut. Die Mk-10 soll US$ 2,8 Mio, die Mk-20 US$ 5,5 Mio. kosten.
Hersteller: Aviation Technology Group (ATG), Werk: Front Range Airport, Denver, Colorado, USA.

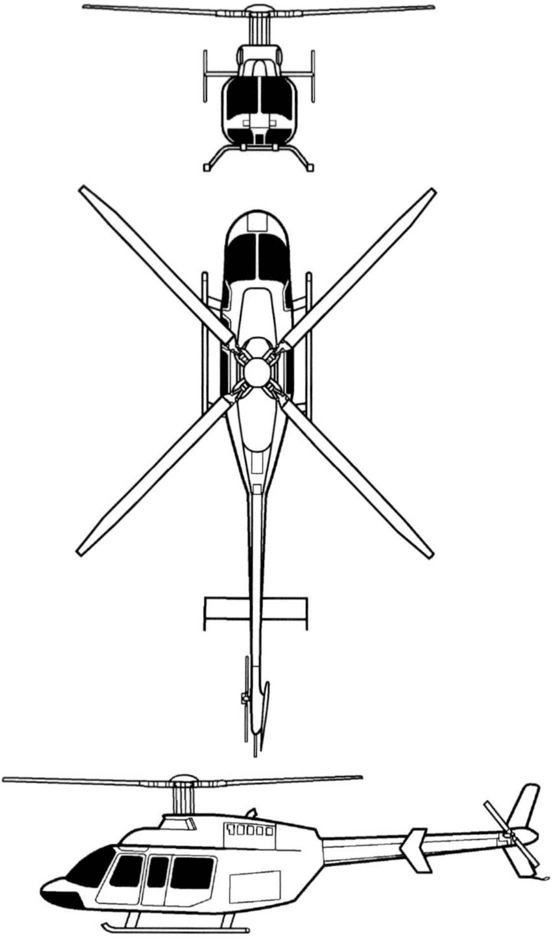

Abmessungen:
Rotordurchmesser 10,66 m
Rumpflänge 10,42 m
Höhe inkl. Rotorkopf 3,10 m

BELL 407/ARH

Ursprungsland: USA (Kanada).
Kategorie: (407) Leichter Mehrzweckhubschrauber, (ARH) bewaffneter Aufklärungshubschrauber.
Triebwerke: Eine Gasturbine Allison 250-C47 von 674 WPS (503 kW) oder neu als Option Honeywell HTS900 von 925 WPS (670 kW) Leistung.
Leistungen (Allison 250-C47): Höchstgeschwindigkeit 260 km/h, bei max. Nutzlast 240 km/h; max. Schrägsteiggeschwindigkeit 6,4 m/Sek; Dienstgipfelhöhe 4115 m; Schwebehöhe mit Bodeneffekt 3900 m, ohne Bodeneffekt 3200 m; Reichweite ohne Reserven 580 km.
Gewichte: Standard-Leergewicht 1178 kg; max. Startgewicht 2381 kg, mit externer Nutzlast 2722 kg.
Zuladung: Pilot und sechs Passagiere; max. externe Nutzlast 1200 kg.
Entwicklungsstand: Der erste Prototyp nahm im Juni 1995 die Flugerprobung auf. Bell begann mit der Auslieferung noch 1995. Über 750 Maschinen sind bisher bestellt worden. Etwa 660 Einheiten hat Bell bis Ende 2005 abgeliefert. Die Bell 407 ARH, wovon ein Erprobungsträger am 2. Juni 2005 erstmals flog (siehe Foto), soll ab 2008 in bis zu 368 Exemplaren an die US Army geliefert werden.
Bemerkungen: Die einmotorige Bell 407 ersetzte die Erfolgsmodelle 206 JetRanger und TwinRanger. Nebst deutlich stärkerem Triebwerk verfügt die 407 über einen von der OH-58D abgeleiteten Vierblattrotor aus Kunststoff. Auch das Dynamiksystem ist von diesem Muster übernommen. Schliesslich wird ein volldigitales Triebwerkmanagementsystem FADEC eingebaut. Dank dieser Massnahmen fliegt die 407 wesentlich vibrationsärmer und kostengünstiger. Gegenüber der Vorgängerin 206 ist die Kabine 18 cm breiter und verfügt über grössere Fenster und Türen. Die derzeit ausgelieferten Modelle weisen einige Verbesserungen auf, die besonders der Zuverlässigkeit und dem Komfort dienen, so u.a. neuer Heckausleger, überarbeitete Kühlung, Startgenerator, faltbare Rotorblätter, neue Sitze usw. Der vorläufig als ARH bezeichnete bewaffnete Aufklärer wird über eine Vielzahl Zusatzsysteme zum Erfüllen des militärischen Auftrags verfügen.
Hersteller: Bell Helicopter Textron Inc., Canadian Division, Mirabel, Montreal, Kanada.

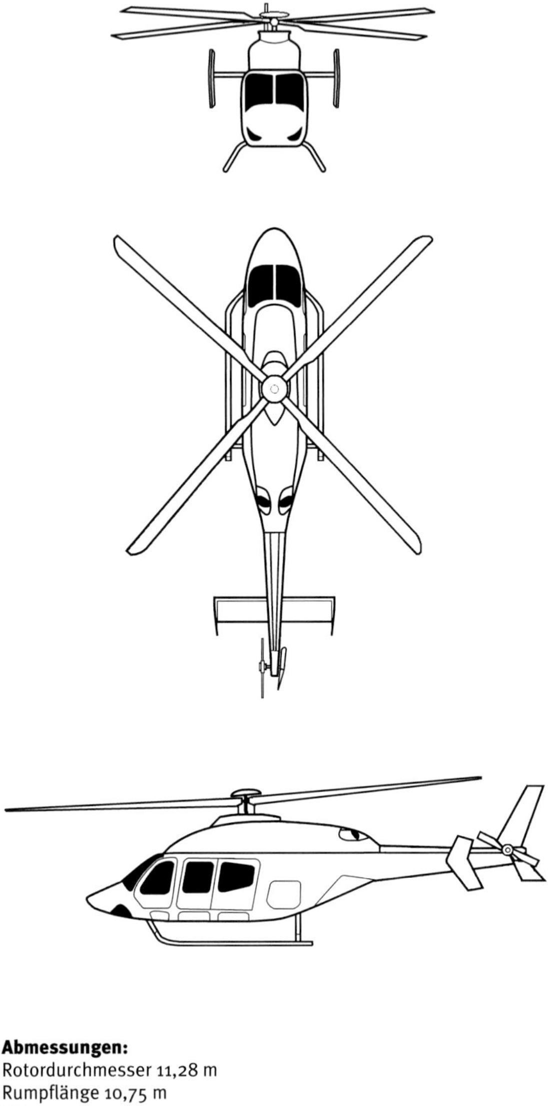

Abmessungen:
Rotordurchmesser 11,28 m
Rumpflänge 10,75 m
Höhe 3,49 m

BELL 427VFR/429

Ursprungsland: USA (Kanada, Südkorea).
Kategorie: Leichter Mehrzweckhubschrauber.
Triebwerke: Zwei Gasturbinen Pratt & Whitney PW207D von je 625 WPS (466 kW) Leistung.
Leistungen (427): Höchstgeschwindigkeit 256 km/h; normale Reisegeschwindigkeit 248 km/h; Dienstgipfelhöhe 5760 m; Schwebehöhe ohne Bodeneffekt 4230 m, mit Bodeneffekt 4930 m; Reichweite 722 km, max. Flugzeit 4,2 Std.
Gewichte (427): Leergewicht 1670 kg; max. Startgewicht mit interner Last 2880 kg, mit externer Last 2948 kg.
Zuladung (427): Pilot und bis zu sieben Passagiere oder Frachtzuladung von 1020 kg. Als Ambulanzhubschrauber zwei liegende Verletzte.
Entwicklungsstand: Der erste von zwei 427-Prototypen fliegt seit Dezember 1997. Mit den Auslieferungen begann Bell Ende 1999. Bis Ende 2005 sind Aufträge für rund 100 Exemplare eingegangen. Ab 2006 fliegt eine verbesserte Ausführung 429 (bisher 136 Exemplare bestellt).
Bemerkungen: Die Bell 427VFR basiert auf der 407 (siehe Seiten 52/53) und wurde zusammen mit der Samsung Aerospace Industries Ltd., Korea, entwickelt. Das dynamische System (Rotorkopf, Getriebe und Rotoren) stammt von der 407, die Rotorblätter sind aber rund 40 cm länger und 25 mm breiter. Der aus Verbundwerkstoffen bestehende Rumpf wurde neu konstruiert und ist um etwa 33 cm länger als jener der 407. Die Kabine lässt sich für verschiedenste Zwecke umgestalten. Die grossen Türen erleichtern dabei den Ein- und Auslad von Fracht. Sämtliche Sitze sind «crash-resistent» konstruiert, die Cockpitinstrumente vollständig digitalisiert. Der Verkaufspreis liegt bei rund US$ 2,7 Mio. Samsung stellt die Kabine und den Heckteil aller 427 her, während das Rotorsystem durch Bell, Fort Worth, beigesteuert wird. Unter dem Namen 429 bietet der Hersteller ab 2007 eine Ausführung mit Avionikset für Einsätze unter Instrumentenflugbedingungen an. Der Rumpf wird um 0,35 m länger und dank leistungsfähigerer Triebwerke steigt das max. Abfluggewicht auf 3180 kg. Cockpit, Haupt- und Heckrotor sind überarbeitet.
Hersteller: Bell Helicopter Textron Inc., Canadian Division, Werke Mirabel, Montreal, Kanada und bei Samsung in Sachon, Süd-Korea.

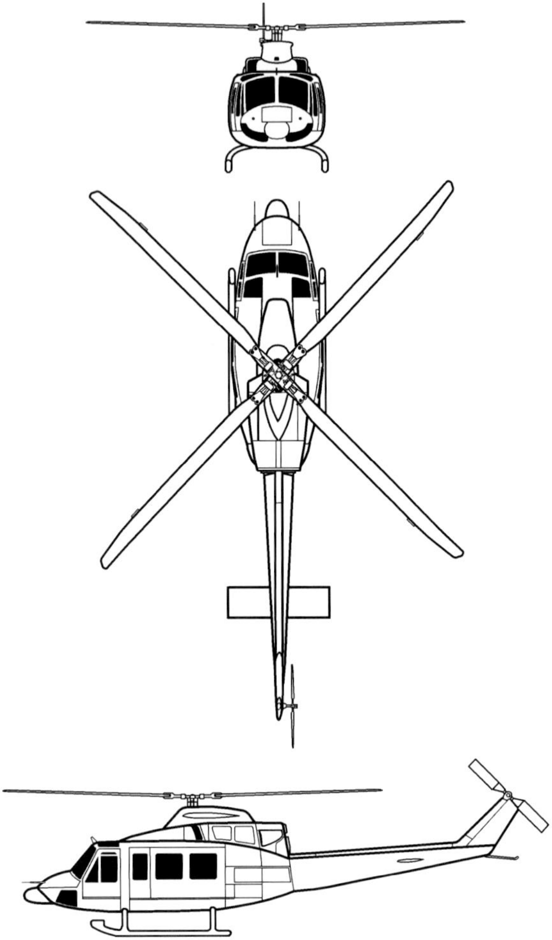

Abmessungen:
Rotordurchmesser 14,02 m
Rumpflänge 12,92 m
Höhe inkl. Rotorkopf 3,48 m

BELL 412EP/UH-1Y

Ursprungsland: USA (Kanada).
Kategorie: Mehrzweck- und Transporthubschrauber.
Triebwerke (412EP)**:** Eine Gasturbine Pratt & Whitney Canada PT6T-3D-Turbo Twin Pac von 1800 WPS (1342 kW) Leistung.
Leistungen (412EP)**:** Höchstgeschwindigkeit 259 km/h auf Meereshöhe; Reisegeschwindigkeit 230 km/h; max. Schrägsteiggeschwindigkeit 6,86 m/ Sek; Dienstgipfelhöhe 5030 m; Schwebehöhe mit Bodeneffekt 3110 m bei 4762 kg, ohne Bodeneffekt 1585 m; max. Reichweite 745 km ohne Zusatztanks auf 1525 m.
Gewichte (412EP)**:** Leer 3079 kg; max. Startgewicht 5397 kg.
Zuladung (412EP)**:** Ein bis zwei Piloten und 13 bis 14 Passagiere; max. Nutzlast 2041 kg.
Entwicklungsstand: Die neueste Ausführung -EP erhielt die Zulassung im Februar 1991. Militärische Ausführungen der 412 von Bell bzw. Agusta haben 24 Länder erhalten. Darüber hinaus sind zivile 412 hergestellt worden, zusammen etwa 500. Die jährliche Produktionsrate beträgt rund 30 Einheiten. Die erste umgebaute UH-1Y nahm die Flugerprobung am 20. Dezember 2001 auf.
Bemerkungen: Die Bell 412EP ist die derzeit produzierte Ausführung des Modells 412. Sie verfügt über stärkere Triebwerke mit entsprechend angepasster Transmission und ein erhöhtes Abfluggewicht. Sie wird, abgesehen vom Bell-Werk in Mirabel, auch bei AgustaWestland, Italien, gebaut. Neu angeboten wird die ASW-Ausführung 412EP Sentinel mit einem Telephonic RDR1500 360°-Radar sowie einem Infrarot-Behälter in der Rumpfspitze. Sie kann bewaffnet werden, u.a. mit Torpedos und Antischiffslenkwaffen. 100 (zehn davon bestellt) als UH-1Y bezeichnete Hubschrauber erhält das USMC ab 2006, welche ganz erheblich leistungsgesteigert sind: Zwei GE T700-GE-401-Triebwerke, neuer Flexbeam-Rotorkopf mit lagerloser Befestigung und vierblättrigen Kunststoffrotoren, um ca. 50 cm verlängerter Rumpf, längerer Heckausleger mit neuem Vierblatt-Heckrotor usw.
Hersteller: Bell Helicopter Textron Inc., Canadian Division, Mirabel, Montreal, Kanada.

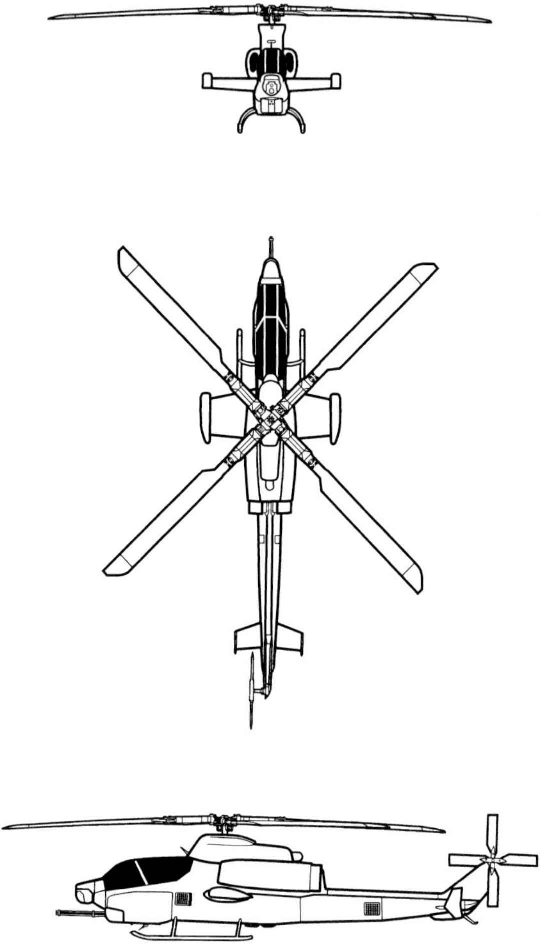

Abmessungen:
Rotordurchmesser 17,73 m
Rumpflänge 13,87 m
Höhe über Heckrotor 3,78 m

BELL AH-1Z

Ursprungsland: USA.
Kategorie: Zweisitziger Kampfhubschrauber.
Triebwerke: Zwei Gasturbinen General Electric T700-401 von je 1773 WPS (1285 kW) Leistung.
Leistungen: Höchstgeschwindigkeit 298 km/h; typische Einsatzgeschwindigkeit bei 265 km/h; Aktionsradius mit einer Bewaffnung von 1134 kg 234 km; Reichweite mit max. interner Treibstoffzuladung und Bewaffnung 705 km, max. Flugdauer 3,7 Std.
Gewichte: Leergewicht 5580 kg; max. Startgewicht 8391 kg.
Bewaffnung: Eine dreiläufige 20-mm-Kanone General Electric M197 und an den Flügelstummeln z.B. vier Behälter für ungelenkte Raketen, acht bis sechzehn Panzerabwehrlenkwaffen AGM-114 Hellfire oder zwei Luft-Luft-Lenkwaffen AIM-9L Sidewinder.
Entwicklungsstand: Erstflug des Prototyps (eine umgebaute AH-1W) am 7. Dezember 2000. Mittlerweile fliegen drei Erprobungsträger sowie das erste Serienflugzeug. Das USMC soll insgesamt 180 (sechs davon fest bestellt) Exemplare erhalten und zwar in jährlichen Tranchen von 12 bis 36 Einheiten. Nachdem aber erhebliche technische Schwierigkeiten aufgetreten sind, dürfte die Einsatzbereitschaft nicht vor 2007 erfolgen.
Bemerkungen: Gegenüber der AH-1W ist die AH-1Z in wesentlichen Punkten völlig neu und deutlich leistungsfähiger. Beispielsweise erhält diese Ausführung einen gelenklosen Rotorkopf mit einem vierblättrigen Rotor aus Verbundwerkstoffen. Nebst einem Glas-Cockpit gelangt ein völlig neues integriertes Navigationssystem von Northrop Grumman/Litton zum Einbau. Die AH-1Z ist zudem mit einem multifunktionellen Zielakquisitions-System Hawkeye in der Rumpfspitze ausgerüstet, welches u.a. FLIR-, TV- und Laser-Zielbezeichnungs-Funktionen umfasst. Sie ist in der Lage, wesentlich mehr Waffen als die AH-1W mitzuführen. Ob neue Hubschrauber hergestellt oder bisherige AH-1W umgebaut werden, ist derzeit noch nicht entschieden.
Hersteller: Bell Helicopter Textron Inc., Fort Worth, Texas, USA.

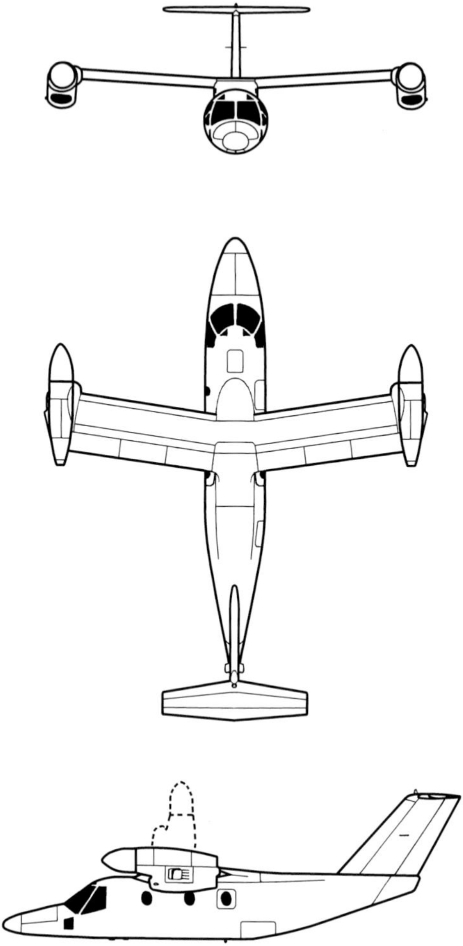

Abmessungen:
Spannweite inkl. drehende Rotoren 18,29 m
Flügelspannweite 10,00 m
Rotorendurchmesser 7,93 m
Länge 13,31 m
Höhe über Seitenleitwerk 4,50 m

BELL/AGUSTA WESTLAND BA 609

Ursprungsland: USA und Italien.
Kategorie: Ziviles Mehrzweck-Kipprotorflugzeug.
Triebwerke: Zwei Propellerturbinen Pratt & Whitney Canada PT6C-67A von je 1940 WPS (1447 kW) Leistung.
Leistungen: Max. Reisegeschwindigkeit 510 km/h; Langstrecken-Reisegeschwindigkeit 465 km/h; max. Steigrate 7,6 m/Sek; Dienstgipfelhöhe 7625 m; Schwebehöhe ohne Bodeneffekt 1525 m; Reichweite 1390 km, mit Zusatztanks 1880 km.
Gewichte: Rüstgewicht 4770 kg; max. Abfluggewicht 7260 kg.
Zuladung: Ein bis zwei Piloten und in einer Exekutivausführung sechs Passagiere, in engerer Bestuhlung bis zu neun Personen; bei SAR-Aufgaben zwei liegende Verletzte und drei Hilfspersonen; max. Nutzlast 2300 kg.
Entwicklungsstand: Der erste von vier Prototypen hat nach einigen technisch bedingten Verzögerungen die Flugerprobung am 7. März 2003 aufgenommen, der zweite folgte Ende 2005. Mit der Ablieferung der ersten Serienflugzeuge wird 2008 gerechnet. Bisher sind Aufträge für rund 60 BA 609 eingegangen. Sie wird vorerst bei Bell, später aber auch bei Agusta hergestellt.
Bemerkungen: Die BA 609 soll das erste zivile Kipprotorflugzeug sein, welches in kommerziellen Betrieb geht. Dabei wird Technologie angewendet, welche von der V-22 Osprey (siehe Seiten 62/63) stammt. Von ihr hingegen nicht übernommen werden die nach hinten an den Rumpf klappbaren Flügel mit faltbaren Rotoren. Nebst der zivilen Nutzung als Verbindungs- und VIP-Transporter sind auch Einsätze als Versorger für Ölbohrplattformen und Überwachungs- und Rettungsaufgaben für Küstenwachen vorgesehen. Die Arbeitsaufteilung zwischen Bell und Agusta beträgt 75 zu 25. Die BA 609 verfügt über eine Aluminium-Struktur, die mit Verbundwerkstoffen verkleidet ist, während der Flügel vollständig aus Kunststoffen besteht. Die Cockpitinstrumente ProLine 21 und das Flight Management System stammen von Rockwell Collins. Das USMC prüft die Beschaffung einer bewaffneten Variante der BA 609.
Hersteller: Bell Helicopter Textron Inc., Fort Worth, Texas, Werk Amarillo, USA und AgustaWestland, Cascina Costa, Gallarate, Italien.

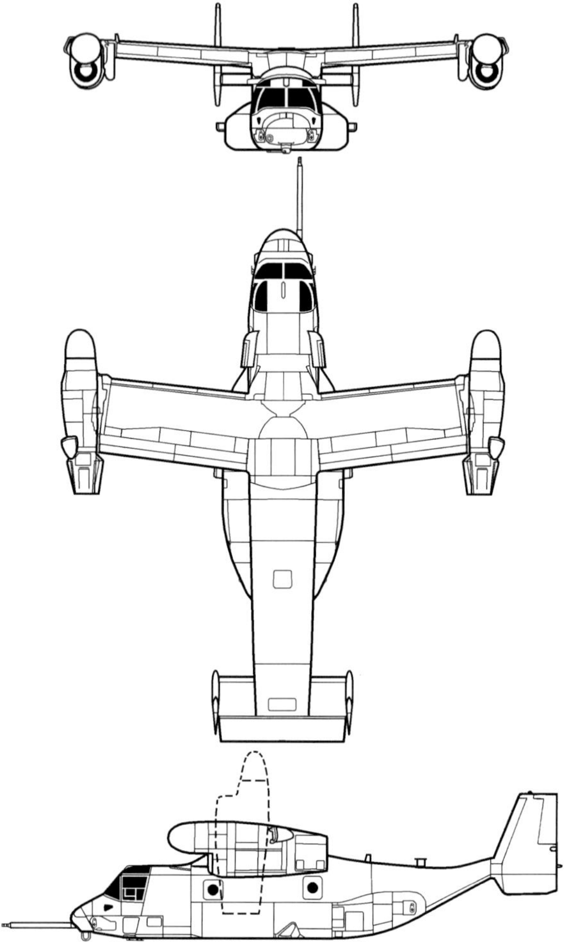

Abmessungen:
Spannweite inkl. Rotoren 25,77 m, ohne 15,52 m
Länge mit gefalteten Rotoren 19,20 m, ohne 17,47 m
Höhe über alles 6,73 m

BELL-BOEING CV-22B OSPREY

Ursprungsland: USA.
Kategorie: Schwenkrotorflugzeug für militärische Spezialeinsätze.
Triebwerke: Zwei Propellerturbinen Rolls Royce AE1107C von je 6150 WPS (4590 kW) Leistung.
Leistungen: Max. Reisegeschwindigkeit als Flächenflugzeug 550 km/h auf optimaler Höhe, in Helikopterkonfiguration 185 km/h auf Meereshöhe; max. Geschwindigkeit mit einer Aussenlast von 6804 kg 370 km/h; max. Schrägsteiggeschwindigkeit 5,53 m/Sek; Dienstgipfelhöhe 7925 m; Reichweite bei Senkrechtstart und einer Nutzlast von 5443 kg 2224 km, bei Kurzstart und einer Nutzlast von 9072 kg 3336 km; Überführungsreichweite 3892 km.
Gewichte: Rüstgewicht 15032 kg; normales Startgewicht unter VTO-Bedingungen 23855 kg, max. unter STO-Bedingungen 27442 kg.
Zuladung: Drei Mann Besatzung und bis zu 24 ausgerüstete Soldaten oder 12 Tragbahren für Verletzte plus Pfleger, max. Nutzlast 9072 kg.
Entwicklungsstand: Der erste von sechs V-22-Prototypen nahm die Flugerprobung am 9. März 1989 auf. Vier weitere, weitgehend dem Serienstandard entsprechende Ospreys folgten ab Ende 1996. Rund 40 Einheiten sind bisher hergestellt worden. Die US-Streitkräfte beschaffen voraussichtlich 458 V-22: USMC 360 MV-22B, USN 48 HV-22B, USAF 50 CV-22B für Spezialmissionen. Die wegen aufgetretenen Schwierigkeiten vorübergehend eingestellte Einführung wird nach Vornahme von erheblichen Modifikationen nun im ursprünglich vorgesehenen Umfang weitergeführt.
Bemerkungen: Als neueste Ausführung wurde die für Spezialeinsätze vorgesehene CV-22B fertiggestellt. Von der CV-22 unterscheidet sie sich hauptsächlich durch zusätzliche Avionik und Kommunikationssysteme. So wurde neu das Terrainfolgeradar Raytheon APQ-186 sowie ein Elektronikabwehrsystem ITT ALQ-211 eingebaut. Zur Erhöhung des Aktionsradius auf 925 km sind in den Flügeln acht zusätzliche Tanks und seitlich am Rumpf zwei Treibstoffbehälter vorhanden. Derzeit wird geprüft, die MV- bzw. CV-22 mit einer 12,7 mm-Kanone vorne am Rumpf auszurüsten.
Hersteller: Bell Helicopter Textron Inc., Fort Worth, Texas, USA, und Boeing Helicopter Company, Philadelphia, USA, Werk Amarillo, Texas, USA.

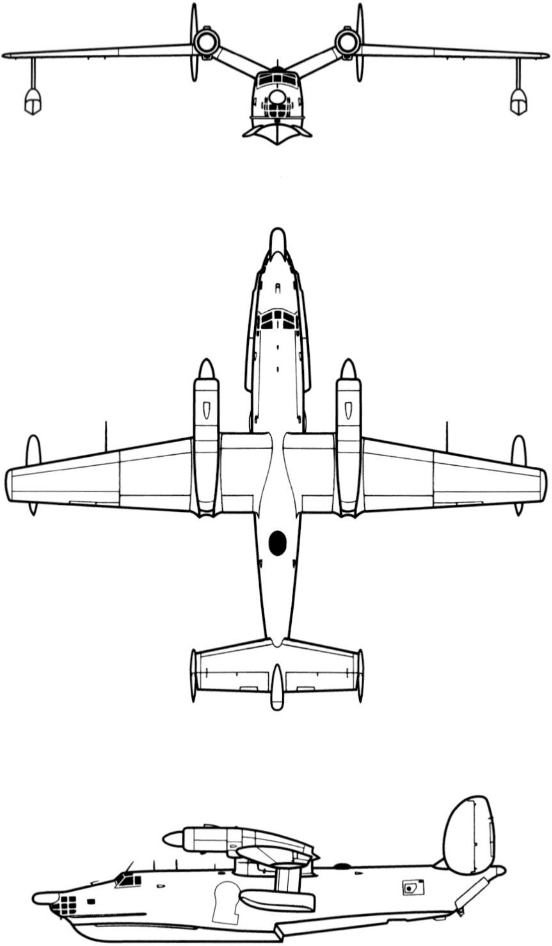

Abmessungen:
Spannweite 29,84 m
Länge 26,51 m
Höhe 9,10 m
Flügelfläche 105,00 m²

BERIEW BE-12P-200

Ursprungsland: Russland (ex. Sowjetunion).
Kategorie: Feuerlöschflugzeug.
Triebwerke: Zwei Propellerturbinen Ivchenko AI-20DM von je 5180 WPS (3863 kW) Leistung.
Leistungen: Höchstgeschwindigkeit 608 km/h, normale Reisegeschwindigkeit 473 km/h; Einsatzgeschwindigkeit zwischen 240 und 320 km/h; Anfangssteiggeschwindigkeit 9,5 m/Sek; Dienstgipfelhöhe 11280 m; Reichweite mit einer Nutzlast von 5000 kg 1500 km, ohne Ladung jedoch 3600 km; max. Flugdauer 8 Std 30 Min.
Gewichte: Leergewicht 25500 kg; max. Startgewicht 36000 kg.
Zuladung: Normalerweise zwei Mann Cockpitbesatzung und Fassungsvermögen für Löschwasser von 6000 l.
Entwicklungsstand: Eine frühere Be-12 wurde in einen Waldbrandbekämpfer Be-12P umgebaut und absolvierte am 27. April 1992 den Erstflug. Bisher modifizierte Beriew vier Maschinen. Bei Bedarf könnten weitere Umbauten erfolgen. Von der Ursprungsausführung (Erstflug vermutlich 1960) sind etwa 200 Einheiten gebaut worden.
Bemerkungen: Die Idee, aus dem früheren amphibischen U-Bootjäger einen sog. Wasserbomber abzuleiten, entstand anfangs der neunziger Jahre. Im Rahmen der Umbauten wurde bis auf das Radar die gesamte für U-Bootjagdeinsätze vorgesehene Spezialausrüstung entfernt. Im Rumpf baute Beriew drei Tanks für insgesamt sechs Kubikmeter Wasser ein, versehen mit den erforderlichen Klappen zur Wasseraufnahme während des Gleitens auf der Wasseroberfläche und zum Ablassen über dem Brandherd. Die Be-12P kann bei Einsätzen 100 km weg von der Einsatzstelle und 10 km entfernt vom nächsten Wasseraufnahmeort mit einer einzigen Treibstofffassung 42000 l Löschmittel abwerfen. Dabei wird das Feuer mit einer Minimalgeschwindigkeit von 240 km/h angeflogen. Die Wasseraufnahme ist auf Gewässern von mindestens 2 m Tiefe und mit einer Wellenhöhe von bis zu 0,8 m möglich.
Hersteller: OKB Georgi Beriew, Werk Tavia, Taganrog, Russland.

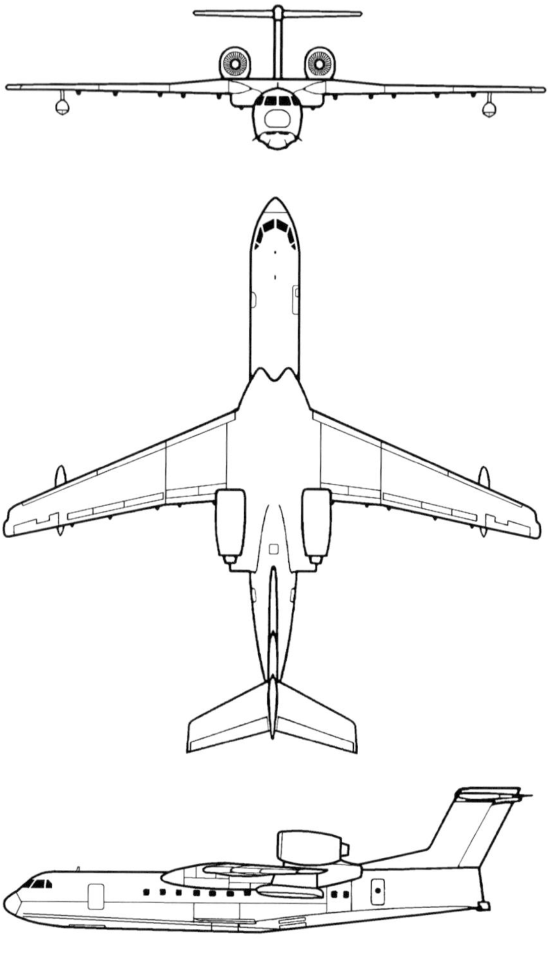

Abmessungen:
Spannweite 32,78 m
Länge 31,43 m
Höhe 8,90 m
Flügelfläche 117,44 m²

BERIEW BE-200

Ursprungsland: Russland.
Kategorie: Mehrzweck-Amphibienflugzeug und Löschflugzeug.
Triebwerke: Zwei Mantelstromtriebwerke ZMKB Progress D-436TP von je 7500 kp (73,60 kN) Standschub.
Leistungen: Höchstgeschwindigkeit auf 7000 m 710 km/h; ökonomische Reisegeschwindigkeit auf 8000 m 600 km/h; Anfangssteiggeschwindigkeit 14 m/Sek; Dienstgipfelhöhe 11000 m; Reichweite mit einer Nutzlast von 3000 kg 2500 km, max. 3850 km.
Gewichte: Rüstgewicht 25120 kg; max. Startgewicht 36000 kg bzw. für Löscheinsätze bis zu 43000 kg.
Zuladung: Zwei Piloten und bis zu 72 Passagiere in der Touristenklasse oder bis 7500 kg Nutzlast als Frachter.
Entwicklungsstand: Der erste Prototyp nahm die Flugerprobung am 24. September 1998 auf, der zweite folgte am 27. August 2002. Mitte 2002 erhielt die Be-200 die russische Zulassung. Bisher ist die Bestellung von sieben Exemplaren (+ 8 Optionen) für das russische Zivilschutz-Ministerium für Rettungs- und Waldbrandeinsätze bekannt gegeben worden; Auslieferung ab 2004. Mindestens fünf Maschinen beschafft die französische Sécurité Civile, zwei Kroatien, Portugal voraussichtlich eine, Italien mietet vorerst eine Einheit während der Waldbrandsaison. In den USA hat Hawkins & Powers Aviation einen Letter of Intent für acht Be-200 unterzeichnet.
Bemerkungen: Mehrere Ausführungen werden angeboten: Eine Feuerwehrversion mit einer abwerfbaren Wasserlast von 12000 kg, Varianten als reiner Passagiertransporter oder Frachter sowie eine Version für Such-, Rettungs- und Evakuationseinsätze. Als Frachter verfügt die Be-200 über einen Laderaum von 17,00 m Länge, 2,60 m Breite und 1,90 m Höhe, der durch ein seitlich angebrachtes Frachttor beladen werden kann. Für eine Exportausführung Be-200RR prüft man, Triebwerke vom Typ BMW Rolls-Royce BR715 anzubieten. EADS und NPK sind in Verhandlungen für die gemeinsame Vermarktung dieser Version. Unter der Bezeichnung Be-310 erwägt Beriew derzeit die Entwicklung einer Landversion der Be-200.
Hersteller: OKB Georgi Beriew, Werk Tavia, Taganrog, Russland.

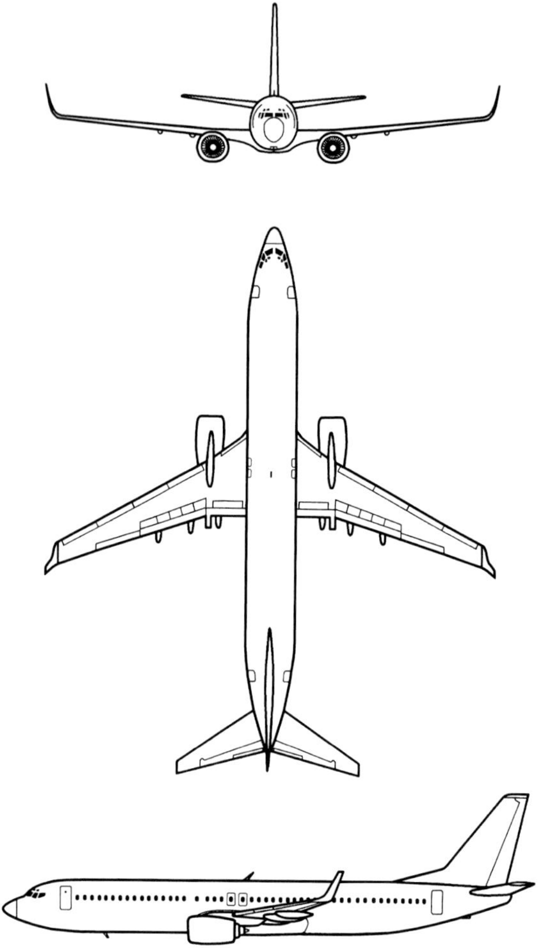

Abmessungen:
Spannweite mit Winglets 35,80 m
Länge 42,10 m
Höhe 12,50 m
Flügelfläche 124,60 m^2

BOEING 737-900ER

Ursprungsland: USA.
Kategorie: Mittel- bis Langstrecken-Verkehrsflugzeug.
Triebwerke: Zwei Mantelstromtriebwerke CFM International CFM56-7B von 12240 kp (120,00 kN) Standschub.
Leistungen: Max. Reisegeschwindigkeit 911 km/h (Mach 0,82), norm. Reisegeschwindigkeit 835 km/h auf 11880 m (Mach 0,79); Dienstgipfelhöhe 12500 m; Reichweite 5900 km.
Gewichte: Rüstgewicht 41410 kg; max. Startgewicht 85200 kg.
Zuladung: Zwei Mann Cockpitbesatzung und verschiedene Kabinenausstattungen für normalerweise 180 Passagiere; maximale Passagierzahl in Einerklasse 215.
Entwicklungsstand: Als vorläufig letzte Ausführung dieser Folgegeneration lanciert Boeing die lang erwartete 737-900ER. Sie soll Mitte 2006 erstmals fliegen und Mitte 2007 in Einsatz gelangen. 30 Einheiten hat die indonesische Lion Air bestellt. Vom Vorläufer 737-900 sind bisher 55 Maschinen in Auftrag gegeben worden. Ende 2005 belief sich der Auftragsbestand der Versionen (-600/-700/-800/-900/-900ER) auf rund 2970 Einheiten (+ Optionen), 1800 davon waren abgeliefert. Von allen B737-Ausführungen erhielt Boeing bisher Aufträge für über 6100 Einheiten.
Bemerkungen: Von den Dimensionen her ist die 737-900ER genau gleich gross wie die 737-900 (siehe Ausgabe 2005). Mit ihr will man die durch die Produktionseinstellung der 757 entstandene Angebotslücke weitgehend schliessen. Bei gleicher Kabinenlänge können nun aber dank zweier zusätzlicher Notausgänge hinter den Flügeln bis zu 215 Passagiere mitgeführt werden. Das hintere Druckschott ist nun völlig flach und vergrössert dadurch das Schrankvolumen der hinteren Küche. Dank zweier zusätzlicher Tanks und dem erhöhten Startgewicht sind längere Strecken möglich. Schliesslich sind leistungsfähigere Triebwerke vorgesehen, welche die kommende Stage-4-Grenze einhalten sollen. Die kürzlich auch bei anderen Modellen der 737NG-Familie vorgenommenen Verbesserungen an der Aerodynamik sind auch bei der 737-900ER vorhanden.
Hersteller: The Boeing Company, Commercial Airplane Group, Seattle, Werk Renton, Washington, USA.

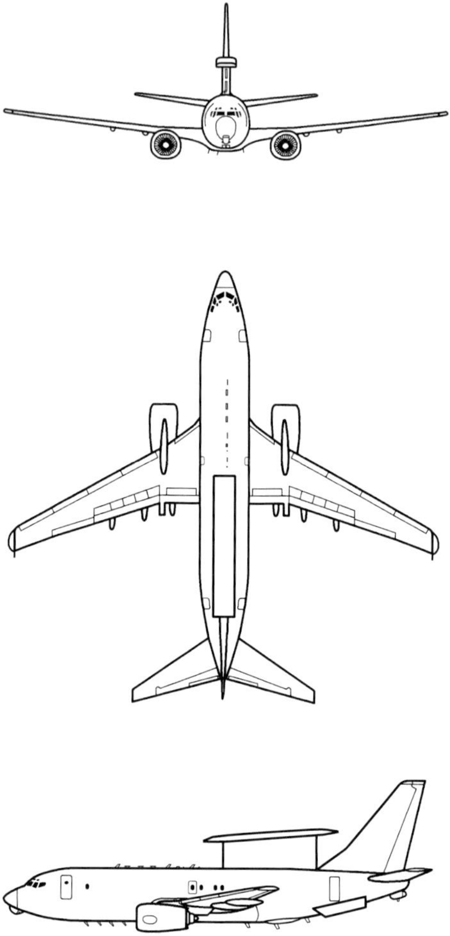

Abmessungen:
Spannweite 34,31 m
Länge 33,63 m
Höhe 12,55 m
Flügelfläche 124,60 m^2

BOEING 737AEW&C WEDGETAIL

Ursprungsland: USA.
Kategorie: Radarfrühwarn- und Überwachungsflugzeug.
Triebwerke: Zwei Mantelstromtriebwerke CFM International CFM56-7B24 von je 10886 kp (106,75 kN) Standschub.
Leistungen (geschätzt): Max. Reisegeschwindigkeit Mach 0,78, Dienstgipfelhöhe 12500 m; max. Reichweite 6000 km+, Patrouillierzeit 550 km vom Stützpunkt entfernt 8 Std.
Gewichte: Max. Startgewicht 77110 kg.
Zuladung: Zwei Mann Cockpitbesatzung und je nach Einsatz zwischen sechs und zehn Systemoperateure.
Entwicklungsstand: Das erste Erprobungsmuster fliegt seit dem 20. Mai 2004. Nach Einbau und Tests der gesamten Ausrüstung beginnen die Auslieferungen Ende 2006. Folgende Aufträge sind bisher eingegangen: Australien 6 (+ 1 Option), Türkei 6; Italien voraussichtlich 4. Vom Militärtransporter (siehe Ausgabe 2001) hat die USN bisher 9 C-40A/S, die USAF 8 C-40B Einheiten bestellt. Die 737MMA soll erstmals 2006 fliegen. Nebst den Prototypen plant die USN die Beschaffung von bis zu 105 Einheiten.
Bemerkungen: Diese Ausführung basiert auf der Boeing 737-700IGW. Zur Erfüllung ihrer Hauptaufgabe ist sie primär mit einem 2950 kg schweren 360°-Mehrzweck-Scanner-Radar von Northrop Grumman ausgerüstet, deren sichtbarer Teil aus einer rund 10,70 m langen Antenne hinten über dem Rumpf besteht. Dieses Radar kann gleichzeitig Luft- wie auch Seeziele bis zu einer Reichweite von 400 km erkennen. Hinzu kommen diverse weitere Passiv-Suchsysteme, u.a. ein Freund-Feind-Erkennungsgerät. Die ganze Avionik ist mit einer offenen System-Architektur verbunden. Die Boeing 737 wird zunehmend für militärische Aufgaben weiterentwickelt. Nebst dem Transporter C-40 baut Boeing die neue Seeüberwachungs- und Angriffsvariante Boeing 737MMA (= **M**ulti-Mission **M**aritime **A**ircraft). Diese basiert auf der 737-800ERX und wird die Bezeichnung P-8A führen.
Hersteller: The Boeing Company, Defence & Space Group, St. Louis, Werk Renton, Washington, USA.

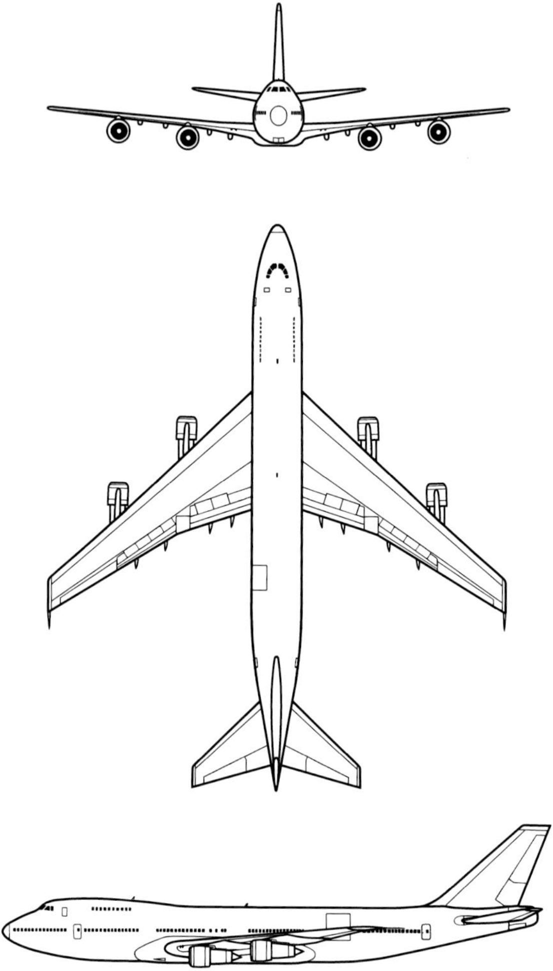

Abmessungen:
Spannweite 59,64 m
Länge 70,51 m
Höhe 19,33 m
Flügelfläche 511,00 m^2

BOEING 747-200F SUPERTANKER

Ursprungsland: USA.
Kategorie: Wasserbomber und Mehrzwecktransporter.
Triebwerke: Vier Mantelstromtriebwerke Pratt & Whitney JT9D-7AW von je 22026 kp (216 kN) Standschub.
Leistungen (-200C): Max. Reisegeschwindigkeit 940 km/h auf 9145 m; normale Reisegeschwindigkeit 896 km/h; Dienstgipfelhöhe 13715 m; Reichweite mit max. Nutzlast ca. 8000 km, max. Reichweite 9636+ km.
Gewichte: Leergewicht rund 154000 kg; max. Startgewicht zwischen 351000 und 371000 kg.
Zuladung: Drei Mann Cockpitbesatzung und zwei Löschoperateure sowie Wasser und Chemikalien bis zu 91000 Liter (24000 US-Gallonen). Die Nutzlast bei normalen Frachteinsätzen von ca. 103000 kg bleibt weiterhin erhalten.
Entwicklungsstand: Eine erste aus einer B747-237C umgebaute Maschine hat am 17. Februar 2004 die Flugerprobung als Airtanker begonnen. Die Einsatzbereitschaft wurde im Juli 2004 erreicht. Ob und wie viele weitere Muster umgebaut werden, ist noch offen.
Bemerkungen: Die immer häufiger und umfangreicher auftretenden Wald- und Buschbrände erfordern grössere Löschflugzeuge. Kommt noch hinzu, dass die meisten heute eingesetzten Muster technisch veraltet sind. Der Hersteller behauptet, dass eine Boeing 747 Supertanker die Aufgabe von sieben heute eingesetzten Löschflugzeugen erledigen kann. Um innerhalb der für dieses Muster zugelassenen Manöver zu bleiben, wird das Löschwasser mittels eines Drucksystems auf 250 m Höhe, statt den üblichen 60 m, abgeworfen. Es ist zudem möglich, den Abwurf sequentiell durchzuführen. Die gesamte Löschkapazität wird in Tanks in den unteren Frachträumen gelagert. Der Abwurf erfolgt aus vier Düsen unten am Rumpf. Ausserhalb der Waldbrandsaison kann das Muster für übliche Frachteinsätze eingesetzt werden oder auch zur Bekämpfung von Ölteppichen auf dem Meer.
Hersteller: The Boeing Commmercial Airplane Company, Werk Everett, Seattle, Washington, USA (ursprünglicher Hersteller) und Evergreen International Aviation Inc., McMinnville, Oregon, USA (Umbau).

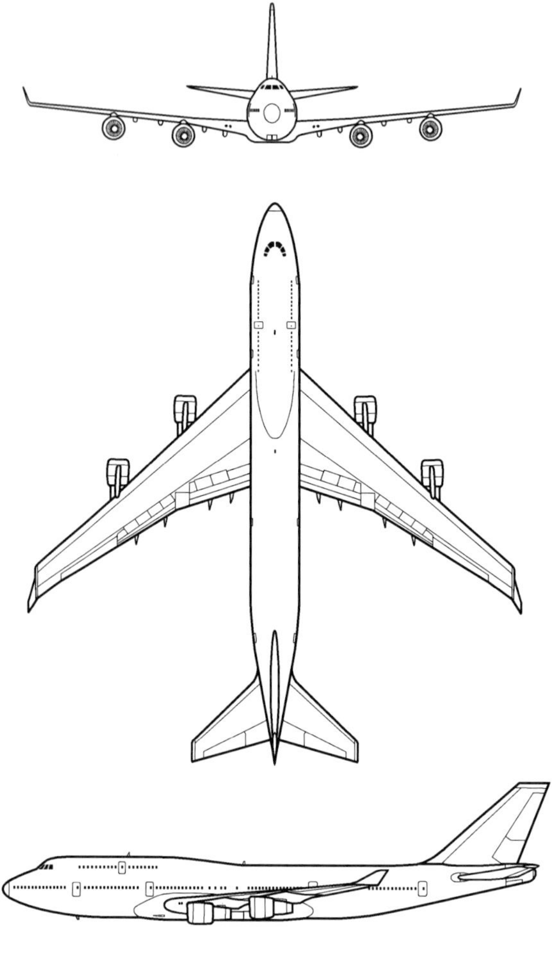

Abmessungen:
Spannweite 64,44 m
Länge 70,67 m
Höhe 19,41 m
Flügelfläche 541,16 m^2

BOEING 747-400ER/ERF

Ursprungsland: USA.
Kategorie: Langstrecken-Verkehrsflugzeug (-400ER) und Frachter (-400ERF).
Triebwerke: Vier Mantelstromtriebwerke beispielsweise von General Electric CF60-80C2B5F von je 28165 kp (276,27 kN) Standschub.
Leistungen: Langstrecken-Reisegeschwindigkeit 912 km/h auf 10668 m; Reichweite mit max. Nutzlast als Frachter 8100 km; Reichweite mit max. Treibstoffzuladung 14212 km.
Gewichte: Max. Startgewicht 412800 kg.
Zuladung: Zwei Mann Cockpitbesatzung und 450 Passagiere in drei Klassen. Als Frachter -400F 113000 kg Nutzlast.
Entwicklungsstand: Erstflug der Version 747-400ER am 31. Juli 2002. Bisher sind Aufträge für 38 Einheiten eingegangen, Ablieferungen ab Oktober 2002. Von allen 747 wurden bis Dezember 2005 1428 Einheiten bestellt (rund 1370 abgeliefert), davon 564 der Ausführung -400 und 122 Frachter -400F (siehe Foto). Die Produktion beläuft sich derzeit auf fast zwei Flugzeuge pro Monat.
Bemerkungen: Die ursprünglich als Long Ranger, nun aber als 747-400ER bezeichnete neueste Ausführung weist bei gleichen Aussenabmessungen der -400 (siehe Ausgabe 2002) einige erhebliche Verbesserungen auf. Sie ist sowohl als Passagier- wie auch als Frachtflieger erhältlich und verfügt über Verstärkungen an den Aussenflügeln sowie am Höhen- und Seitenleitwerk. In den Hauptflügeln ist zudem die Tankkapazität (neu 241140 l) erhöht. Dadurch und dank einem robusteren Fahrwerk ist das max. Startgewicht deutlich höher als bei der -400. Diese Massnahmen führen dazu, dass grössere Nutzlasten über längere Distanzen transportiert werden können. Zudem wurden das Cockpit sowie der Komfort in der Passagierkabine jenem der Boeing 777 angeglichen. Boeing hat im November 2005 entschieden, die verlängerte Ausführung 747-8 bzw. 747-8F zu bauen (bisher 18 der Frachtversion bestellt). Der Rumpf der Passagierversion wird um rund 3,50 m, jener des Frachters um 5,09 länger, das Abfluggewicht um ca. 10000 kg höher. Die Flügelspitzen erhalten anstatt der Winglets eine neue Form. Zudem erfolgen Verbesserungen primär durch aerodynamische Verfeinerungen an Flügeln und Triebwerkgondeln mit dem Ziel, den Aussenlärm zu reduzieren. Der Erstflug ist für 2008 vorgesehen.
Hersteller: The Boeing Company, Commercial Airplane Group, Seattle, Werk Everett, Washington, USA.

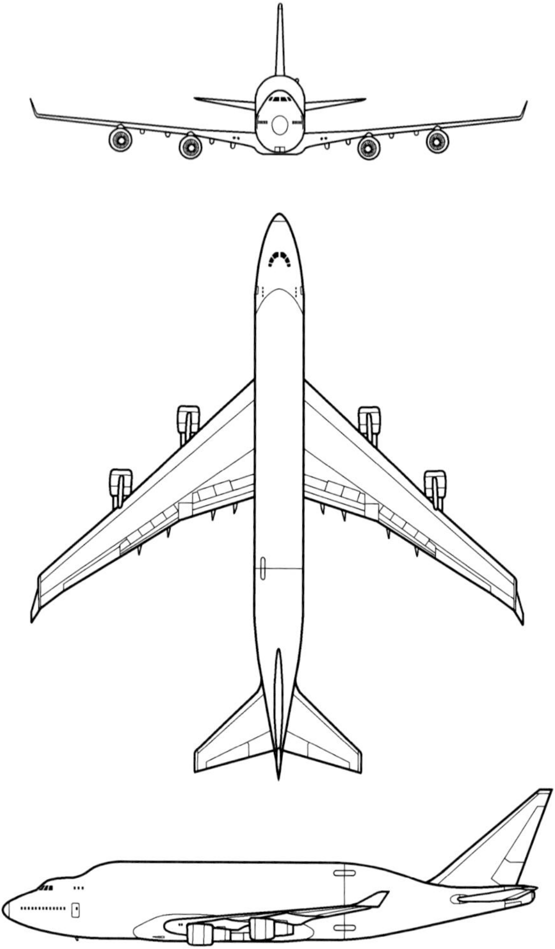

Abmessungen:
Spannweite 64,44 m
Länge 70,67 m
Höhe 19,41 m
Flügelfläche 541,16 m²

BOEING 747LCF

Ursprungsland: USA.
Kategorie: Frachtflugzeug für den Transport von übergrossen Teilen.
Triebwerke: Vier Mantelstromtriebwerke General Electric CF60-80C2B4 von 26263 kp (257,5 kN) Standschub.
Leistungen: Noch keine Daten bekannt.
Gewichte (Schätzung): Max. Startgewicht rund 400000 kg.
Zuladung: Zwei Mann Cockpitbesatzung.
Entwicklungsstand: Das erste Muster soll Mitte 2006 den Erstflug absolvieren. Anfang 2007 erfolgt die Zulassung. Voraussichtlich werden bis 2009 mindestens drei Einheiten entsprechend umgebaut.
Bemerkungen: Die Boeing 747LCF (= **L**arge **C**argo **F**reighter) basiert auf der 747-400 (siehe Seiten 74/75). Sie soll Halbfabrikate, vor allem vorgefertigte Rumpfteile der neuen Boeing 787 (Erstflug 2007, siehe Ausgabe 2005) von den Unterlieferanten zum Endmontagewerk in Everett transportieren. Hauptflügel, Fahrwerk, Cockpit und Systeme entsprechen weitgehend dem Ausgangsmuster. Dagegen ist der nicht druckbelüftete Rumpf eine völlige Neukonstruktion. Das Transportvolumen im Hauptfrachtdeck wird 1845 m³ betragen, rund drei Mal so viel wie bei der 747-400. Der neue Rumpf erfordert, das gesamte Heck weitgehend neu zu konstruieren. Zum Ein- und Auslad der voluminösen Flugzeugteile kann das hintere Viertel um 90° nach links geschwenkt werden. Die Modifikationen erfolgen im Auftrag von Boeing durch die Evergreen Aviation Technologies (EGAT), Taiwan. Betrieben werden die LCF im Auftrag von Boeing durch den US-Firmenteil von Evergreen.
Hersteller: The Boeing Company, Commercial Airplane Group, Seattle, Werk Everett, Washington, USA.

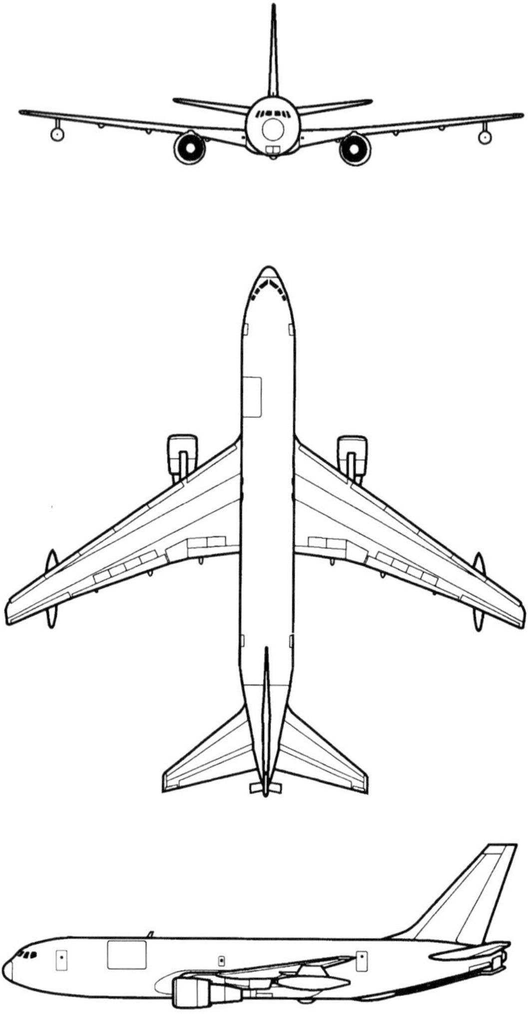

Abmessungen:
Spannweite 47,57 m
Länge 48,51 m
Höhe 15,85 m
Flügelfläche 283,30 m^2

BOEING KC-767

Ursprungsland: USA.
Kategorie: Militärischer Transporter, Tanker und Führungsflugzeug.
Triebwerke: Zwei Mantelstromtriebwerke, beispielsweise Pratt & Whitney PW4060 von je 27100 kp (267 kN) oder zwei General Electric CF6-80C2 von je 27830 kp (273 kN) Standschub.
Leistungen (767-200ER): Reisegeschwindigkeit 850 km/h (Mach 0,80); Dienstgipfelhöhe 13145 m; max. Reichweite 10450 km.
Gewichte: Max. Startgewicht 175540 kg.
Zuladung: Zwei Piloten und ein Betankungsoperateur; als Frachter 19 Standardpaletten mit max. 50000 kg, als Tanker eine Zuladung von 124205 l.
Entwicklungsstand: Eine erste E-767T-T/KC-767 noch ohne Tankerausrüstung nahm am 16. Juli 2003 die Flugerprobung auf. Erstbesteller ist die italienische Luftwaffe (4 + 2 Optionen; Ablieferung ab 2005, siehe Foto). Die USAF hat den Auftrag für 100 KC-767A einstweilen sistiert. Japan beschaffte vorläufig deren vier, später ev. acht.
Bemerkungen: Die 767 wird zunehmend für eine Mehrzahl von militärischen Aufgaben nachgefragt und entsprechend weiterentwickelt. Im Vordergrund steht dabei der kombinierte Militärtransporter und Tanker E-767T-T bzw. KC-767, der auf der 767-200ER basiert. Er ist mit einem Flying Boom unten am Heck und zwei Betankungspods unter den Flügeln ausgerüstet. Die Kabine kann sowohl für Passagier- als auch Frachteinsätze ausgelegt werden. Vorne links am Rumpf befindet sich eine grosse Frachttüre. Eine weitere Ausführung ist das Radarfrühwarn- und Kommandoflugzeug E-767T/AWACS (siehe Ausgabe 1997). Neu ist die E-10A lanciert worden. Einen Prototyp dieser für sog. MC2A-Aufgaben (**M**ultisensor **C**ommand and **C**ontrol **A**ircraft; Bodenüberwachung, Abwehr von Cruise Missiles, Einsatzleitung) vorgesehenen Variante hat die USAF 2003 bestellt. Er soll als E-10A erstmals 2008 fliegen und basiert auf der 767-400ER. Hauptaufgaben werden Bodenüberwachung, Abwehr von Cruise Missiles und Einsatzleitung bei militärischen Operationen sein.
Hersteller: The Boeing Company, Boeing Integrated Defense Systems, St. Louis, Missouri, Werke Everett und Wichita, USA.

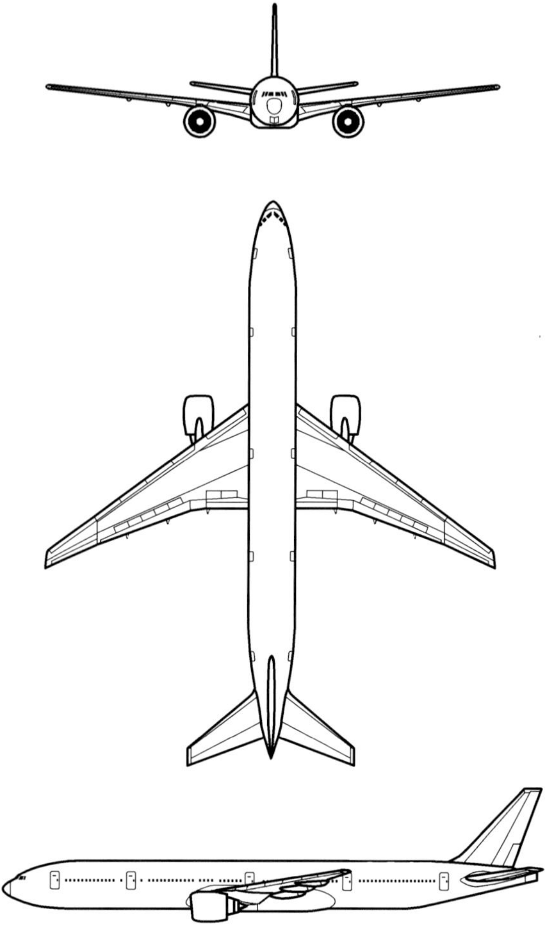

Abmessungen:
Spannweite 64,80 m
Länge 63,70 m
Höhe 18,44 m
Flügelfläche 436,80 m²

BOEING 777-200LR/F

Ursprungsland: USA.
Kategorie: Ultra-Langstecken-Verkehrsflugzeug und Frachter.
Triebwerke: Zwei Mantelstromtriebwerke General Electric GE90-110B1 von je 49865 kp (489,0 kN) Standschub.
Leistungen: Max. Reisegeschwindigkeit 950 km/h (Mach 0,87); Langstrecken-Reisegeschwindigkeit 895 km/h (Mach 0,84); Dienstgipfelhöhe 13106 m; Reichweite mit 301 Passagieren bis zu 17445 km, als Frachter mit voller Nutzlast 9200 km.
Gewichte: Rüstgewicht 155580 kg; max. Startgewicht 322055 kg, als Option 347800 kg.
Zuladung: Zwei Piloten und in normaler Dreiklassenbestuhlung 301, max. mit Economy-Einrichtung 440 Passagiere. Max. Nutzlast (-200LR) 50850 kg, (-200F) 103900 kg.
Entwicklungsstand: Die erste 777-200LR nahm die Flugerprobung am 8. März 2005 auf. Der Frachter 777-200F soll 2007 erstmals fliegen. Von der -200LR sind bisher 36, von der -200F 23 Einheiten bestellt. Der Auftragsbestand aller 777-Versionen belief sich Ende 2005 auf über 800 Maschinen (520 -200/200ER, 60 -300, 188 -300ER (siehe Dreiseitenriss)). Bei einer derzeitigen Monatsproduktion von drei 777 sind bis Ende 2005 rund 530 Einheiten ausgeliefert worden.
Bemerkungen:. Die für Ultra-Langstrecken von Boeing konzipierte 777-200LR ist derzeit das Verkehrsflugzeug mit der längsten Reichweitenleistung. Dazu wurden gegenüber der -200ER mehrere Veränderungen vorgenommen: Leistungsstärkere Triebwerke, Verstärkungen an Rumpf, Tragflächen und Heck, zurückgepfeilte Flügelspitzen sowie vergrösserte Treibstoffkapazität durch Zusatztanks in den Flügeln und im Frachtraum. Als Option ist ein Schlafraum für bis zu 40 Personen im Frachtraum und einer für die Besatzung oberhalb des Passagierraumes erhältlich. Am 10. November 2005 flog eine 777-200LR den bisher längsten Nonstop-Flug eines Verkehrsflugzeuges über eine Strecke von 21601 km in 22 Std und 24 Min. Neu wird auch eine Frachtervariante -200F mit seitlicher Frachttüre angeboten.
Hersteller: The Boeing Company, Commercial Airplane Group, Seattle, Werk Everett, Washington, USA.

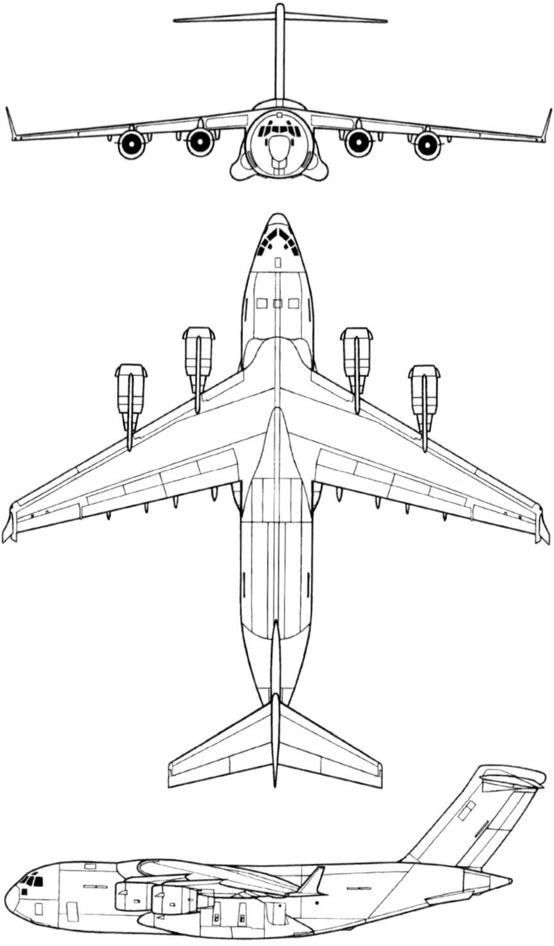

Abmessungen:
Spannweite 50,29 m
Länge 53,04 m
Höhe 16,79 m
Flügelfläche 353 m^2

BOEING (MDD) C-17A GLOBEMASTER III

Ursprungsland: USA.
Kategorie: Schwerer Militärfrachter.
Triebwerke: Vier Mantelstromtriebwerke Pratt & Whitney F117-PW-100 von je 18914 kp (185,5 kN) Standschub.
Leistungen: Max. Reisegeschwindigkeit 818 km/h auf 10975 m (Mach 0,77), 650 km/h in niedriger Höhe; Dienstgipfelhöhe 13700 m; Reichweite mit 75000 kg Nutzlast 5100 km. Überführungsreichweite 11575 km.
Gewichte: Rüstgewicht 122016 kg; max. Startgewicht 263083 kg.
Zuladung: Zwei Piloten und zwei Lademeister. Im 26,82 m langen, 5,49 m breiten und 4,11 m hohen Frachtraum können Nutzlasten bis zu 75750 kg mitgeführt werden. Typische Lasten: Drei Kampfhubschrauber AH-64 oder ein vollausgerüsteter Kampfpanzer M-1 Abrams, bis zu 102 Fallschirmspringer. Einzellasten von 27215 kg oder mehrere Paletten von max. 49895 kg können im Flug abgeworfen werden.
Entwicklungsstand: Der Prototyp flog erstmals am 15. September 1991; erste Ablieferungen an die USAF im Juni 1993. Die USAF hat die Bestellung auf 180 Einheiten erhöht (davon rund 145 gebaut), die bis 2007 abzuliefern sind. Eine letzte Nachbestellung von weiteren 42 wird derzeit in Erwägung gezogen. Die RAF hat im 2001 vier geleaste C-17 erhalten und beschafft nun eine weitere.
Bemerkungen: Das Besondere an der C-17A ist die Fähigkeit, schwere Lasten auf strategischen Distanzen direkt in die Nahkampfzone fliegen zu können. Für diese Aufgabe wurde sie sehr robust ausgelegt und ist beispielsweise in der Lage, Lande- und Startbahnen mit einer Länge von nur 915 m zu benützen. Das superkritische Tragwerk mit einer Pfeilung von 25° ist mit Winglets und einem angeblasenen Klappensystem ausgerüstet. Das stabile Fahrwerk erlaubt ein Manövrieren mit eigener Kraft am Boden. Seit 2001 erhalten alle C-17 einen Zusatztank von 39000 l im Flügelkasten. Damit erhöht sich beispielsweise die Reichweite bei einer Nutzlast von 18145 kg von 8150 auf 9815 km. Derzeit prüft man eine Kurzstartversion mit stärkeren Triebwerken sowie Fahrwerk wie Klappensystem in einer neuen Konfiguration.
Hersteller: The Boeing Company, Defence & Space Group, Seattle, Washington, Werk Long Beach, Kalifornien, USA.

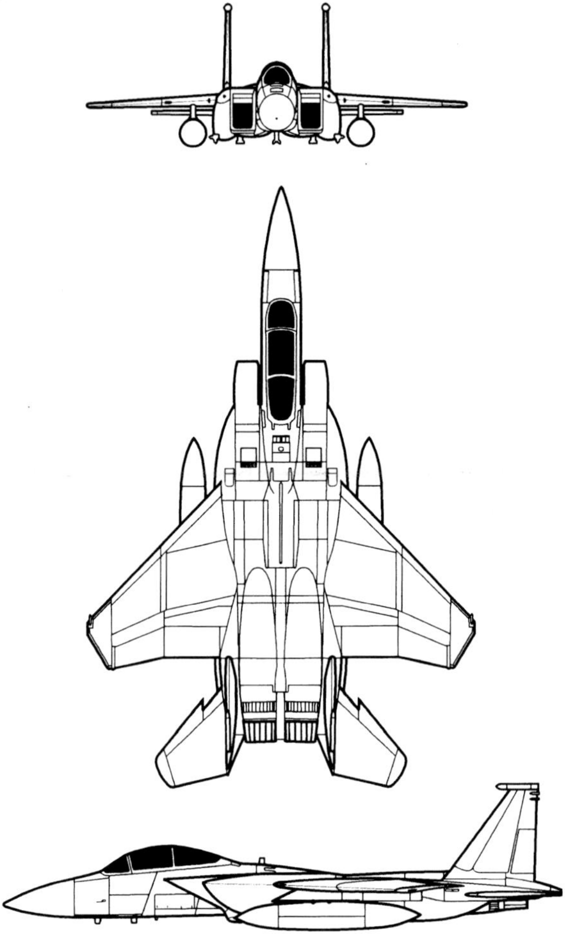

Abmessungen:
Spannweite 13,05 m
Länge 19,43 m
Höhe 5,63 m
Flügelfläche 56,50 m²

BOEING (MDD) F-15E EAGLE

Ursprungsland: USA.
Kategorie: Zweisitziger Luftüberlegenheitsjäger und Erdkämpfer.
Triebwerke: Zwei Mantelstromtriebwerke Pratt & Whitney F100-PW-229 von je 8073 kp (79,20 kN) Standschub ohne und 13200 kp (129,40 kN) mit Nachbrenner.
Leistungen: Kurzzeitig erreichbare Spitzengeschwindigkeit 2698 km/h oder Mach 2,54 auf 12190 m; länger dauernde Höchstgeschwindigkeit 2443 km/h oder Mach 2,4 auf 12190 m; Dienstgipfelhöhe 18300 m; max. Aktionsradius 1270 km; Überführungsreichweite mit Zusatztanks 4445 km.
Gewichte: Rüstgewicht 14379 kg; max. Startgewicht 36741 kg.
Bewaffnung: Eine sechsläufige 20-mm-Revolverkanone M61A1 und bis zu 11113 kg Aussenlasten (Erdkampf) bzw. je vier Luft-Luft-Lenkwaffen AIM-7F Sparrow und AIM-9L Sidewinder oder bis zu acht AIM-120 (Luftüberlegenheitsseinsatz).
Entwicklungsstand: Die erste F-15E begann mit den Testflügen am 11. Dezember 1986. Ablieferungen in einer Stückzahl von 245 an die USAF ab 1988. Sie wird in kleinen Stückzahlen weiter gebaut. Der F-15E ähnliche Ausführungen bestellten Israel (25 F-15I) und Saudi Arabien (99 F-15S; Beschreibung siehe Ausgabe 2002). Neu erhält Südkorea 40 F-15K ab 2005. Allenfalls werden weitere 40 nachbestellt. Neuester Besteller: Singapur mit vorläufig acht bis zwölf F-15T.
Bemerkungen: Die F-15E ist eine für den Erdkampfeinsatz optimierte Ausführung der F-15C (siehe Ausgabe 1986) mit verstärkter Struktur, höheren Beschleunigungslimiten, dreifacher elektrischer Steuerung und für den Allwettereinsatz im Tiefflug ergänzter Avionik (Hughes APG-70-Radar, Infrarotausrüstung FLIR, LANTIRN-Tiefflug-Navigations- und Nachtfluggerät). Die Ausführung F-15K für Südkorea unterscheidet sich vom Ausgangsmuster u.a. durch General Electric-Triebwerke F-110-GE-129, neues Cockpit, verbesserte Sensoren und Avionik. Das ebenfalls neue APG-63V1 oder V-2-Radar erlaubt, bewegte Ziele auf dem Land wie auch im Meer zu verfolgen. Die Ablieferungen begannen 2005. Neu wird eine Variante F-15T angeboten, ausgerüstet mit einer neuen ASEA-Version des AGP-63-Radars.
Hersteller: The Boeing Company, Defence & Space Group, Seattle, Washington, Werk St. Louis, Missouri, USA.

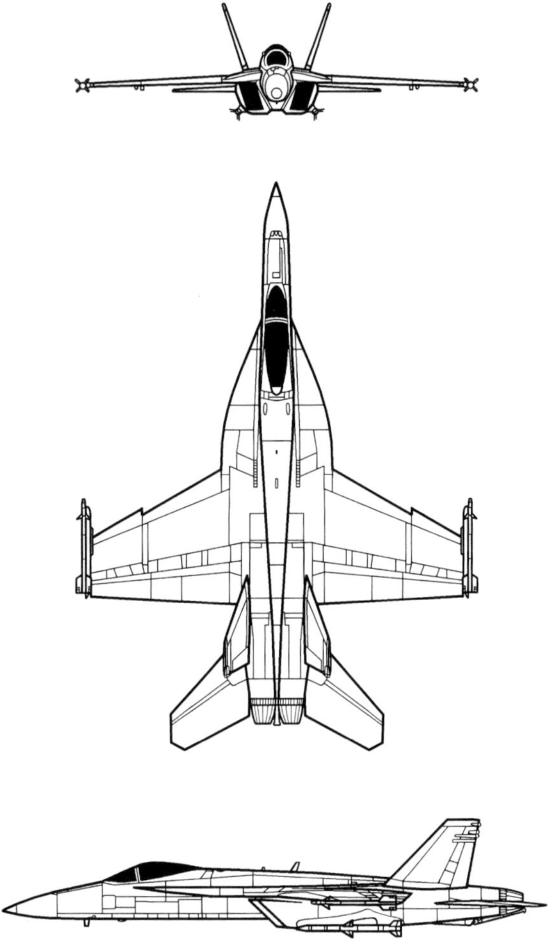

Abmessungen:
Spannweite 13,70 m
Länge 18,40 m
Höhe 4,88 m
Flügelfläche 46,45 m^2

BOEING (MDD) F/A-18E/F SUPER HORNET

Ursprungsland: USA.
Kategorie: Einsitziges und zweisitziges bord- und landgestütztes Mehrzweck- und Elektronikkampfflugzeug.
Triebwerke: Zwei Mantelstromtriebwerke General Electric F414-GE-400 von je 6470 kp (63,4 kN) Standschub ohne und 9978 kp (97,86 kN) mit Nachverbrennung.
Leistungen: Höchstgeschwindigkeit auf optimaler Höhe Mach 1,8 [illegible], Dienstgipfelhöhe 15240 m; Radius als Abfangjäger mit je zwei Luft-Luft-Lenkwaffen Sidewinder und AMRAAM 760 km, bei Tiefangriffseinsätzen mit vier 450-kg-Bomben, zwei Sidewinders und zwei 1818-l-Aussentanks (hoch-tief-tief-hoch) 722 km.
Gewichte: Leergewicht 13876 kg; max. Startgewicht 29964 kg.
Bewaffnung: Eine 20-mm-Revolverkanone M61A2 und eine Waffenlast verschiedenster Auslegung von 8050 kg.
Entwicklungsstand: Der erste von sieben Prototypen flog erstmals am 29. November 1995. USN und USMC zusammen haben 482 F/A-18E/F bestellt. Über 200 davon waren Ende 2005 der USN übergeben.
Bemerkungen: Die F/A-18E/F Super Hornet ist eine leistungsfähigere Weiterentwicklung der F/A-18C/D Hornet. Die Hauptflügel sind grösser, der Rumpf wurde um eine zusätzliche Sektion von 86 cm verlängert. Rund ein Drittel der Zelle besteht aus Verbundwerkstoffen, vorwiegend Karbonfaser. Die Triebwerkeinläufe sind rechteckig gestaltet. Gegenüber dem Ausgangsmuster ist die Super Hornet um rund 25 % grösser. Im übrigen sind alle Konturen möglichst reflektionsarm ausgelegt, um die Radarsignatur klein zu gestalten. Dank um rund 35 % stärkeren Triebwerken und einer um einen Drittel erhöhten Treibstoffkapazität resultieren in allen Bereichen wesentlich bessere Flugleistungen und insbesondere eine deutlich erhöhte Reichweite. Alle ab 2005 gebauten Super Hornets erhalten in einer neu konfigurierten Rumpfnase das wesentlich leistungsfähigere Radar vom Typ APG-79 AESA. Als Ersatz der EA-6B Prowler entwickelt Boeing eine Ausführung EA-18 Growler für die elektronische Kriegsführung. Ein Erprobungsträger fliegt seit 15. November 2001. 90 Maschinen sollen ab 2007 in Dienst gestellt werden.
Hersteller: The Boeing Company, Defence & Space Group, Seattle, Washington, Werk St. Louis, Missouri, USA.

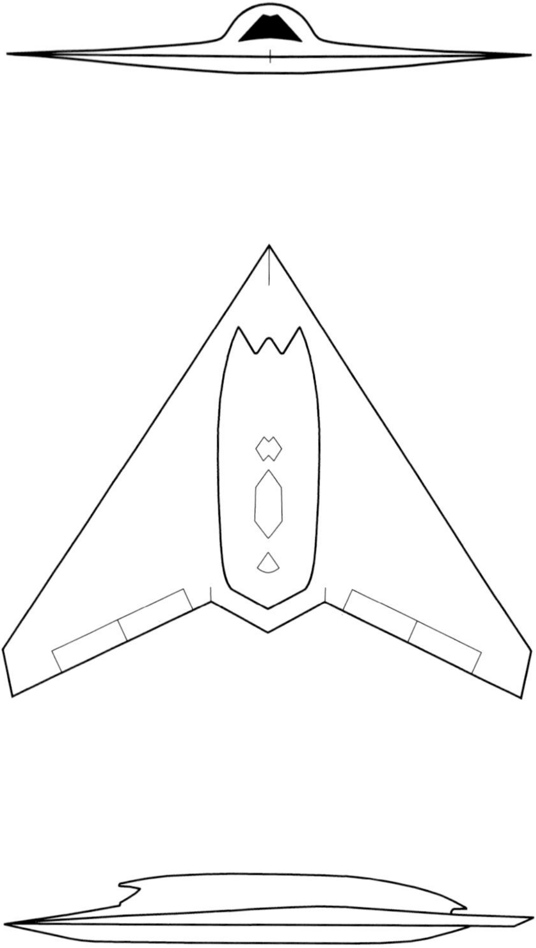

Abmessungen:
Spannweite 14,95 m
Länge 11,89 m
Höhe (X-45A) ca. 1,15 m ohne Fahrwerk

BOEING X-45C

Ursprungsland: USA.
Kategorie: Unbemanntes Waffensystem für Kampfeinsätze.
Triebwerke: Ein Mantelstromtriebwerk General Electric F404-GE-102D von rund 5100 kp (50 kN) Standschub.
Leistungen (provisorische Angaben): Höchstgeschwindigkeit knapp unter Mach 1,0; normale Einsatzgeschwindigkeit voraussichtlich Mach 0,85; Dienstgipfelhöhe 12190 m; Aktionsradius von über 2220 km.
Gewichte: Leergewicht 8165 kg; max. Startgewicht 16555 kg.
Zuladung: In einem internen Schacht können Waffen bis zu einem Gewicht von 2041 kg mitgeführt werden.
Entwicklungsstand: Die erste X-45C soll Ende 2006 die Flugerprobung aufnehmen. Drei Prototypen sind vorgesehen. Der Technologie-Demonstrator X-45A flog erstmals am 22. Mai 2002, gefolgt vom zweiten Modell am 21. November 2002.
Bemerkungen: Die X-45C UCAV (= **U**nmanned **C**ombat **A**ir **V**ehicle, unbemanntes Kampfflugzeug) eröffnet eine neue Dimension in dieser Kategorie. Sie ist das erste für eigentliche Kampfaufgaben vorgesehene Modell. Bisherige Muster waren hauptsächlich auf Aufklärungs- und Störungseinsätze ausgelegt. Zur eigentlichen Waffenerprobung ist die X-45C mit einem voll integrierten Avionik- und Waffensystem, einem Radar mit synthetischer Blendenöffnung sowie elektronischen Abwehrgeräten bestückt. Konturen von Rumpf und Flügel, Öffnungen und Antennen werden nach dem Stealth-Prinzip ausgelegt. Heutigen Plänen zufolge soll ein vorläufig als A-45 Spiral 2 bezeichnetes Serienmuster 2008 einsatzbereit sein. Sowohl die USAF als auch die USN wollen entweder die X-45C oder das Konkurrenzmuster X-47B (siehe Seiten 262/263) als unbemannte Kampfjets beschaffen.
Hersteller: The Boeing Company, Military Aircraft and Missile Systems, Phantom Works, St. Louis, Missouri, USA.

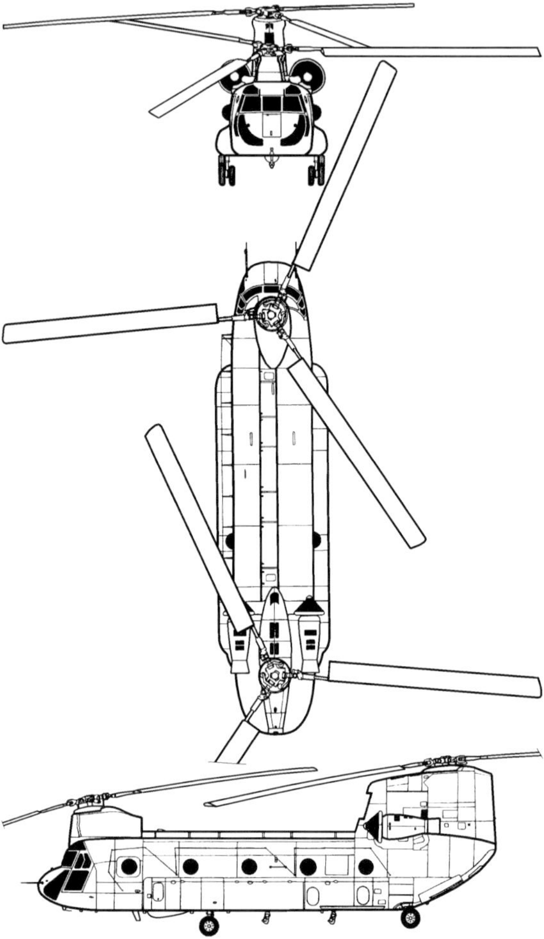

Abmessungen:
Durchmesser jedes der beiden Rotoren 18,29 m
Rumpflänge ohne Betankungsrohr 15,84 m
Rumpfhöhe ohne Rotor 5,20 m

BOEING CH-47SD/F CHINOOK

Ursprungsland: USA.
Kategorie: Schwerer Transporthubschrauber.
Triebwerke: Zwei Gasturbinen AlliedSignal T55-714A von je 4733 WPS (3529 kW) Leistung.
Leistungen: Höchstgeschwindigkeit 298 km/h auf Meereshöhe; Durchschnittsgeschwindigkeit 245 km/h; max. Schrägsteiggeschwindigkeit 9,38 m/Sek; Schwebehöhe mit Bodeneffekt 1837 m, ohne Bodeneffekt 1675 m; max. Flughöhe 3383 m; max. Einsatzradius 600 km.
Gewichte: Leer 11550 kg; max. Startgewicht 24495 kg.
Zuladung: Zwei Piloten und 45 Personen; als Ambulanzhubschrauber 24 Patienten plus zwei Pfleger. Max. 12700 kg Aussenlasten.
Entwicklungsstand: Der Erstflug der neuesten Ausführung CH-47SD fand am 25. August 1999 statt. Stand der Bestellungen für diese Version: Singapur 6, Taiwan 9. Von der MH-47 für die US Special Operations will die US Army weitere 25 Einheiten einer der CH-47F angeglichenen Version MH-47G beschaffen und insgesamt 37 bisherige CH-47D/MH-47D/E in die MH-47G umbauen. Die erste CH-47F Chinook wurde im Mai 2004 der US Army übergeben. 300 neue Hubschrauber sollen in jährlichen Tranchen von 24 beschafft werden. Japan erhält in den nächsten Jahren weitere elf CH-47 der Version J.
Bemerkungen: Die CH-47SD (= «**S**uper» **D**) ist eine wesentlich weiterentwickelte Ausführung. Das Äquivalent der US Army heisst CH-47F und flog erstmals am 25. Juni 2001. Die wichtigsten Neuerungen sind: Stark verbesserte Avioniksysteme mit einem MIL-STD-1553-Databus und ein voll integriertes Glascockpit, welches für NVG-Einsätze geeignet ist. Die Triebwerke erzeugen eine um rund 22 % höhere Leistung. Zudem werden grössere Treibstofftanks eingebaut. Zur Erhöhung der Lebensdauer und zur Senkung des Vibrationspegels ist die Zelle verstärkt und versteift. Schliesslich gelangen neue Elastomerlager an den Rotorköpfen zur Anwendung. Damit steigt die Zuverlässigkeit und sinkt der Wartungsaufwand.
Hersteller: The Boeing Company, Helicopters Division, Philadelphia, Pennsylvania, USA.

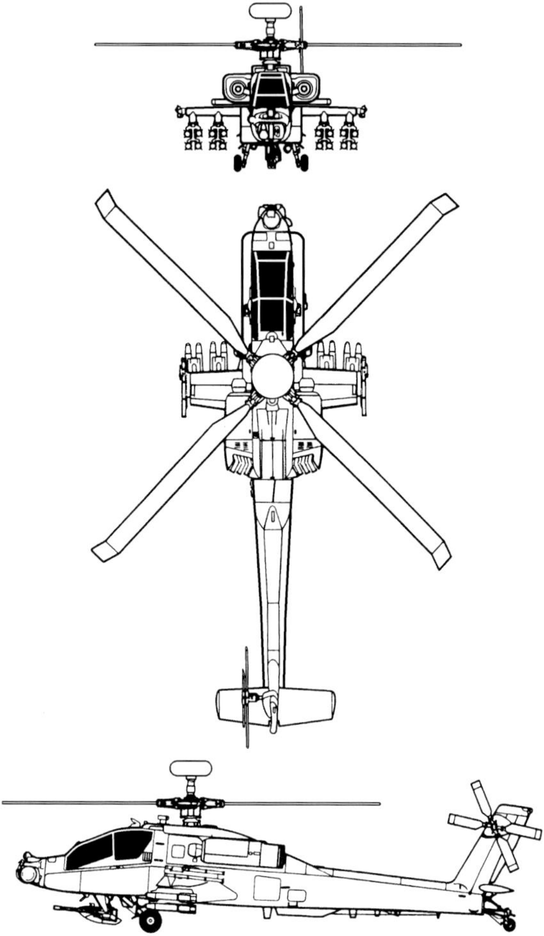

Abmessungen:
Rotordurchmesser 14,63 m
Rumpflänge 14,70 m
Höhe inkl. Mastvisier 4,90 m

BOEING (MDD) AH-64D LONGBOW APACHE

Ursprungsland: USA.
Kategorie: Zweisitziger Kampf- und Aufklärungshubschrauber.
Triebwerke: Zwei Gasturbinen General Electric T700-GE-701C von je 1890 WPS (1409 kW) Leistung.
Leistungen (bei 6552 kg): Höchstgeschwindigkeit 296 km/h; typische Einsatzgeschwindigkeit bei 7158 kg 272 km/h; max. Schrägsteiggeschwindigkeit 12,7 m/Sek; Schwebehöhe mit Bodeneffekt 5246 m, ohne Bodeneffekt 4124 m; Aktionsradius mit max. interner Treibstoffzuladung 407 km, Überführungsreichweite 1701 km.
Gewichte: Leergewicht 5352 kg; max. Startgewicht 9525 kg.
Bewaffnung: Eine einläufige 30-mm-Kanone unter dem Vorderrumpf sowie bis zu 16 lasergelenkte Hellfire-Panzerabwehrraketen oder 76 ungelenkte 70-mm-Raketen. Als Defensivbewaffnung können Luft-Luft-Lenkwaffen wie Stinger, Sidewinder oder Mistral mitgeführt werden.
Entwicklungsstand: Der erste AH-64D Longbow Apache startete am 15. April 1992 zum Erstflug. Die US Army bringt 504 AH-64A auf diesen Standard. Die ersten Einheiten sind seit Mitte 1998 im Einsatz. Von allen AH-64-Varianten sind derzeit ca. 1123 (+ Optionen) von 12 Luftwaffen bestellt (667 der Variante AH-64D). Neueste Bestellungen: US Army (weitere 13 neue).
Bemerkungen: Die AH-64D verfügt zusätzlich über ein Mastvisier (Longbow millimetre-wave = Millimeterwellenradar) zur Rundumgefechtsfeldbeobachtung. Sie ist in der Lage, mehr als ein Dutzend Ziele gleichzeitig zu entdecken. Zur Verarbeitung der anfallenden Daten ist ein stärkerer MIL-Std-1553B-Databus eingebaut. Die AH-64D ist zudem mit leistungsfähigeren Triebwerken ausgerüstet und kann die neuesten radiogesteuerten Hellfire-Lenkwaffen mitführen. Ab 2003 werden neue Umbauten mit faltbaren Rotoren ausgerüstet. Eine weitere Umrüstung erfolgt ab 2006 mit einem neuen Infrarot-Navigations- und Zielsystem Arrowhead. In den nächsten Jahren sollen die AH-64D weitere Verbesserungen in Etappen zum sog. Block III-Niveau erhalten. Diese sollen nebst verbesserten Flugleistungen vor allem die Überlebensfähigkeit erhöhen.
Hersteller: The Boeing Company, Helicopters Division, Philadelphia, Pennsylvania, Werk Mesa, Arizona, USA.

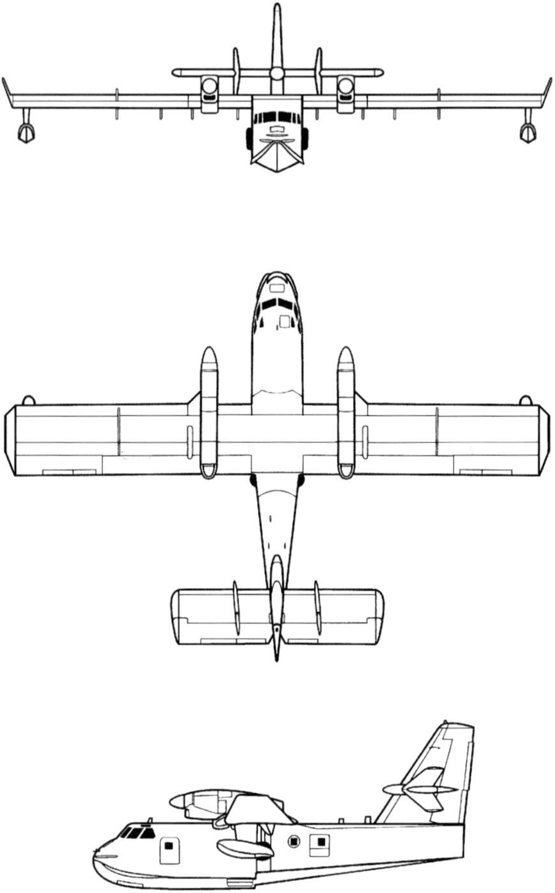

Abmessungen:
Spannweite 28,60 m
Länge 19,82 m
Höhe (an Land) 8,98 m
Flügelfläche 100,33 m²

BOMBARDIER (CANADAIR) 415 MR

Ursprungsland: Kanada.
Kategorie: Mehrzweck-Amphibium und Feuerlöscher.
Triebwerke: Zwei Propellerturbinen Pratt & Whitney Canada PW123AF von je 2380 WPS (1775 kW) Leistung.
Leistungen: Max. Reisegeschwindigkeit bei 14741 kg 375 km/h auf 1525 m; normale Reisegeschwindigkeit 287 km/h; Patrouillengeschwindigkeit bei 15876 kg 204 km/h auf Meereshöhe; Anfangssteiggeschwindigkeit bei 20865 kg 7,0 m/Sek; Überführungsreichweite 2427 km.
Gewichte: Rüstgewicht für Mehrzweckaufgaben 11789 kg, als Wasserbomber 12043 kg; max. Startgewicht an Land 19800 kg, im Wasser 17100 kg; max. Fluggewicht nach Wasseraufnahme 21000 kg.
Zuladung: Zwei Mann Besatzung und, als Transporter, 32 bis 35 Passagiere. Maximale Nutzlast von 4790 kg in Mehrzweckkonfiguration, 6123 kg als Wasserbomber. Für Marine-Patrouillenaufgaben bestehen zwei weitere Stationen für Flugingenieur/Navigator und für zwei Beobachter.
Entwicklungsstand: Erstflug der ersten 415 mr im März 2002. Griechenland hat bisher als einziger Kunde zwei ihrer 10 bestellten Maschinen in dieser Ausführung beschafft. Die Einsatzbereitschaft begann 2003. Von der Löschversion 415 sind bisher 62 bestellt und auch alle abgeliefert worden: Sécurité Civile 12, Griechenland 10 415 GR, Provinz von Quebec 8, Ontario 9, Sorem Italien 16, Kroatien 3, Küstenwache von Mexiko. Die Produktion wurde 2001 eingestellt, soll aber 2006 wieder aufgenommen werden, um weitere 40 bis 50 Einheiten zu bauen.
Bemerkungen: Die neueste Variante 415 mr (= **m**ulti **r**ole) ist nebst den Löscheinsätzen auch für allgemeine Seeüberwachungsaufgaben, Such- und Rettungseinsätze und Küstenschutz vorgesehen. Gegenüber der 415 unterscheidet sie sich u.a. durch ein in der Nase montiertes Radar Primus 660. Zudem sind auf beiden Seiten des Rumpfes seitwärts gerichtete Radarantennen von Ericsson angebracht. Schliesslich weist das Rumpfheck ein Infrarot-System SeaFLIR auf.
Hersteller: Bombardier (Canadair), Station Centreville, Montreal, Quebec, Kanada.

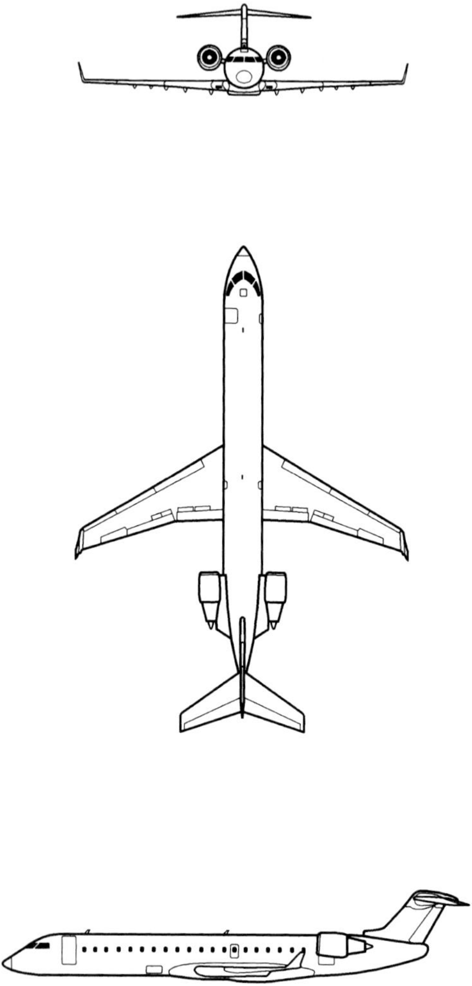

Abmessungen:
Spannweite (CRJ700-701) 23,24 m, (CRJ700-705) 24,85 m
Länge (CRJ700-701) 32,51 m, (CRJ-700-705) 36,40 m
Höhe (CRJ700-701) 7,57 m, (CRJ700-705) 7,51 m
Flügelfläche 68,63 m^2

BOMBARDIER REGIONAL JET CRJ700

Ursprungsland: Kanada.
Kategorie: Regionalverkehrsflugzeug.
Triebwerke: Zwei Mantelstromtriebwerke General Electric CF34-8C1 von je 6250 kp (61,30 kN) Standschub.
Leistungen: Max. Reisegeschwindigkeit 876 km/h (Mach 0,81); normale Reisegeschwindigkeit 829 km/h (Mach 0,77); Dienstgipfelhöhe 12500 m; Reichweite (701) 3052 km, (701 ER) 3606 km, (701 LR) 4048 km, (705) 3785 km.
Gewichte: Rüstgewicht (701) 19731 kg, (705) 21432 kg; max. Startgewicht (701) 32995 kg, (701 ER) 34019 kg, (701 LR) 34926 kg, (705) 36515 kg.
Zuladung: Zwei Piloten und (701) 64 bis 70 Passagiere, (705) 75 Passagiere in Viererreihen; max. Nutzlast 8527 kg.
Entwicklungsstand: Die Flugerprobung begann am 27. Mai 1999. Insgesamt fünf Maschinen waren an den Tests beteiligt. Bisher sind Aufträge für 259 CRJ700 (+ Optionen) eingegangen. Die ersten Auslieferungen begannen im 1. Quartal 2001. Bis Ende 2005 sind 304 Einheiten bestellt und rund 240 gebaut worden, dies bei einer monatlichen Produktionsrate von derzeit rund sechs CRJ700/900. Von der ganzen Familie CRJ, begonnen mit der 100 bis hin zur 900, sind mittlerweile rund 1430 Einheiten bestellt (+ Optionen). Über 1300 davon wurden abgeliefert.
Bemerkungen: Die CRJ700 ist eine konsequente Weiterentwicklung der CRJ200 (siehe Ausgabe 2005). Vier Ausführungen werden angeboten: Die Normalausführung CRJ700 Series 701, die schwerere CRJ700 Series 701 ER mit grösseren Reichweitenleistungen und die CRJ700 Series 701 LR mit nochmals mehr Reichweite. Schliesslich gibt es noch die CRJ700 Serie 705 mit dem längeren Rumpf der CRJ900. Alle ab Mitte 2003 gebauten CRJ700 erhalten den Flügel der grösseren CRJ900 (siehe Ausgabe 2005). Zudem erfährt die Avionik ein Aufdatierungsprogramm. Bombardier hat 2005 eine sog. Firmenshuttle-Variante Challenger 870 lanciert. Je nach Kundenwunsch kann eine luxuriöse Einrichtung für 42 oder eine einfachere für 70 Passagiere geliefert werden.
Hersteller: Bombardier (Canadair), Montreal, Quebec, Werk Montreal-Mirabel, Quebec, Kanada.

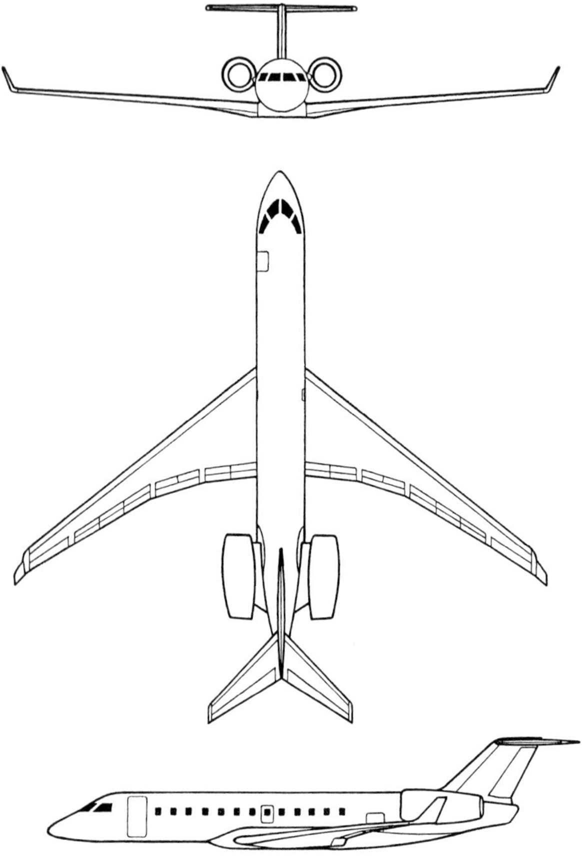

Abmessungen:
Spannweite inkl. Winglets 28,65 m
Länge (XRS) 30,30 m, (Global 5000) 29,50 m
Höhe 7,70 m
Flügelfläche 94,94 m^2

BOMBARDIER GLOBAL EXPRESS/GLOBAL 5000

Ursprungsland: Kanada.
Kategorie: Firmenflugzeug.
Triebwerke: Zwei Mantelstromtriebwerke BMW/Rolls-Royce BR710-48A2-20 von je 6690 kp (65,6 kN) Standschub.
Leistungen: Max. Reisegeschwindigkeit 950 km/h (Mach 0,89); Langstrecken-Reisegeschwindigkeit 907 km/h (Mach 0,85); max. Anfangssteiggeschwindigkeit 18,3 m/Sek; Dienstgipfelhöhe 15545 m; Reichweite bei Mach 0,85 (XRS) 11390 km, (Global 5000) 8889 km.
Gewichte: Rüstgewicht (XRS) 23224 kg, (Global 5000) 23056 kg; max. Startgewicht (XRS) 44452 kg, (Global 5000) 39780 kg.
Zuladung: Zwei Piloten und je nach Innenausstattung (XRS) 8 bis 19 Passagiere, (Global 5000) bis 17 Passagiere; Innenmasse der Kabine: 14,74 m lang, (Global 5000 12,94 m), 2,49 m breit und 1,91 m hoch; max. Nutzlast 3266 kg.
Entwicklungsstand: Der erste Prototyp der Global Express begann mit der Flugerprobung am 13. Oktober 1996. Die Auslieferungen starteten Ende 1998. Die Global Express XRS fliegt seit 16. Januar 2005, die Global seit 7. März 2003. Bisher sind von der Global Express inkl. XRS etwa 150, von der Global 5000 rund 50 Einheiten bestellt worden.
Bemerkungen: Mit der Global Express deckt Bombardier das oberste Segment der jetgetriebenen Firmenflugzeuge ab. Grosse Kabine und hohe Zuladung, sowie bisher unübertroffene Reichweitenleistungen bei hoher Reisegeschwindigkeit sind die besonderen Merkmale. Ein völlig neu konstruierter superkritischer Flügel mit einer Pfeilung von 35° und einem sog. Walfischprofil, zusammen mit weiteren Verfeinerungen am Rumpf verhelfen der Global Express zu besonders guter Aerodynamik. Im Cockpit ist ein vollintegriertes Multifunktionssystem Honeywell Primus 2000XP eingebaut. Ab 2006 ersetzt eine unter der Bezeichnung XRS verbesserte Ausführung die Ursprungsversion auf der Montagestrasse. Dank zusätzlichem Treibstofftank im Vorderrumpf erzielt die XRS besonders bei hohen Reisegeschwindigkeiten grössere Reichweiten und benötigt kürzere Startstrecken. Zudem ist das Kabinen-Management-System neu. Die Global 5000 unterscheidet sich von der Global Express nur durch einen um 81 cm gekürzten Rumpf und wegen reduzierter Tankkapazität geringerer Reichweitenleistungen.
Hersteller: Bombardier (Canadair), Montreal, Quebec, Werk Montreal-Mirabel, Quebec, Kanada.

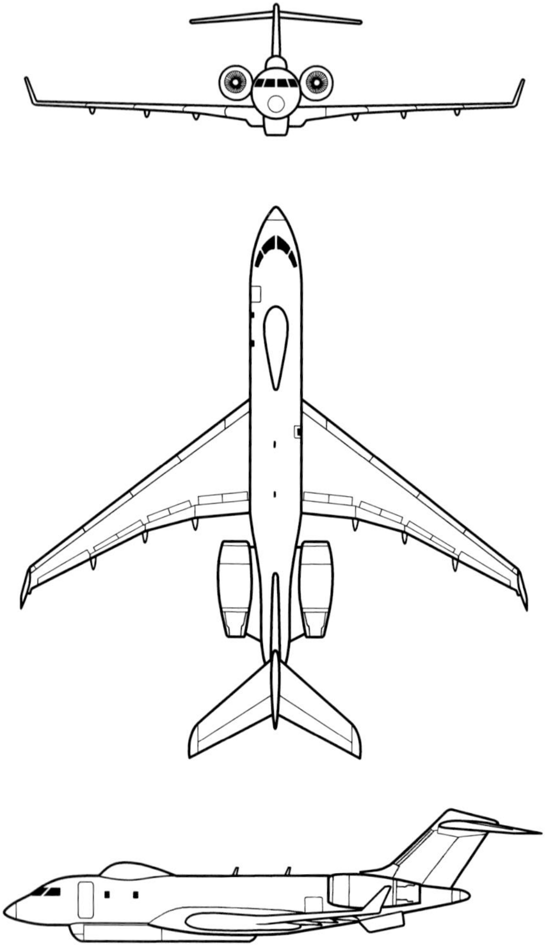

Abmessungen:
Spannweite inkl. Winglets 28,65 m
Länge 30,30 m
Höhe 7,57 m
Flügelfläche 94,94 m²

BOMBARDIER ASTOR/SENTINEL R.1

Ursprungsland: Kanada.
Kategorie: Fliegende Radarstation.
Triebwerke: Zwei Mantelstromtriebwerke BMW/Rolls-Royce BR710-48A2-20 von je 6690 kp (65,6 kN) Standschub.
Leistungen (geschätzt): Max. Reisegeschwindigkeit 935 km/h (Mach 0,88); Langstrecken-Reisegeschwindigkeit 880 km/h; max. Anfangssteiggeschwindigkeit 18,3 m/Sek; Dienstgipfelhöhe 15545 m; Reichweite 11700 km; max. Einsatzdauer 9 Std.
Gewichte: Leergewicht 22000 kg; max. Startgewicht 42410 kg.
Zuladung: Zwei Piloten und vier bis sechs Systemoperateure.
Entwicklungsstand: Der erste Erprobungsträger ASTOR nahm am 3. August 2001 die Flugerprobung auf, das erste fertig ausgerüstete Modell folgte im Mai 2004. Mit der Auslieferung an den bisher einzigen Besteller, die RAF, wurde Ende 2005 begonnen. Bisher hat sie fünf Einheiten in Auftrag gegeben.
Bemerkungen: Basierend auf der Global Express (siehe Seiten 98/99) entwickelt Bombardier die Militärausführung ASTOR (**A**irborne **S**tand-**O**ff **R**adar), ausgerüstet mit einem Überwachungs- und Aufklärungssystem ASARS 2 von Raytheon Systems. Dieses ermöglicht das Monitoring von festen und beweglichen Objekten am Boden aus der Luft im Echtzeitverfahren. Auf einer Einsatzhöhe von 15000 m kann ein Gebiet im Durchmesser von 300 km überwacht werden. Sichtbare Teile dieses Systems sind ein 4,6 m langes SAR-Radar (**S**ynthetic **A**perture **R**adar/Moving Target Indicator) unten am Rumpf sowie eine Satellitenfunkantenne über dem Rumpf. Bombardier bietet auch eine Version mit Bodenbeobachtungs-Radar GSARS (**G**round **S**urveillance **A**irborne **R**adar **S**ystem) an.
Hersteller: Bombardier (Canadair), Station Centreville, Montreal, Quebec, Kanada bzw. (System) Raytheon Corp., Greenville, Texas, USA.

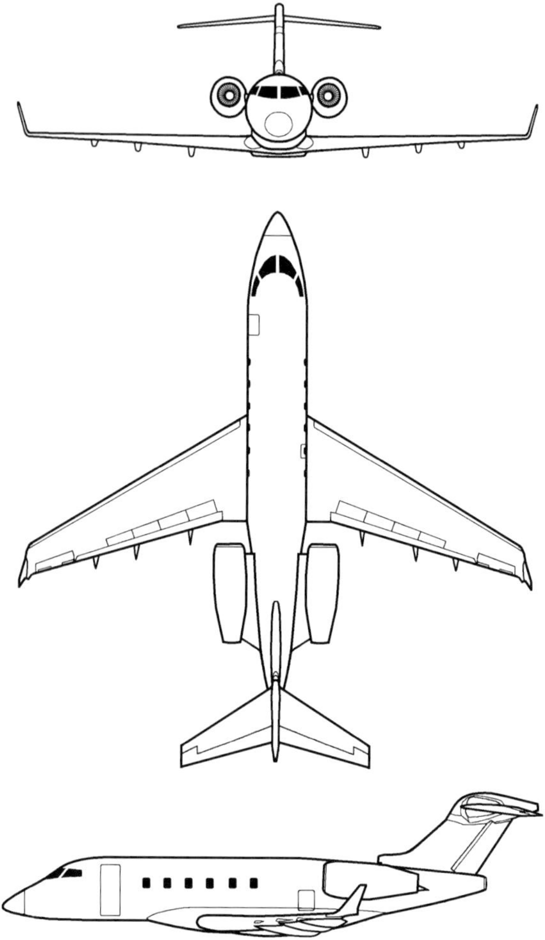

Abmessungen:
Spannweite 19,46 m
Länge 20,93 m
Höhe 6,20 m
Flügelfläche 48,50 m^2

BOMBARDIER CHALLENGER 300

Ursprungsland: Kanada.
Kategorie: Firmenflugzeug.
Triebwerke: Zwei Mantelstromtriebwerke Honeywell AS907 von je 3100 kp (30,04 kN) Standschub.
Leistungen: Max. Reisegeschwindigkeit 870 km/h (Mach 0,82); normale Reisegeschwindigkeit 850 km/h (Mach 0,80); Dienstgipfelhöhe 13716 m; Reichweite mit acht Passagieren und IFR-Reserven 5750 km.
Gewichte: Rüstgewicht 10591 kg; max. Startgewicht 17531 kg.
Zuladung: Zwei Piloten und je nach Innenausstattung 8 bis 16 Passagiere; max. Nutzlast 1247 kg, mit vollen Treibstofftanks 544 kg.
Entwicklungsstand: Der erste noch als BD-100 Continental bezeichnete Prototyp nahm die Flugerprobung am 14. August 2001 auf, gefolgt vom zweiten von insgesamt fünf am 8. Oktober 2001. Die Zulassung erfolgte rund ein Jahr später als vorgesehen Mitte 2003. Bei einer Auftragslage von mehr als 150 Einheiten, darunter 25 für die Bombardier-eigene Flex-Jet, sind die ersten Auslieferungen im letzten Quartal 2003 angelaufen. Ende 2005 waren rund 40 Maschinen ausgeliefert.
Bemerkungen: Bombardier's neuestes Mittelstrecken-Firmenflugzeug ist gedacht, die Lücke zwischen der Learjet 60 (siehe Ausgabe 1997) und der Challenger 604 (siehe Ausgabe 1997) zu schliessen. Technisch ist die Challenger 300 auf dem neuesten Stand. Sie weist für ihre Klasse einen sehr grossen Rumpfquerschnitt auf (Innenmasse 7,22 m lang, 2,18 m breit, 1,85 m hoch), so dass durchgehend Stehhöhe ermöglicht wird. Normalerweise umfasst die Innenausstattung acht Einzelsitze, eine kleine Küche vorne und hinten eine Toilette sowie direkten Zugang zum Gepäckraum. Die Avionik Pro Line 21 stammt von Rockwell-Collins. Mit einem Preis von US$ 17,40 Mio. soll sie für ihre Klasse günstig sein und steht vor allem in Konkurrenz zur Raytheon Hawker 4000 (siehe Seiten 280/281).
Hersteller: Bombardier, Montreal, Quebec, Werk Montreal-Dorval, Quebec, Kanada.

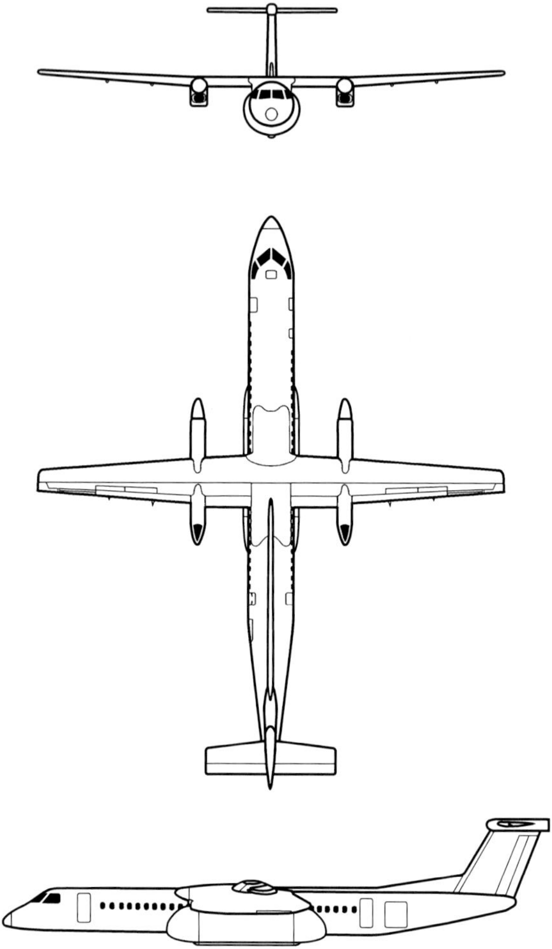

Abmessungen:
Spannweite 28,42 m
Länge 32,84 m
Höhe 8,36 m
Flügelfläche 63,08 m^2

BOMBARDIER (DE HAVILLAND CANADA) DASH 8 Q400

Ursprungsland: Kanada.
Kategorie: Regionalverkehrs- und Feuerlöschflugzeug.
Triebwerke: Zwei Propellerturbinen Pratt & Whitney Canada PW150A von je 4580 WPS (3415 kW) Leistung.
Leistungen: Max. Reisegeschwindigkeit 667 km/h; ökonom. Reisegeschwindigkeit 565 km/h; Dienstgipfelhöhe 7620 m; Reichweite mit max. Nutzlast 1596 km, mit 70 Passagieren 2522 km.
Gewichte: Rüstgewicht 17108 kg; max. Startgewicht 29257 kg.
Zuladung: Zwei Piloten und Standard-Innenausstattung für 70 Passagiere in Viererreihen. Max. Nutzlast 8747 kg.
Entwicklungsstand: Die erste Dash 8-400 (neu als Dash 8 Q400 bezeichnet) startete Ende 1997 zum Erstflug, Ablieferung im Januar 2000. Ende 2005 waren rund 800 Dash 8 bestellt (+ Optionen) und etwa 720 an über 70 Kunden ausgeliefert. Von der -400 sind bis Ende 2005 163 Einheiten (+ Optionen) in Auftrag gegeben, 106 davon für 12 Operators bereits hergestellt worden. Bisher grösste Besteller dieser Ausführung sind die Flybe mit 45, die Horizon mit 40 und die SAS mit 20 Q400.
Bemerkungen: Die Dash 8 Q400 ist eine nochmals vergrösserte Ausführung des Grundmusters Dash 8. Gegenüber der Dash 8-300 (siehe Ausgabe 1996) unterscheidet sie sich durch den 7,16 m längeren Rumpf, leistungsfähigere Triebwerke und ein verstärktes Flügelmittelstück. Dadurch vergrössert sich die Spannweite um rund 1 m. Neue, besonders lärmarme Sechsblattrotoren von Dowty sind rund 20 cm weiter vom Rumpf entfernt platziert worden. Zur weiteren Lärmreduktion ist ein sog. «active cabin-noise control system» (= aktives Lärmunterdrückungssystem) eingebaut, welches den in die Kabine eindringenden Lärm erheblich auf 77 dB abdämpft, weshalb der Name des Musters auf Q400 (**Q** = quiet/ruhig) abgeändert wurde. Die französische Securité Civile erhält vorerst zwei Maschinen Q400-MR (siehe Foto und Dreiseitenriss), die als Wasserbomber eingesetzt werden. Unter dem Rumpf wird dafür ein 10000 Liter-Wassertank angebaut. Ausserhalb der Waldbrandsaison lassen sie sich für Passagier- und Frachteinsätze verwenden.
Hersteller: Bombardier (The de Havilland Aircraft of Canada Ltd.), Downsview, Ontario, Kanada.

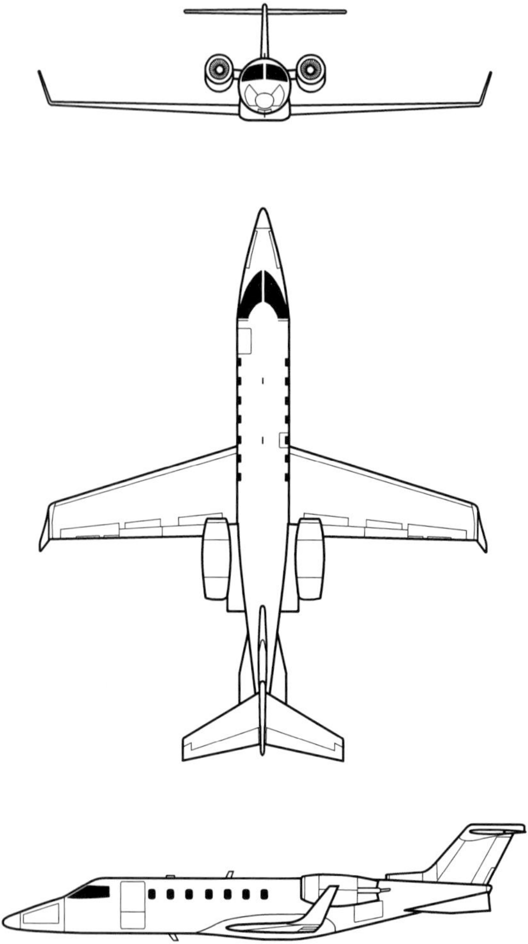

Abmessungen:
Spannweite einschliesslich Winglets 14,57 m
Länge (45XR) 17,56 m, (40) 16,91 m
Höhe 4,30 m
Flügelfläche 28,95 m^2

BOMBARDIER LEARJET 45 XR/40

Ursprungsland: USA.
Kategorie: Firmenflugzeug.
Triebwerke: Zwei Mantelstromtriebwerke Garrett (45 XR) TEF731-20BR, (40) TEF731-20AR von je 1590 kp (15,5 kN) Standschub.
Leistungen: Max. Reisegeschwindigkeit 847 km/h; norm. Reisegeschwindigkeit 770 km/h; Dienstgipfelhöhe 15545 m; max. Reichweite mit vier Passagieren (45 XR) 3885 km, (40) 3339 km.
Gewichte (45 XR): Leergewicht 5307 kg; max. Startgewicht 9160 kg.
Zuladung (45 XR): Zwei Piloten und in der Kabine normalerweise acht, maximal neun Passagiere; max. Nutzlast 1030 kg, (40) zwei Piloten und max. sieben Passagiere; max. Nutzlast 1166 kg.
Entwicklungsstand: Erstflug der Learjet 40 am 31. August 2002. Von der 45 XR gab es keinen eigentlichen Prototypen. Mit den Auslieferungen beider Varianten wurde 2004 begonnen. Der Bestellungsstand ist nicht bekannt. Learjet 45, 45 XR, 40 und neu 40 XR werden parallel produziert.
Bemerkungen: 2002 lancierte Bombardier gleich zwei Weiterentwicklungen des Ausgangsmusters Learjet 45, die 45 XR (siehe Silhouette) sowie die 40 (siehe Foto). Während die -XR leistungsmässig oberhalb der 45 angesiedelt ist, ergänzt die Learjet 40 das Angebot nach unten. Letztere löste die bis 2003 produzierte Learjet 31A ab. Bei gleichen Aussenabmessungen weist die 45 XR gegenüber der 45 ein besseres Reichweiten-/Nutzlastverhältnis auf. Die neuen Triebwerke entsprechen zwar leistungsmässig jenen der 45, verfügen jedoch über eine höhere kurzfristige Startleistung. Bisherige Learjets 45 können in diese Variante umgebaut werden. Der wesentlichste Unterschied der neuesten Ausführung Learjet 40 zur 45 XR ist der um 60 cm gekürzte Rumpf. Dank geringerem Gewicht und Nutzlast kommt sie bereits mit einer Startbahn von 1125 m aus. Sie kostet ab US$ 7,3 Mio. Bei beiden Varianten ist eine neue Inneneinrichtung eingebaut. Ab 2006 ist auch von der Learjet 40 eine Variante 40 XR erhältlich, ausgerüstet mit TEF731-20BR-Triebwerken. Sie soll bei heissen Temperaturen bessere Startleistungen in hochgelegenen Flugplätzen erbringen.
Hersteller: Bombardier (Learjet Inc.), Wichita, Kansas, USA.

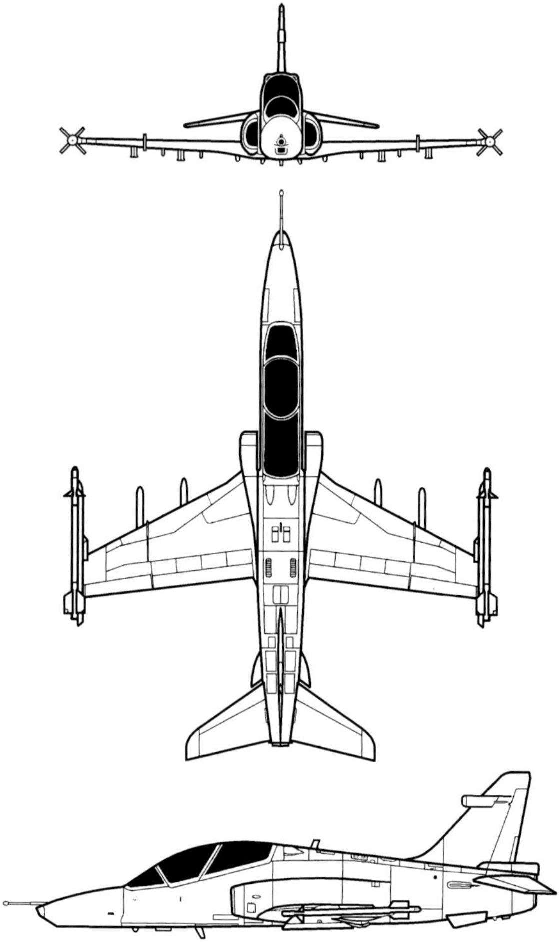

Abmessungen:
Spannweite inkl. Lenkwaffen 9,94 m
Länge (100) 12,43 m, (200) 11,35 m
Höhe 4,16 m
Flügelfläche 16,69 m^2

BRITISH AEROSPACE HAWK LIFT 100/200

Ursprungsland: Grossbritannien.
Kategorie: Zweisitziger Fortgeschrittenentrainer und Erdkämpfer.
Triebwerke: Ein Mantelstromtriebwerk Rolls-Royce/Turboméca Adour 871 von 2650 kp (26,0 kN) Standschub bzw. (LIFT) Adour 951 von 2950 kp (28,89 kN) Standschub.
Leistungen: Höchstgeschwindigkeit 1021 km/h oder Mach 0,83; max. Reisegeschwindigkeit 1019 km/h auf Meereshöhe; ökonom. Reisegeschwindigkeit 796 km/h auf 12500 m; max. Anfangssteiggeschwindigkeit 58,5 m/Sek; Dienstgipfelhöhe 15250 m; taktischer Einsatzradius 322 km mit acht 227-kg-Bomben; Überführungsreichweite mit zwei 860-l- und einem 590-l-Zusatztank 3606 km, ohne Zusatztank 892 km.
Gewichte: Leergewicht 3970 kg; max. Startgewicht 8500 kg.
Bewaffnung: Eine 25-mm-Aden- oder eine 27-mm-Mauser-Kanone und maximal 3100 kg externe Waffenlasten, verteilt auf sieben Stationen unter Flügeln und Rumpf.
Entwicklungsstand: Ein Erprobungsträger der neuesten Ausführung LIFT fliegt seit 1998. Insgesamt sind bisher (ohne T-45 der USN, siehe Ausgabe 2003) über 600 Maschinen aller Versionen für 19 Luftwaffen bestellt und zum grössten Teil ausgeliefert worden. Neuester Besteller: Grossbritannien 20 (+ 24 Optionen) Mk. 128, Indien 66 Mk. 132 (z.T. Lizenzbau).
Bemerkungen: Die als LIFT (**L**ead-**I**n-**F**ighter-**T**rainer) bezeichnete aktuellste Ausführung der Hawk weist, besonders was die Avionik angeht, einige bedeutende Verbesserungen auf: MIL-Std-1553B-Databus, überarbeitetes Cockpit mit drei Flachbildschirmen und HUD, Nachtsichtgeräte, INS/GPS und weitere elektronische Hilfen. Die Zelle wurde für eine längere Lebensdauer verstärkt, das Bugfahrwerk kann aktiv gesteuert werden. Zudem ist ein APU (= **A**uxiliary **P**ower **U**nit = Starthilfstriebwerk) installiert. Seit Mitte August 2002 fliegt eine neue Ausführung Mk.120 mit voll digitalisiertem Cockpit und Adour 951-Triebwerken. Die Mk. 128 für die RAF (Erstflug 27. Juli 2005; siehe Foto) verfügt über ein neues Avioniksystem mit offener Architektur.
Hersteller: British Aerospace PLC, Military Aircraft Division, Warton, Preston, Lancashire, Grossbritannien.

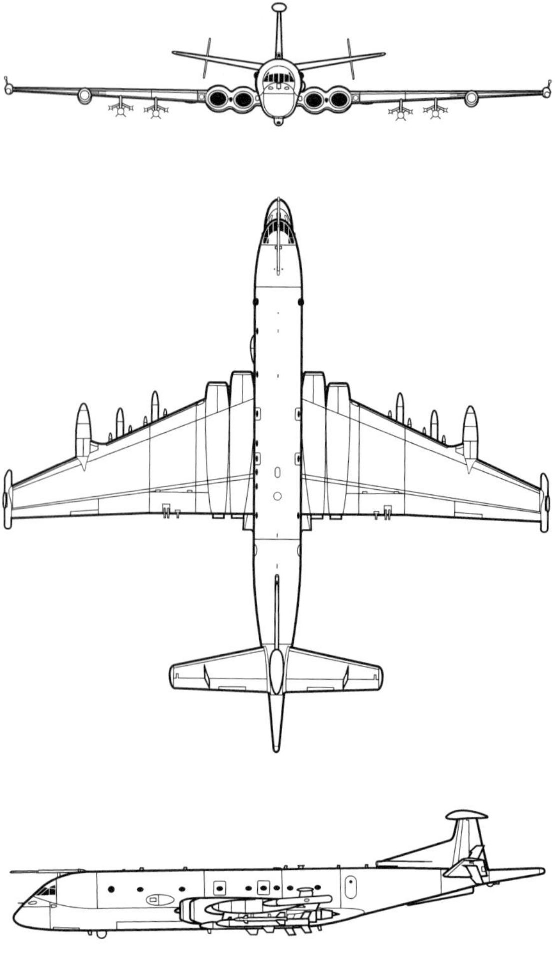

Abmessungen:
Spannweite inkl. Pods an den Flügelenden 38,71 m
Länge ohne Betankungssonde 38,63 m
Höhe 9,29 m
Flügelfläche 235,80 m²

BRITISH AEROSPACE NIMROD MRA.4 (NIMROD 2000)

Ursprungsland: Grossbritannien.
Kategorie: Seeaufklärungs- und Angriffsflugzeug.
Triebwerke: Vier Mantelstromtriebwerke BMW Rolls-Royce BR710 von je 7030 kp (68,95 kN) Standschub.
Leistungen: Höchstgeschwindigkeit Mach 0,77; Dienstgipfelhöhe 12800 m; Reichweite mit max. internem Treibstoff 11200 km; max. Flugzeit bis zu 15 Stunden.
Gewichte: Leergewicht 46500 kg; max. Startgewicht 104885 kg.
Zuladung: Zwei Piloten und sieben Systemoperateure, zwei Reservepersonen und Platz für weitere 13 Passagiere.
Bewaffnung: Luft-Luft- und Luft-Boden-Lenkwaffen, Torpedos, Minen und Bomben im internen Waffenschacht und an vier Flügelstationen von mehr als 5500 kg.
Entwicklungsstand: Der Erstflug des ersten von zwei vollständig umgebauten Erprobungsmustern ist nach Auftreten von erheblichen Konstruktionsproblemen nach mehrjähriger Verspätung am 26. August 2004 erfolgt. Angesichts der massiven Kostenüberschreitungen erhält die RAF ab 2006 nur noch 12 Einheiten, welche aus den übrig gebliebenen Beständen von ursprünglich 46 MRA. Mk.1/2 umgebaut werden. Mittlerweile fliegen drei Nimrods MRA.4.
Bemerkungen: Vom Ausgangsmuster bleibt fast nur der Rumpf übrig. Dieser wird aber strukturell überarbeitet und verstärkt, um eine Lebensdauer von weiteren 25 Jahren zu ermöglichen. Zu 80 % handelt es sich bei der MRA.4 um ein neues Flugzeug. So gelangt ein vollständig neuer Flügel grösserer Spannweite zum Einbau. Die Missionsavionik ist ebenfalls neu und sehr leistungsfähig. Das Überwachungsradar Searchwater 2000MR stammt von Racal-Thorn. Neu ist auch das Cockpit für nur noch zwei Piloten, ausgerüstet mit Flachbildschirmen. Als Hauptzulieferer ist Boeing für die wichtigsten Teile der Aufklärungs- und Waffenelektronik verantwortlich. Das neue Fahrwerk wird durch Messier-Dowty hergestellt.
Hersteller: British Aerospace PLC, Military Aircraft Division, Warton, Preston, Lancashire, Grossbritannien.

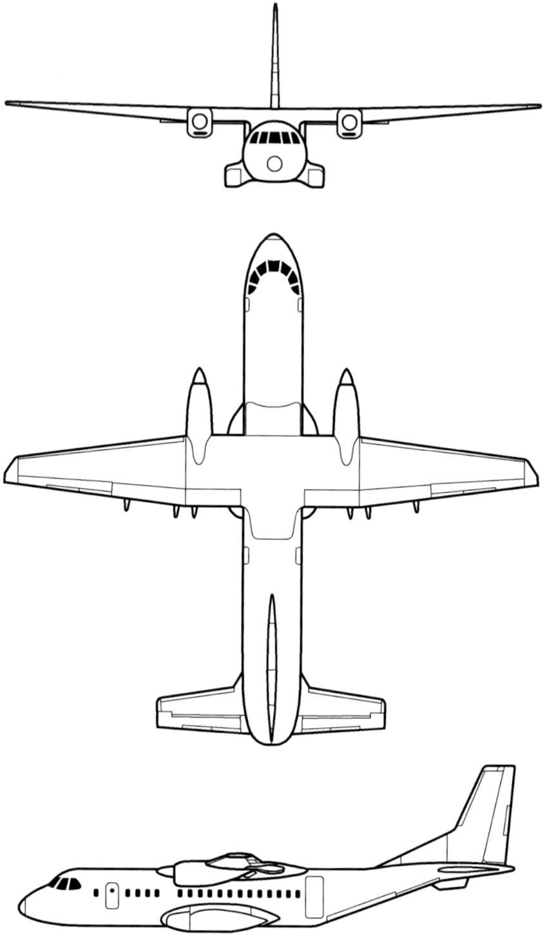

Abmessungen:
Spannweite 25,81 m
Länge 24,45 m
Höhe 8,60 m
Flügelfläche 59,10 m^2

CASA C-295

Ursprungsland: Spanien.
Kategorie: Mehrzwecktransporter.
Triebwerke: Zwei Propellerturbinen Pratt & Whitney Canada PW127G von je 2645 WPS (1972 kW) Leistung.
Leistungen: Max. Reisegeschwindigkeit 474 km/h auf 7620 m; Steigzeit auf Dienstgipfelhöhe von 7620 m 12 Min; Reichweite mit max. Nutzlast 1445 km, max. Reichweite 5278 km.
Gewichte: Leergewicht 11000 kg; max. Startgewicht 23200 kg.
Zuladung: Zwei Piloten und normalerweise 69 oder bis zu 78 voll ausgerüstete Soldaten; für Evakuationseinsätze 27 liegende Personen und vier Helfer; als Frachter fünf Standard-Containers oder drei leichte Fahrzeuge; max. Nutzlast 9250 kg.
Entwicklungsstand: Der erste, bereits dem Serienstandard entsprechende Prototyp, nahm die Flugerprobung am 22. Dezember 1998 auf. Im Oktober 2001 begann CASA mit den Auslieferungen. Folgende Luftwaffen haben bisher Bestellungen aufgegeben: Algerien 10, Brasilien 12, Jordanien 2, Polen 8, Spanien 9, Venezuela 12.
Bemerkungen: Basierend auf der CN-235 (siehe Seiten 36/37) wurde die C-295 von CASA alleine entwickelt. Von der Grösse und der Leistungsfähigkeit her ist sie eine Klasse höher und kann als direkter Konkurrent zur Alenia C-27J (siehe Seiten 40/41) angesehen werden. Durch Einfügen von Rumpfsegmenten vor und hinter dem Flügel wurde die Aussenlänge um 3,10 m, die Kabinenlänge um 3,00 m vergrössert. Stärkere Triebwerke gelangen zum Einbau, verbunden mit Sechsblatt-Propellern neuester Technologie von Hamilton. Weiter mussten wegen der höheren Gewichte Flügel und Fahrwerk verstärkt werden. Dank dieser Massnahmen steigt die Ladekapazität gegenüber dem Ausgangsmuster um rund 50 %. Schliesslich verfügt die C-295 über eine neue Avionik Topdeck von Sextant und ist für Luftbetankungen ausgelegt. Eine Seeüberwachungs- und U-Bootbekämpfungsversion C-295MPA «Persuader» wird ebenfalls angeboten. Die Vereinigten Arabischen Emirate haben vier Einheiten bestellt.
Hersteller: CASA, Werk Sevilla, Madrid, Spanien.

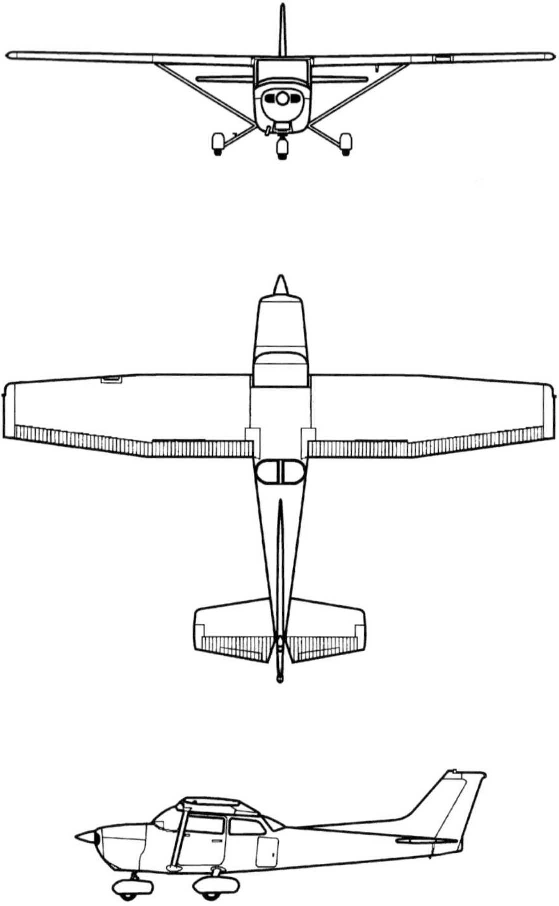

Abmessungen:
Spannweite 10,97 m
Länge 8,61 m
Höhe 2,83 m
Flügelfläche 16,15 m^2

CESSNA 172SP SKYHAWK

Ursprungsland: USA.
Kategorie: Sport- und Reiseflugzeug.
Triebwerke: Ein luftgekühlter Vierzylinder-Boxermotor Textron-Lycoming IO-360-L2A von 180 PS (134 kW) Leistung.
Leistungen: Höchstgeschwindigkeit auf Meereshöhe 233 km/h; Reisegeschwindigkeit bei 75 % Leistung auf 2590 m 228 km/h; Anfangssteiggeschwindigkeit 3,55 m/Sek; Dienstgipfelhöhe 4267 m; Reichweite bei 75 % Leistung und normalen Reserven auf 2590 m 830 km.
Gewichte: Leergewicht 649 kg; max. Startgewicht 1089 kg.
Zuladung: Pilot und drei Passagiere; Nutzlast 415 kg.
Entwicklungsstand: Die neue Cessna 172SP fliegt seit dem 16. April 1996. Erste Auslieferungen an Kunden im Januar 1997. Seit der Wiederaufnahme der Produktion sind über 6000 Cessna 172/182 gebaut worden. Die Jahresproduktion beläuft sich derzeit auf rund 900 Einheiten.
Bemerkungen: Ausgehend vom Erfolgsmuster 172 der sechziger/siebziger Jahre wurde eine in der Grundauslegung weitgehend unveränderte, aber betreffend Avionik und anderen Teilen überarbeitete Ausführung 172 entwickelt. Dabei achtete man sehr auf kostengünstige Fertigung und Betrieb. Die Cessna gibt es in zwei Ausführungen, die Basisausführung 172R (ab US$ 145000.--) sowie die Weiterentwicklung 172SP (in Grundausstattung ab US$ 152300.--). Ausgehend von diesem Typ wurde eine ganze Familie von Einmotorern entwickelt: Die Cessna 182T Skylane (siehe Ausgabe 1999) ist mit der Cessna 172 in der Grundauslegung weitgehend gleich. Unterschiede liegen im Innenvolumen und in der Motorisierung. Als Dritte im Bunde schliessen die sechssitzige 206H Stationair (Preis US$ 322000.--) bzw. T206H Turbo Stationair (Preis US$ 365000.--) die Palette von Cessna-Leichtflugzeugen nach oben ab. Der Rumpf wurde, um mehr Platz zu bieten, im Passagierraum etwas voluminöser gestaltet. Je nach Einsatzzweck kann eine elegante Inneneinrichtung oder eine ganz einfache Innenauslegung für leichte Frachteinsätze gewählt werden. Neu ist als Option die 172SP auch mit einem Dieselmotor Thielert TAE 125 oder auch mit dem neuen integrierten digitalen Cockpit Garmin G1000 (Bezeichnung Cessna 172SR) erhältlich.
Hersteller: Cessna Aircraft Company, Wichita, Werk Independence, Kansas, USA.

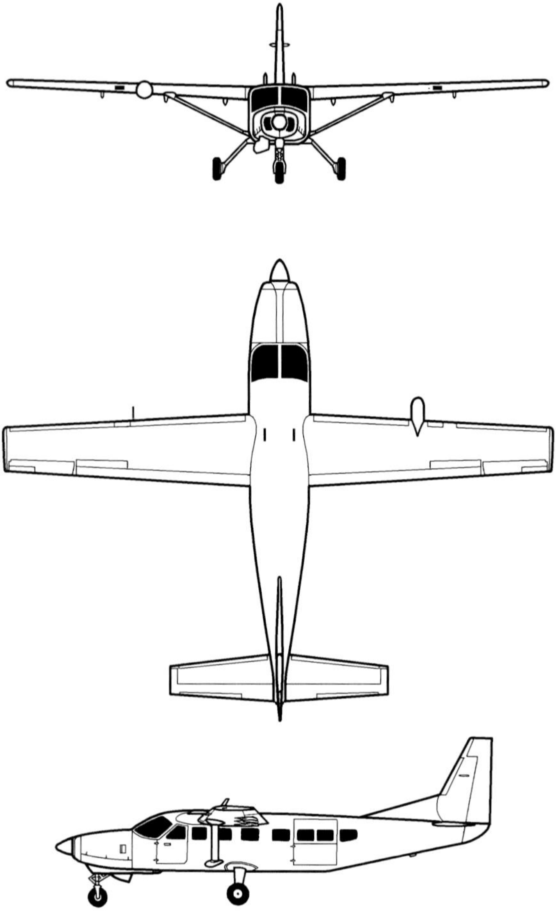

Abmessungen:
Spannweite 15,87 m
Länge (Caravan) 11,50 m, (Grand Caravan) 12,72 m
Höhe (Caravan) 4,52 m, (Grand Caravan) 4,70 m
Flügelfläche 25,96 m^2

CESSNA 208B GRAND CARAVAN

Ursprungsland: USA.
Kategorie: Mehrzweckflugzeug.
Triebwerke: Eine Propellerturbine Pratt & Whitney Canada PT6A-114A von 675 WPS (503 kW) Leistung.
Leistungen: Max. Reisegeschwindigkeit 340 km/h auf 3050 m, 295 km/h auf 6095 m; Anfangssteiggeschwindigkeit 4,9 m/Sek; Dienstgipfelhöhe 7620 m; max. Reichweite mit 45 Min. Reserven 1680 km auf 3050 m.
Gewichte: Leergewicht 1861 kg; max. Startgewicht (Caravan) 3629 kg, (Grand Caravan) 3969 kg.
Zuladung: Ein bis zwei Piloten und in der Standardausführung neun Passagiere, maximal jedoch 14 Passagiere oder (Caravan) 1758 kg, (Grand Caravan) 1933 kg Fracht.
Entwicklungsstand: Der Prototyp der 208 flog erstmals am 9. Dezember 1982; Beginn der Kundenablieferungen im Februar 1985. Die militärische Variante U-27A wurde 1986 eingeführt. Die verbesserte Version 208B nahm am 3. März 1986 die Flugerprobung auf, gefolgt von der Grand Caravan 1991. Bisher sind über 1500 Caravan aller Versionen ausgeliefert worden, über 1000 der Version 208B. Hauptabnehmerin ist die Federal Express mit 309 Einheiten (davon 299 der Version 208B Super Cargomaster). Nebst der 208B werden derzeit angeboten: Caravan 675, Caravan Amphibian, Grand Caravan und Super Cargomaster.
Bemerkungen: Die neueste Variante der um 1,22 m verlängerten Cessna 208B, die Grand Commander, verfügt über ein stärkeres Triebwerk und entsprechend verbesserte Flugleistungen. Auch eine Ausführung mit Schwimmern ist erhältlich. Besonders für diese Variante offeriert Aero Twin einen Umbausatz mit dem leistungsstärkeren Triebwerk Honeywell TPE331-12 von 850 WPS (633 kW) Leistung und einem Vierblattpropeller. Damit verbessern sich insbesondere die Startleistungen. Als eigentliches «Arbeitspferd» ist die Caravan für die verschiedensten Aufgaben eingesetzt, sei es als Frachter bis zum Passagierflugzeug mit VIP-Einrichtung.
Hersteller: Cessna Aircraft Company, Wichita, Kansas, USA.

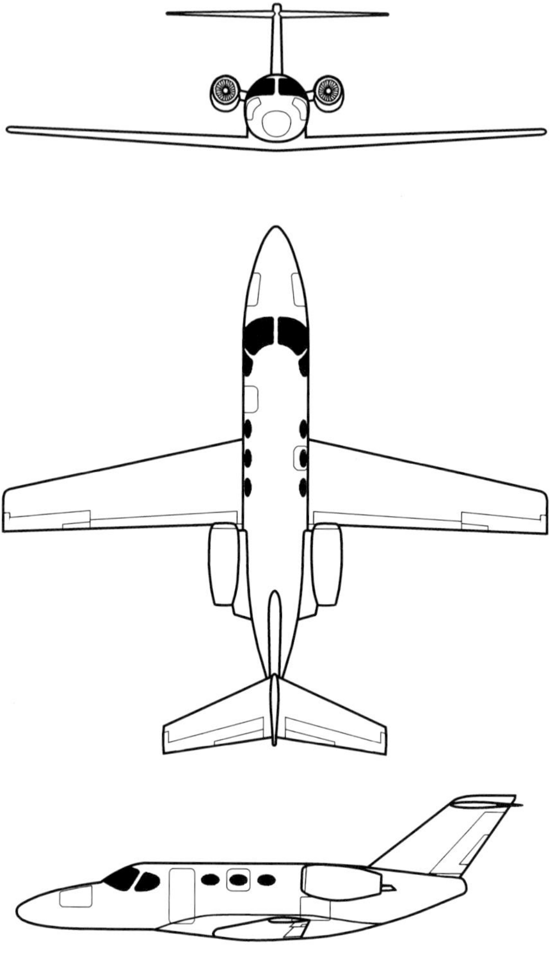

Abmessungen:
Spannweite 12,87 m
Länge 12,17 m
Höhe 4,19 m

CESSNA CITATION MUSTANG

Ursprungsland: USA.
Kategorie: Taxi- und Firmenflugzeug.
Triebwerke: Zwei Mantelstromtriebwerke Pratt & Whitney PW615F von je 613 kp (6,01 kN) Standschub.
Leistungen: Typische Reisegeschwindigkeit 630 km/h auf 10688 m; Dienstgipfelhöhe 12500 m; Reichweite unter VFR-Bedingungen bei einer Nutzlast von 270 kg 2400 km.
Gewichte: Max. Startgewicht 3765 kg.
Zuladung: Pilot und bis zu fünf Passagiere; Nutzlast bei voller Treibstoffzuladung 272 kg.
Entwicklungsstand: Der Prototyp der Citation Mustang absolvierte den Erstflug am 23. April 2005, das erste Serienflugzeug folgte am 29. August 2005. Bereits sollen über 230 Einheiten bestellt worden sein. Cessna will mit den Kundenablieferungen Ende 2006 beginnen und jährlich mindestens 100 Mustangs bauen.
Bemerkungen: Mit diesem neuesten und kleinsten Jet will sich Cessna gegenüber der neu aufkommenden Konkurrenz von sehr leichten und preisgünstigen Düsenflugzeugen am Markt behaupten. Die Citation Mustang stellt eine Brücke zwischen mit Kolbenmotoren ausgerüsteten Sport- und Reiseflugzeugen und den eigentlichen Businessjets dar. Der Basispreis soll US$ 2,4 Mio. betragen. Von der Auslegung her ist die ganz aus Aluminium hergestellte Mustang der CitationJet-Familie ähnlich, in den Aussenabmessungen jedoch kleiner. Der Flügel ohne Pfeilung wurde jedoch völlig neu konzipiert. Die kleine Passagierkabine (Länge 4,42 m, Breite 1,42 m, Höhe 1,37 m) verfügt jedoch über eine Toilette. Im Cockpit gelangt die Garmin G100-Avionik zum Einbau. Sie verfügt über drei grosse Flachbildschirme und als Erleichterung für den Piloten über ein umfassendes Flight Management System.
Hersteller: Cessna Aircraft Company, Werk Independence, Wichita, Kansas, USA.

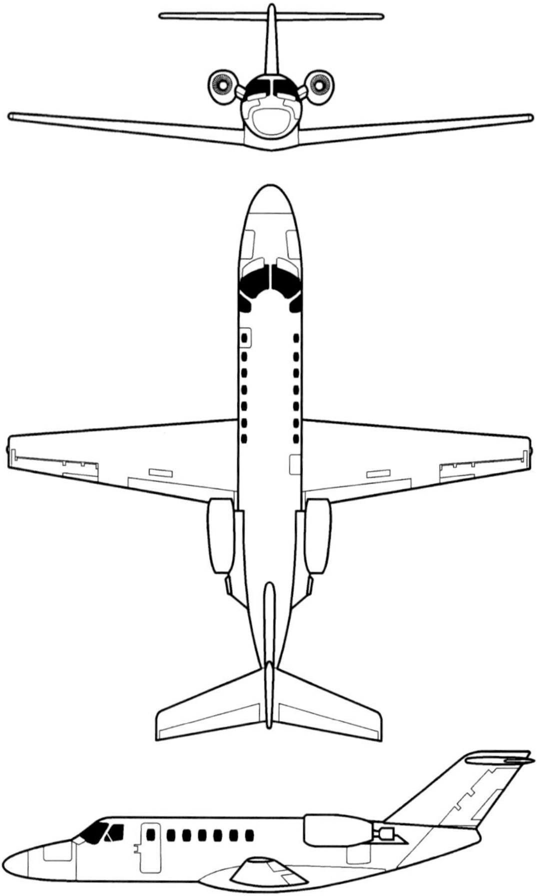

Abmessungen:
Spannweite (CJ1+) 14,30 m, (CJ2+) 15,19 m, (CJ3) 16,26 m
Länge (CJ1+) 12,98 m, (CJ2+) 14,53 m, (CJ3) 15,29 m
Höhe (CJ2) 4,24 m, (CJ3) 4,62 m

CESSNA 525B CITATION CJ3

Ursprungsland: USA.
Kategorie: Firmenflugzeug.
Triebwerke: Zwei Mantelstromtriebwerke Williams Rolls-Royce FJ44-3A von je 1250 kp (12,36 kN) Standschub.
Leistungen: Max. Reisegeschwindigkeit 772 km/h; Dienstgipfelhöhe 13716 m; max. Reichweite (CJ1+) 2380 km, (CJ2+) 3200 km, (CJ3) 3518 km.
Gewichte: Leergewicht 3701 kg; max. Startgewicht 6291 kg.
Zuladung: Pilot und Copilot/Passagier im Cockpit und bis zu sechs Passagiere; Nutzlast bei voller Treibstoffzuladung 363 kg, max. Nutzlast 884 kg.
Entwicklungsstand: Der Prototyp CJ3 flog erstmals am 17. April 2003. Ende 2004 starteten die Auslieferungen. Von der CJ1 und CJ2 hat Cessna mittlerweile über 900 Einheiten gebaut, von allen Citations zusammen über 4300. Die CJ1+ nahm die Flugerprobung im Oktober 2004 auf, erste Auslieferungen an Kunden ab 4. Quartal 2005. Seit 2. April 2005 fliegt auch die CJ2+.
Bemerkungen: Die Familie der CitationJet wird kontinuierlich erweitert und modernisiert. Nach dem Ausgangsmuster CJ1 (siehe Ausgabe 2002) und der verlängerten CJ2 (siehe Ausgabe 2003) lancierte Cessna nun die CJ3. Der Rumpf wurde abermals um 1,30 m verlängert. Gleichzeitig mussten Spannweite und Höhe des Seitenruders vergrössert werden. Zudem gelangen leistungsstärkere Triebwerke zum Einbau. Obwohl es sich um ein kleines Firmenflugzeug handelt, ist die Passagierkabine mit einer Länge von 6,35 m, einer Breite von 1,43 m und einer Höhe von 1,45 m recht geräumig. Die Verlängerung des Rumpfes wurde nicht zum Einbau zusätzlicher Passagiersitze verwendet, sondern um mehr Platz bzw. Stauraum zu schaffen und serienmässig eine Toilette einzubauen. Cessna gibt als Kaufpreis US$ 5,9 Mio. an. Neu angeboten werden die CJ1+ mit Collins Pro Line21-Avionik und digital gesteuerten stärkeren Williams FJ-44-1AP-Triebwerken. Auf 12500 m Höhe ist sie rund 35 km/h schneller. Eine analoge Verbesserung erfährt die CJ2+, übernimmt aber die Triebwerke der CJ3, aber leicht leistungsreduziert.
Hersteller: Cessna Aircraft Company, Wichita, Kansas, USA.

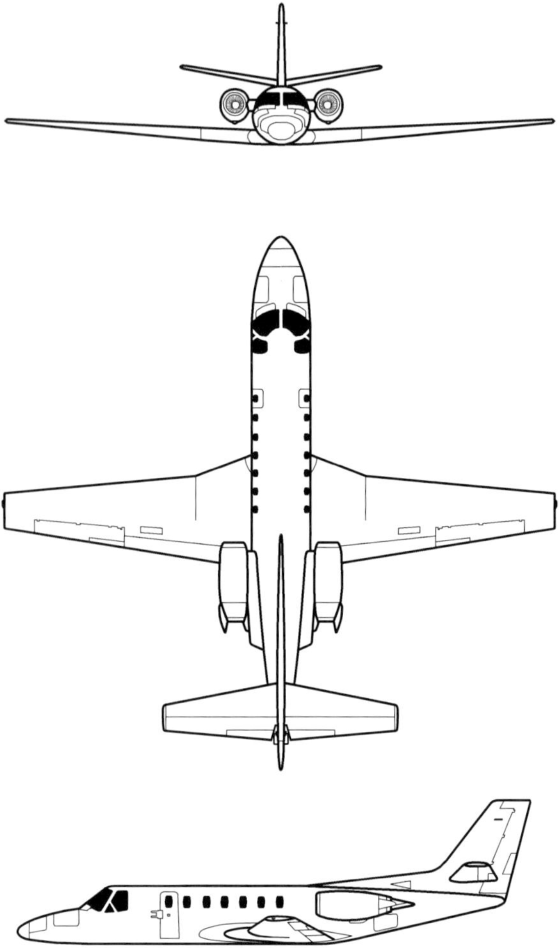

Abmessungen:
Spannweite 16,48 m
Länge 14,91 m
Höhe 4,62 m

CESSNA 560/UC-35D ENCORE/ENCORE+

Ursprungsland: USA.
Kategorie: Firmenflugzeug.
Triebwerke (Encore+): Zwei Mantelstromtriebwerke Pratt & Whitney PW535B von je 1542 kp (15,12 kN) Standschub.
Leistungen (Encore+): Max. Reisegeschwindigkeit 793 km/h; Zeit um max. Dienstgipfelhöhe zu erreichen 29 Min; Dienstgipfelhöhe 13716 m; max. Reichweite nach IFR-Regeln 3262 km.
Gewichte (Encore+): Rüstgewicht 4889 kg; max. Startgewicht 7725 kg.
Zuladung (Encore+): Zwei Piloten und bis zu acht Passagiere; Nutzlast bei voller Treibstoffzuladung 467 kg.
Entwicklungsstand: Als Nachfolgemuster der Encore hat Cessna am 8. November 2005 die Encore+ angekündigt. Erste Ablieferungen sind für Februar 2007 geplant. Von der Vorgängerin Encore wurden bisher rund 125 Einheiten hergestellt.
Bemerkungen: Gegenüber der seit mehreren Jahren angebotenen Encore weist die Encore+ einige Verbesserungen auf. Stärkere Triebwerke verleihen ihr eine höhere Geschwindigkeit sowie eine um 90 kg grössere Nutzlast. Wie die meisten neuen Modelle der Citation-Reihe ist auch die Encore+ mit der Avionik Pro Line 21 von Collins ausgestattet, wobei die Hauptinstrumentierung im Cockpit aus drei Flachbildschirmen besteht. Weitere Bedienungserleichterungen und Sicherheitsmerkmale sind das Bodenkollisionsgefahr-System (TCAS II = **T**errain **C**ollision **A**voidance System), ein Doppler-Radar neuester Generation sowie ein Wettervorhersage- und Routenplaner im Flug. Die Inneneinrichtung wurde ebenfalls überarbeitet und eine neue Beleuchtung eingeführt. Eine militärische Variante der Encore, die UC-35D beschaffte kürzlich das USMC in zwei Exemplaren (siehe Foto).
Hersteller: Cessna Aircraft Company, Wichita, Kansas, USA.

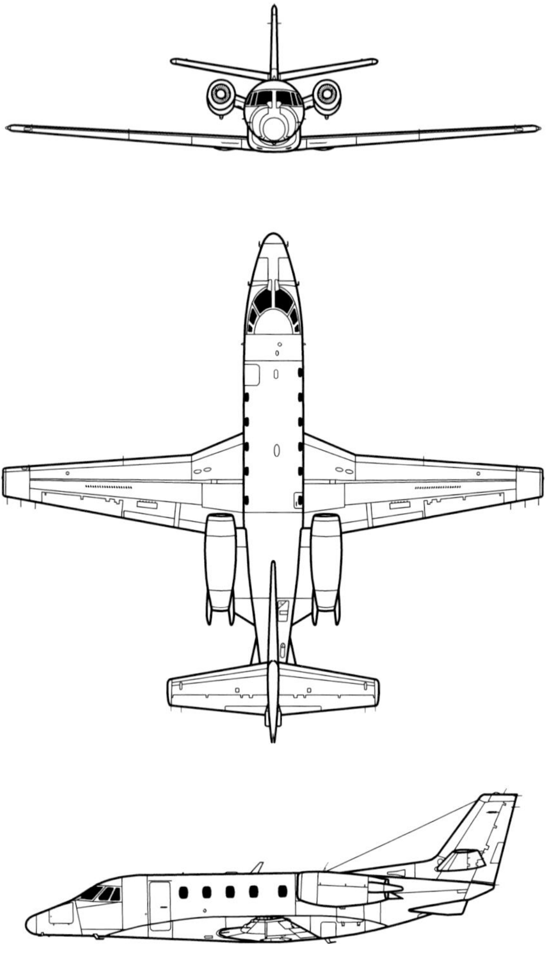

Abmessungen:
Spannweite 16,98 m
Länge 15,78 m
Höhe 5,24 m
Flügelfläche 34,35 m^2

CESSNA 561 CITATION XLS

Ursprungsland: USA.
Kategorie: Firmenflugzeug.
Triebwerke: Zwei Mantelstromtriebwerke Pratt & Whitney Canada PW545B von je 1810 kp (17,75 kN) Standschub.
Leistungen: Max. Reisegeschwindigkeit 792 km/h (Mach 0,75) auf 10700 m; Steigzeit auf 13715 m 25 Min; Dienstgipfelhöhe 13715 m; Reichweite mit fünf Passagieren 3600 km.
Gewichte: Leergewicht 5760 kg; max. Startgewicht 9162 kg.
Zuladung: Zwei Mann Cockpitbesatzung und normalerweise sechs Passagiere in Einzelsitzen, bei enger Bestuhlung bis zu zehn Personen. Nutzlast bei voller Tankfüllung 417 kg.
Entwicklungsstand: Der Erstflug dieser neuesten Variante fand Ende 2003 statt. Mehr als 100 Maschinen sind bisher in Auftrag gegeben worden, erste Ablieferungen ab 2004. Das Ausgangsmuster, die Cessna 561XL Excel, fliegt seit dem 29. Februar 1996. Mehr als 350 Einheiten wurden bis zur Produktionseinstellung 2004 gebaut.
Bemerkungen: Mitte 2004 wurde die Produktion von der 561XL Excel auf die neue Citation XLS umgestellt. Diese weist dank leistungsstärkerer Triebwerke eine um ca. 60 km/h höhere Reisegeschwindigkeit auf, Dienstgipfelhöhe und Steigleistung sind ebenfalls besser. Die Nutzlast steigt um 90 kg. Auch im Cockpit hat Cessna Änderungen vorgenommen. Es wird das Primus 1000 Control Display System mit drei grossen Flüssigkristallbildschirmen eingebaut. Wenn auch das Abfluggewicht etwas höher ist, wird die XLS die gleichen guten Start- und Landeeigenschaften der Excel aufweisen. Mit der 561XL/XLS kombinierte Cessna die Struktur der kleineren Citations mit dem Rumpfquerschnitt der grösseren Sovereign und Citation X. Dies ermöglicht eine durchgehende Stehhöhe von 1,73 m. Der Kaufpreis beläuft sich auf knapp US$ 10 Mio.
Hersteller: Cessna Aircraft Company, Wichita, Kansas, USA.

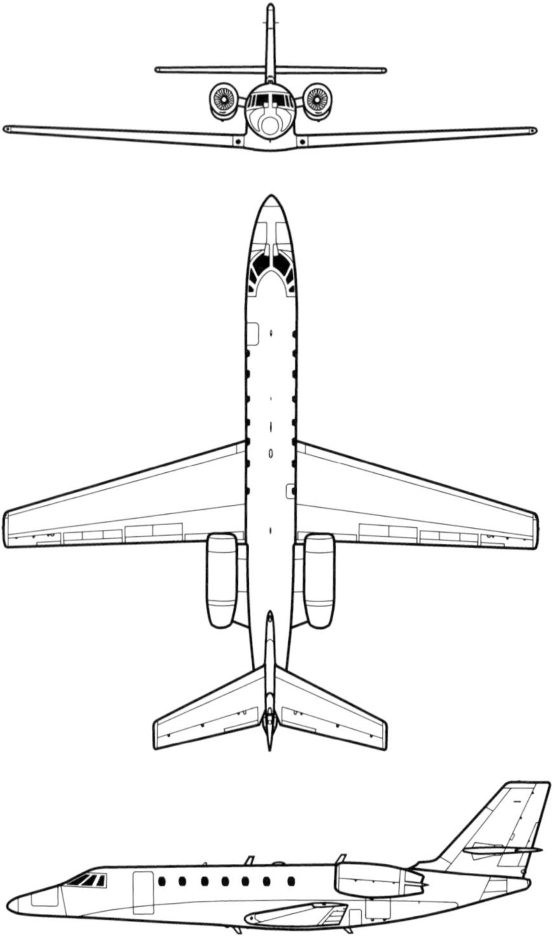

Abmessungen:
Spannweite 19,24 m
Länge 19,37 m
Höhe 6,20 m
Flügelfläche 47,94 m²

CESSNA 680 CITATION SOVEREIGN

Ursprungsland: USA.
Kategorie: Firmenflugzeug.
Triebwerke: Zwei Mantelstromtriebwerke Pratt & Whitney Canada PW306C von je 2570 kp (25,30 kN) Standschub.
Leistungen: Max. Reisegeschwindigkeit 846 km/h (Mach 0,80) auf 9449 m; Zeit um 13100 m zu erreichen 26 Min; Dienstgipfelhöhe 14325 m; Reichweite mit acht Passagieren und IFR-Reserven 4962 km, bei VFR-Regeln bis zu 5620 km.
Gewichte: Leergewicht 7892 kg; max. Startgewicht 13607 kg.
Zuladung: Zwei Piloten und bis zu zehn Passagiere; Nutzlast mit max. Treibstoffzuladung 762 kg, max. Nutzlast 1134 kg.
Entwicklungsstand: Der Prototyp der Sovereign nahm die Flugerprobung am 27. Februar 2002 auf, gefolgt vom ersten Serienmuster am 27. Juni 2002. Im September 2004 starteten die Auslieferungen. Über 150 Einheiten (+ Optionen) sind bestellt, darunter alleine von der amerikanischen ExecutiveJet 100 Exemplare.
Bemerkungen: Als Antwort auf die neuen Konkurrenzmuster im Bereich der mittelgrossen Geschäftsflugzeuge lancierte Cessna die neue Sovereign. Um den Verkaufspreis (voll ausgerüstet ca. US$ 13,3 Mio.) möglichst günstig zu halten, basiert sie konstruktiv auf der Cessna Excel (siehe Ausgabe 2003), ist aber grösser und zeichnet sich durch eine sehr geräumige Kabine aus. Der Rumpf ist gegenüber dem Ausgangsmuster um 1,80 m verlängert. Neu ist der superkritische Flügel mit einer leichten Pfeilung von 16,1° und einem besonders geringen aerodynamischen Widerstand. Dadurch lassen sich hohe Reisegeschwindigkeiten erzielen. Seitenleitwerk und Höhenruder sind aus dem gleichen Grund ebenfalls leicht gepfeilt. Die Sovereign soll die guten Start- und Landeeigenschaften der Citation-Familie beibehalten (Startlänge ca. 1130 m, Landelänge ca. 975 m). Die Avionik Epic CDS stammt von Honeywell, das Cockpit ist mit vier grossen Multifunktions-Flachbildschirmen ausgestattet.
Hersteller: Cessna Aircraft Company, Wichita, Kansas, USA.

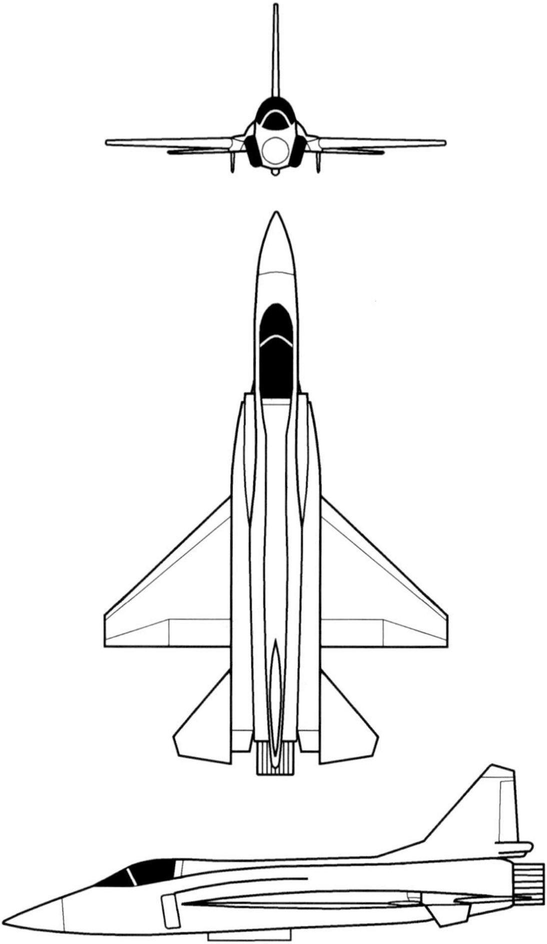

Abmessungen:
Spannweite 9,50 m
Länge 14,70 m
Höhe 4,80 m
Flügelfläche 23,00 m^2

CHENGDU FC-1/JF-17 SUPER 7

Ursprungsland: Volksrepublik China.
Kategorie: Einsitziger Luftüberlegenheitsjäger und Erdkämpfer.
Triebwerke: Ein Mantelstromtriebwerk Klimow RD-93 von 5040 kp (49,4 kN) ohne und 8300 kp (81,4 kN) Standschub mit Nachverbrennung.
Leistungen (geschätzt): Höchstgeschwindigkeit ohne Aussenlasten Mach 1,6; Dienstgipfelhöhe 16000 m; Aktionsradius als Jäger 1200 km, als Erdkämpfer 700 km; Reichweite mit internem Kraftstoff 1600 km; Überführungsreichweite 3000 km.
Gewichte: Leergewicht 6350 kg; Startgewicht normal beladen ohne Aussenlasten 9100 kg; max. Startgewicht 12400 kg.
Bewaffnung: Eine doppelläufige 23-mm-Kanone GSh-223-2 unter dem Rumpf und Luft-Luft- bzw. Luft-Boden-Lenkwaffen sowie Bomben an vier Stationen unter den Flügeln und zwei an den Flügelspitzen. Max. Waffenladung 3600 kg.
Entwicklungsstand: Das erste Erprobungsmuster nahm nach längerer Verzögerung die Flugerprobung am 25. August 2003 auf. Der vierte Prototyp wird in einer überarbeiteten Form 2006 erstmals fliegen. China soll 250 FC-1, Pakistan etwa 150 als JF-17 bezeichnete Einheiten ab 2007 erhalten. Von den ersten 16 zu bauenden Maschinen erhalten Pakistan und China je acht.
Bemerkungen: Das chinesisch-pakistanische Gemeinschaftsprojekt FC-1 wird in enger Zusammenarbeit mit der russischen MAPO entwickelt. Dieses Muster basiert auf der nie fertig gestellten einmotorigen Variante der MiG-29, der MiG-33. Als kompakter Allwetter-Mehrzweckjäger soll er den Leistungen der F-16 nahe kommen. Die Auslegung der FC-1 ist recht konventionell. Rumpf wie Flügel bestehen aus Aluminium. Die Steuerung ist noch vollständig servogesteuert. Spätere Ausführungen sollen ein Fly-by-Wire-System erhalten. Noch offen ist, welche Avionik eingebaut wird. Geprüft werden die westlichen Mehrzweckradars Grifo S7 und RC400. Eine zweisitzige Ausführung ist ebenfalls geplant. Aufgrund von Erkenntnissen in der Erprobung sollen die Triebwerkeinläufe sowie die Flügelvorderkanten überarbeitet und das Seitenleitwerk erhöht werden.
Hersteller: Chengdu Aircraft Industrial Corp., Chengdu, Sichuan, VR China.

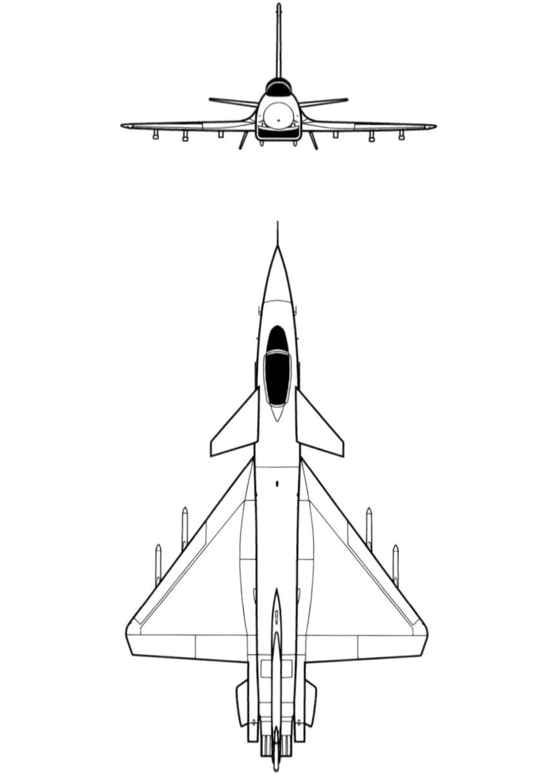

Abmessungen:
Spannweite Hauptflügel 8,78 m
Länge 14,57 m
Höhe 4,80 m
Fläche Hauptflügel 33 m²
Vorflügel 5,45 m²

CHENGDU F-10/J-10

Ursprungsland: Volksrepublik China.
Kategorie: Einsitziger Mehrzweckjäger.
Triebwerke: Ein Mantelstromtriebwerk Saturn/Lyulka AL-31FN von voraussichtlich 8800 kp (86 kN) Standschub ohne und 12500 kp (122,60 kN) mit Nachverbrennung, ev. als spätere Alternative auch das chinesische Mantelstromtriebwerk WS-10A.
Leistungen: Höchstgeschwindigkeit Mach 1,85 in grossen Höhen, auf Meereshöhe Mach 1,2; Dienstgipfelhöhe 18000 m; Aktionsradius 550 km; Reichweite 1850 km.
Gewichte: Leergewicht 6940 kg; max. Startgewicht 18400 kg.
Bewaffnung: Eine Kombination von Kurzstrecken-Luft-Luft-Lenkwaffen PL-8, Mittelstrecken-Luft-Luft-Lenkwaffen PL-11 und Zusatztanks/Luft-Boden-Raketen/Bomben an bis zu elf Waffenstationen; max. Waffenlast rund 8400 kg. Vermutlich ist eine 23- oder 30-mm-Kanone eingebaut.
Entwicklungsstand: Der erste von vier Prototypen führte am 24. März 1998 seinen Erstflug aus. Offenbar wird eine kleine Zahl von Vorserienflugzeugen derzeit in einer Erprobungseinheit eingesetzt. Die Serienfertigung im beschränkten Ausmass dürfte angelaufen sein und die ersten Exemplare wurden 2003 an die Luftwaffe der VR China abgeliefert. Einstweilen soll sie 50 Maschinen erhalten. Seit 2004 fliegt ein doppelsitziger Prototyp.
Bemerkungen: Der je nach Quelle als J-10 oder als F-10 bezeichnete Mehrzweckjäger ist das Resultat einer gemeinsamen Entwicklung von Chengdu und der israelischen IAI. Diese brachte das Know-how des früheren Abfangjägers Lavi (siehe Ausgabe 1987/88) in das Projekt ein. Deshalb gleichen sich die beiden Muster äusserlich recht stark. Welches Bordradar zum Serieneinbau gelangt, ist noch offen. Drei Modelle stehen in engster Auswahl: Elta EL/M2035 aus Israel, das russische Phazotron Zhemcoug-System oder eine chinesische Eigenkonstruktion eines Doppler-Puls-Radars JL-10A. Die F-10 verfügt über ein Fly-by-Wire-Steuerungssystem. Verursacht durch technische Schwierigkeiten, war die Entwicklung der F-10 durch lange Verzögerungen gekennzeichnet. So wurden u.a. auch Teile der Zelle umkonstruiert.
Hersteller: CAC, Chengdu Aircraft Industrial Corporation, Chengdu, Sichuan, VR China.

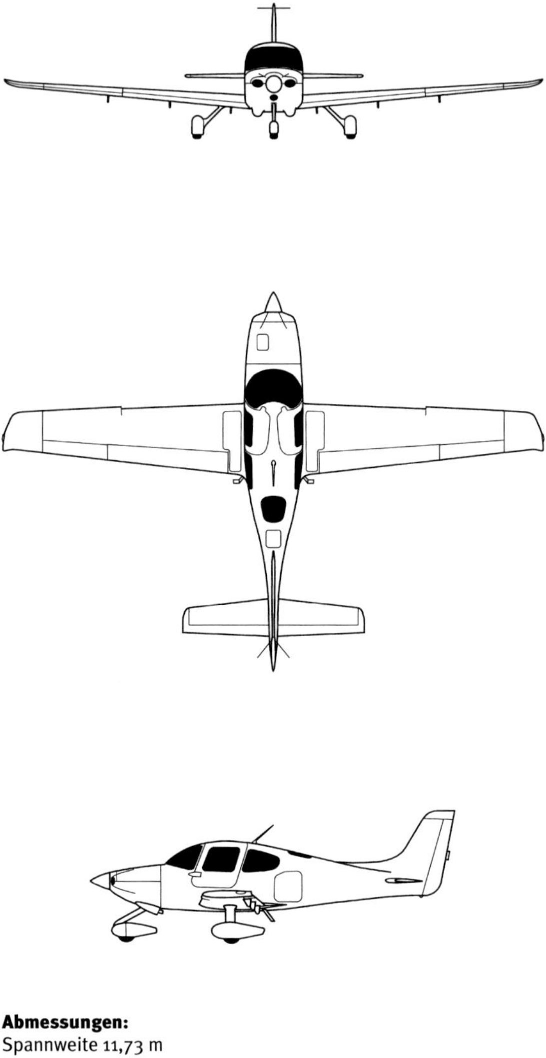

Abmessungen:
Spannweite 11,73 m
Länge 7,92 m
Höhe 2,80 m
Flügelfläche 13,46 m^2

CIRRUS SR22

Ursprungsland: USA.
Kategorie: Sport- und Reiseflugzeug.
Triebwerke: Ein luftgekühlter Vierzylinder-Boxermotor Teledyne Continental IO-550-N von 310 PS (230 kW) Leistung.
Leistungen: Höchstzulässige Geschwindigkeit 378 km/h; max. Reisegeschwindigkeit 335 km/h; Anfangssteiggeschwindigkeit 7 m/Sek; Dienstgipfelhöhe 5180 m; max. Reichweite mit IFR-Reserven 1600 km.
Gewichte: Leergewicht 1021 kg; max. Startgewicht 1542 kg.
Zuladung: Pilot und drei Passagiere, max. Nutzlast rund 500 kg.
Entwicklungsstand: Die Weiterentwicklung SR22 fliegt seit Mitte 2000, die verbesserte SR22 G2 seit 2004. Die ersten Exemplare wurden im Februar 2001 abgeliefert. Vom Ausgangsmuster SR20 und der SR22 sind mittlerweile über 2000 Einheiten gebaut worden. Die Jahresproduktion beträgt jährlich 550 Maschinen.
Bemerkungen: Die Cirrus SR22 ist eine Weiterentwicklung der Cirrus SR20 (siehe Ausgabe 2001). Sie weist die wesentlichen Merkmale des Ausgangsmusters auf: Einsatz neuester Technologien, Zelle und Flügel mit Festfahrwerk ganz aus Verbundwerkstoff (Epoxyd-Fiberglas) in Sandwichbauweise hergestellt, umfassende Avionik, bestehend u.a. aus einem ICDS 2000-Multifunktionscockpit mit Autopilot und GPS für Flüge unter IFR-Bedingungen. Die sonst üblichen zwei Steuerhörner sind durch «Sidesticks» ersetzt worden. Auch das bisher einmalige sog. «Ballistic Recovery System», welches die Maschine bei Absturzgefahr mittels Fallschirm sicher auf den Boden bringen soll, wurde übernommen. Dagegen ist die SR22 mit einem deutlich stärkeren Triebwerk und einem Flügel grösserer Spannweite, der weitgehend neu konzipiert wurde, ausgerüstet. Der Treibstofftank nimmt 320 l auf, was entsprechend grössere Reichweiten ermöglicht. Schliesslich sind wegen des höheren Abfluggewichts Teile der Zelle wie auch das Fahrwerk verstärkt. Neu wird die SR22 auch mit dem Diesel-Triebwerk SMA SR305-230 von 230 PS (170 kW) angeboten. Seit 2003 ist die SR22 auch mit einem Multifunktions-Cockpit von Avidyne sowie einem Enteisungssystem erhältlich. Cirrus lancierte anfangs 2004 die verbesserte SR22 G2. Der Rumpf sowie die Kühlung wurden überarbeitet, die Inneneinrichtung ist neu konzipiert. Es gelangt ein neuer Propeller zum Einbau.
Hersteller: Cirrus Design Corp., Duluth, Minnesota, USA.

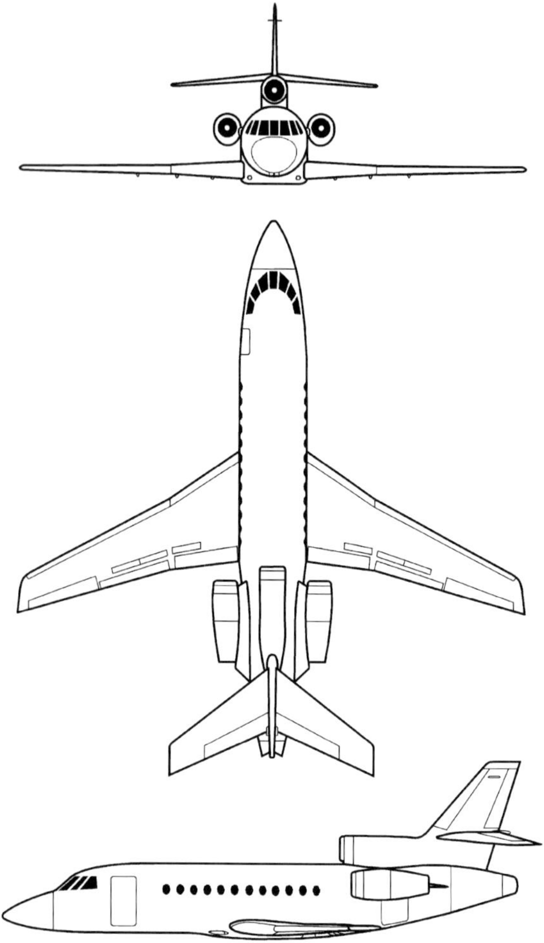

Abmessungen:
Spannweite 19,33 m
Länge 20,21 m
Höhe 7,55 m
Flügelfläche 49,03 m²

DASSAULT FALCON 900DX

Ursprungsland: Frankreich.
Kategorie: Firmenflugzeug.
Triebwerke: Drei Mantelstromtriebwerke Honeywell TFE731-60 von je 2268 kp (22,24 kN) Standschub.
Leistungen: Höchstgeschwindigkeit 924 km/h auf 10975 m (Mach 0,87); max. Reisegeschwindigkeit 881 km/h auf 11890 m (Mach 0,84); Langstrecken-Reisegeschwindigkeit 788 km/h; Dienstgipfelhöhe 15550 m; Reichweite mit acht Passagieren und maximaler Treibstoffzuladung und IFR-Reserven 7580 km.
Gewichte: Rüstgewicht 11100 kg; max. Startgewicht 21183 kg.
Zuladung: Zwei Piloten und je nach Innenausstattung 8 bis 15 Passagiere. Maximale Passagierkapazität 19 Personen in Dreierreihen; max. Nutzlast 2170 kg.
Entwicklungsstand: Erstflug des ersten Prototypen der Falcon 900 am 21. September 1984, gefolgt vom ersten Serienflugzeug im März 1986. Die Version 900C flog erstmals am 17. Dezember 1998. Zugelassen wurde sie am 26. August 1999. Die neueste 900DX flog erstmals im Juni 2005. Von allen Varianten sind bisher gegen 400 Falcons 900 abgeliefert worden. 30 davon bestellten Regierungen. Jährlich werden rund 30 neue gebaut.
Bemerkungen: Die neueste Ausführung der mittlerweile recht lang gewordenen Falcon 900-Familie heisst 900DX. Leistungs- wie preismässig (Preis rund US$ 31,7 Mio.) positioniert sie sich zwischen der Falcon 900C und der Falcon 900EX. Die Aussen- und Innenabmessungen sind bei allen drei Mustern gleich. Bei der DX wurde besonderer Wert auf Wirtschaftlichkeit gelegt. So sollen dank der neuen Triebwerke die Betriebskosten um rund 5 % tiefer sein. Gegenüber der 900C zeichnet sie sich durch grössere Reichweite und höhere Steigleistungen aus. Sie ist in der Lage, ab wesentlich kürzeren Pisten zu operieren. Das gleiche Avionik-System EASy der 900C gelangt auch bei der 900DX zum Einbau. Basierend auf der 900DX offeriert Dassault neu auch eine Seeaufklärervariante 900MPA mit einem Suchradar Ocean Master von Thales.
Hersteller: Dassault Falcon Jet Corporation, Werk Bordeaux-Mérignac, St. Cloud, Frankreich.

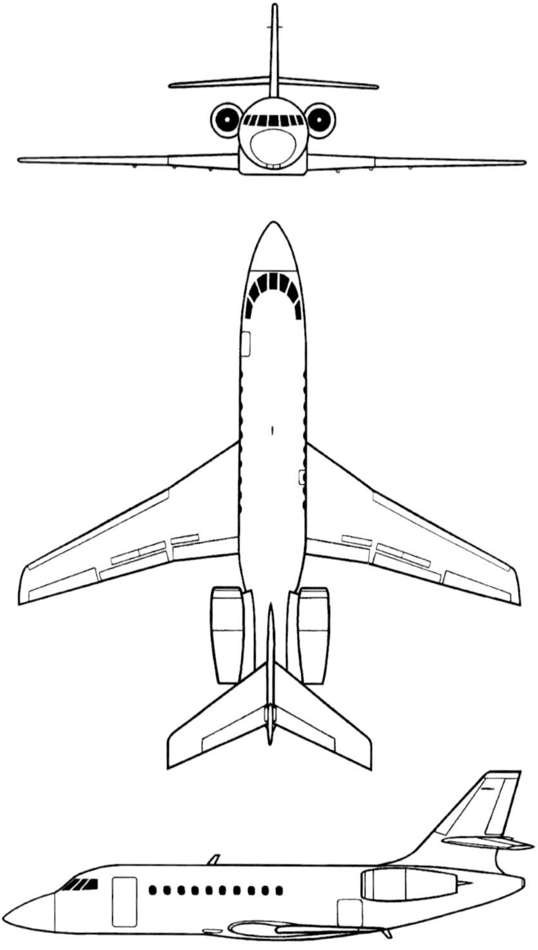

Abmessungen:
Spannweite 19,33 m
Länge 20,21 m
Höhe 7,06 m
Flügelfläche 49,02 m^2

DASSAULT FALCON 2000EX

Ursprungsland: Frankreich.
Kategorie: Firmenflugzeug.
Triebwerke: Zwei Mantelstromtriebwerke Pratt & Whitney Canada PW308C von je 3175 kp (31,13 kN) Standschub.
Leistungen: Max. Reisegeschwindigkeit auf 11890 m 903 km/h (Mach 0,85); Anfangssteiggeschwindigkeit 17,4 m/Sek; Dienstgipfelhöhe 14300 m; Reichweite mit sechs Passagieren und NBAA-Reserven 7040 km, mit max. Nutzlast rund 1850 km.
Gewichte: Rüstgewicht 10519 kg; max. Startgewicht 18734 kg.
Zuladung: Zwei Piloten im Cockpit und je nach Innenausstattung acht bis zwölf Passagiere in der Kabine, bei enger Bestuhlung 19 Passagiere.
Entwicklungsstand: Erstflug des Erprobungsmusters Falcon 2000 am 4. März 1993. Zulassung und Beginn der Ablieferungen an Kunden im Februar 1995. Die neueste Ausführung 2000EX flog erstmals am 25. Oktober 2001, jene mit EASy-Cockpit am 29. Januar 2003. Bis Ende 2005 sind etwa 430 Falcons 2000 aller Versionen bestellt, rund 300 davon abgeliefert worden. Die Jahresproduktion zusammen mit der Falcon 900 beläuft sich derzeit auf fast 60 Einheiten.
Bemerkungen: Die Falcon 2000 verfügt über den gleichen komfortablen Rumpfquerschnitt mit durchgehender Stehhöhe wie die Falcon 900DX/900EX (siehe Seiten 134/135). Die Kabine ist aber mit 9,46 m Länge etwas kürzer. Dank nur zwei Triebwerken kann die Falcon 2000 deutlich wirtschaftlicher betrieben werden. Das Cockpit ist mit vier CRT EFIS-Displays des Typs Collins Pro Line 4 ausgerüstet. Als Option ist ein HUD erhältlich. Seit 1999 werden alle Falcons 2000 mit Schubumkehr ausgerüstet. Ab 2004 ist die verbesserte Ausführung 2000EX lieferbar. Sie verfügt über wesentlich leistungsstärkere Triebwerke und die Treibstoffkapazität ist um 31 % erhöht. Angesichts des höheren Gewichts sind punktuelle Verstärkungen erforderlich gewesen, u.a. am Fahrwerk. Alle seit 2004 gebauten Falcon 2000 werden serienmässig das interaktive Cockpit-Management-System «EASy» versehen. Ab 2007 soll eine preisgünstigere Version Falcon 2000DX produziert werden.
Hersteller: Dassault Falcon Jet Corporation, Werk Bordeaux-Mérignac, St. Cloud, Frankreich.

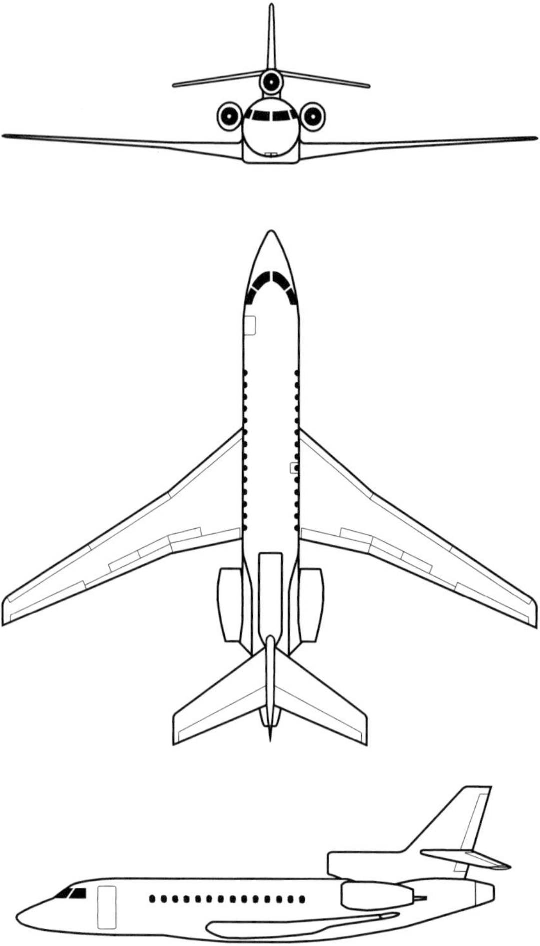

Abmessungen:
Spannweite 25,17 m
Länge 23,19 m
Höhe 7,79 m
Flügelfläche 70,70 m^2

DASSAULT FALCON 7X

Ursprungsland: Frankreich.
Kategorie: Firmenflugzeug.
Triebwerke: Drei Mantelstromtriebwerke Pratt & Whitney Canada PW307A von je 2766 kp (27,13 kN) Standschub.
Leistungen (nach Angaben des Herstellers): Max. Reisegeschwindigkeit Mach 0,90; Dienstgipfelhöhe 15554m; Reichweite mit acht Passagieren und NBAA-Reserven bei Mach 0,80 10558 km, später ev. 11100 km.
Gewichte: Rüstgewicht 15013 kg; max. Startgewicht 28890 kg.
Zuladung: Zwei Piloten im Cockpit und je nach Innenausstattung acht bis zwölf Passagiere in der Kabine, bei enger Bestuhlung 19 Passagiere.
Entwicklungsstand: Die Dassault 7X absolvierte den Erstflug am 5. Mai 2005, gefolgt von einer zweiten am 5. Juli 2005. Bisher sind bereits über 70 Maschinen bestellt worden. Die ersten Auslieferungen sind für Anfang 2007 vorgesehen.
Bemerkungen: Mit dem vorläufig noch als Falcon 7X bezeichneten Muster baut Dassault sein Angebot an Businessjets im obersten Segment aus. Der Rumpf ist gegenüber der Falcon 900 um 2,98 m länger. Bei gleichem Kabinenquerschnitt misst der Passagierraum nun 11,90 m. Dem Komfort wurde grösste Aufmerksamkeit geschenkt. So ist der Lärmpegel nochmals reduziert worden. Auch die Klimatisierung wurde verbessert. Mit rund 4,45 m^3 ist der Gepäckraum sehr grosszügig ausgefallen. Ganz neu ist der Flügel, welcher für aerolastische Effekte optimiert wurde, sehr hohe Reisegeschwindigkeiten ermöglicht, die guten Langsamflugeigenschaften jedoch beibehält. Im Vergleich zur Falcon 900EX weist er eine um 44 % grössere Fläche auf und ist um 5° stärker gepfeilt. Wie alle neuen Falcons ist auch die 7X mit dem EASy-Cockpit ausgerüstet. Gesteuert wird mit einem Fly-by-Wire-System. Anstelle von Steuerhörnern sind Sidesticks eingebaut. Dank der leistungsstarken Triebwerke ist die Falcon 7X derzeit der schnellste Businessjet seiner Klasse. Dassault gibt einen Listenpreis von US$ 37 Mio. an.
Hersteller: Dassault Falcon Jet Corporation, Werk Bordeaux-Mérignac, St. Cloud, Frankreich.

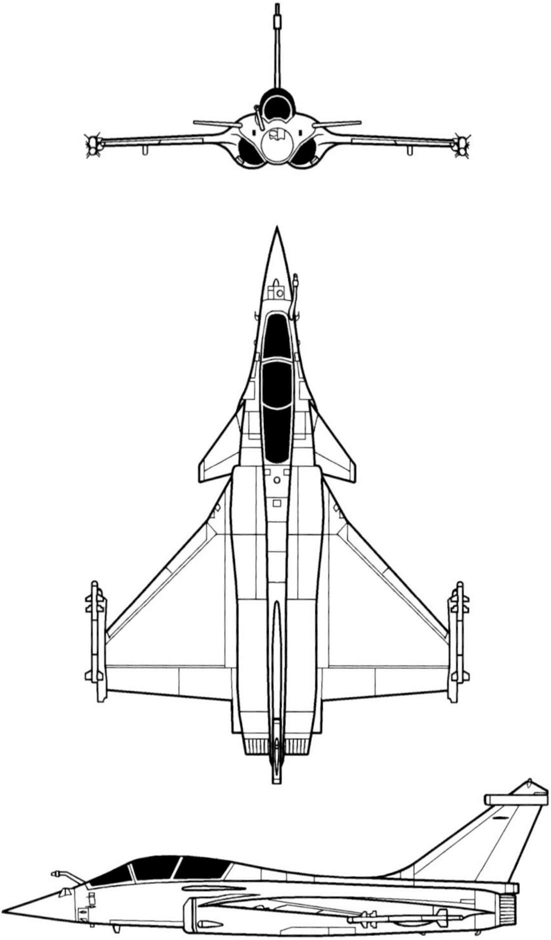

Abmessungen:
Spannweite inkl. Lenkwaffen an den Flügelspitzen 10,90 m
Länge 15,30 m
Höhe 5,34 m
Flügelfläche 45,70 m²

DASSAULT RAFALE F1/F2

Ursprungsland: Frankreich.
Kategorie: Zweisitziges Mehrzweckkampfflugzeug F2 bzw. B, einsitziger Abfangjäger F1 bzw. C oder M.
Triebwerke: Zwei Mantelstromtriebwerke SNECMA M88-2 von je 4966 kp (48,7 kN) Standschub ohne und 7438 kp (72,9 kN) mit Nachbrenner.
Leistungen: Höchstgeschwindigkeit 2124 km/h über 10975 m (Mach 2,0), 1390 km/h im Tiefflug (Mach 1,15); Anfangssteiggeschwindigkeit 305 m/Sek; Dienstgipfelhöhe 16775 m; taktischer Einsatzradius in Abfangmission mit acht Mica Luft-Luft-Lenkwaffen, einem Zusatztank von 1700 l unter dem Rumpf und je einem von 1300 l unter den Flügeln 1853 km, bei einem Einsatzprofil hoch-tief-tief-hoch mit 12 250-kg-Bomben, vier Mica-Lenkwaffen und Zusatztanks von insgesamt 4300 l 1093 km.
Gewichte: Rüstgewicht (C) 9100 kg, (B) 10000 kg, (M) 9700 kg; max. Startgewicht 19500 bis 24500 kg.
Bewaffnung: Eine 30-mm-GIAT-DEFA-Kanone und eine Waffenlast von max. 9500 kg, verteilt auf 13 Aufhängepunkte unter Rumpf und Flügeln sowie an den Flügelenden.
Entwicklungsstand: Erstflug des ersten von vier Prototypen am 19. Mai 1991. Die französische Luftwaffe erhält 234 Maschinen (84 Doppelsitzer Rafale B und 150 Einsitzer Rafale C; 134 bestellt, Ablieferung ab 2004), die französische Marine 60 Einsitzer Rafale M (bisher 50 bestellt, 12 F1 geliefert). Dassault übergab das erste Serienflugzeug 1999 an die Marine. Im Juni 2004 wurde die erste Staffel der Aéronavale einsatzbereit. Ab 2005 werden jährlich 15 Maschinen gebaut.
Bemerkungen: Die Rafale verfügt über das neueste zweidimensionale Bordradar GIE RBE2 mit elektronisch scannender Antenne. Fast die gesamte Zelle ist aus Verbundwerkstoffen hergestellt, Rumpfspitze und Heck bestehen aus Kevlar. In besonders beanspruchten Bereichen gelangt Titan zum Einsatz. Die Steuerung erfolgt nach dem Fly-by-Wire-Prinzip. Derzeit fliegt ein Erprobungsmuster, welches im oberen Teil des Rumpfes mit integrierten (sog. conformalen) Treibstofftanks für je 1150 l ausgerüstet ist. Alle ab dem 125. gelieferten Flugzeug sind Mehrzweck-Kampfflugzeuge des Standards F3.
Hersteller: Dassault Défense, Vaucresson, Frankreich.

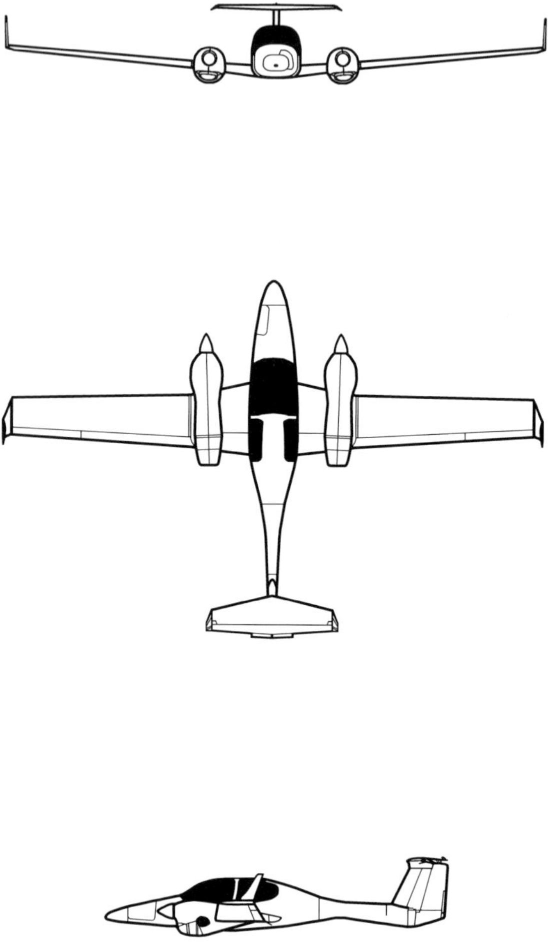

Abmessungen:
Spannweite 13,42 m
Länge 8,43 m
Höhe 2,56 m
Flügelfläche 16,46 m^2

DIAMOND DA-42 TWIN STAR

Ursprungsland: Österreich.
Kategorie: Sport- und Reiseflugzeug.
Triebwerke: Zwei luftgekühlte Turbodieselmotoren Thielert Centurion 1,7 von je 135 PS (100 kW) Leistung.
Leistungen (mit Centurion-Triebwerken): Reisegeschwindigkeit bei 90 % Leistung 375 km/h auf 3810 m, bei 60 % Leistung 311 km/h; Anfangssteiggeschwindigkeit 8,7 m/Sek; Dienstgipfelhöhe 5485 m; normale Reichweite 1850 km, mit optionalem Zusatztank 2677 km.
Gewichte: Leergewicht 1090 kg; max. Startgewicht 1650 kg.
Zuladung: Vier Personen einschliesslich des Piloten.
Entwicklungsstand: Der Prototyp nahm am 9. Dezember 2002 die Flugerprobung auf. Über 550 Einheiten sind bisher bestellt worden. Erste Auslieferungen erfolgten im zweiten Semester 2004. Monatlich werden 17 Einheiten gebaut.
Bemerkungen: Das interessanteste Teil der Twin Star sind sicherlich die Dieselmotoren. Von der Firma Thielert Aircraft Engines entwickelt, zeichnen sich diese Triebwerke durch geringe Lärm- und Abgaswerte sowie äusserst günstige Verbrauchszahlen aus. Der Literverbrauch pro Stunde soll bei 200 km/h gerade mal 17,5 l betragen. Nebst Dieselkraftstoff kann auch A-1 Jet-Treibstoff oder eine beliebige Mischung von beiden getankt werden. Im übrigen weist die DA-42 eine sehr aerodynamische und eigenständige Form auf. Die Avionik entspricht dem heutigen Standard. Auf Wunsch kann das Cockpit mit drei Multifunktions-Displays ausgerüstet werden. Die Basisversion wird für rund US$ 360000 angeboten. Die Royal Canadian Mounted Police beschafft voraussichtich ein Dutzend Twin Stars als Überwachungsflugzeuge. Sie verfügen über diverse Sensoren und Seitenscheiben mit Auswölbungen zur besseren Beobachtung. Derzeit erprobt Diamond auch eine Version mit Lycoming IO 360-Triebwerken mit einer Leistung von 180 PS (135 kW). Sie soll vorwiegend für den US-Markt vorgesehen sein.
Hersteller: Diamond Aircraft, Flugplatz Wiener-Neustadt, Österreich.

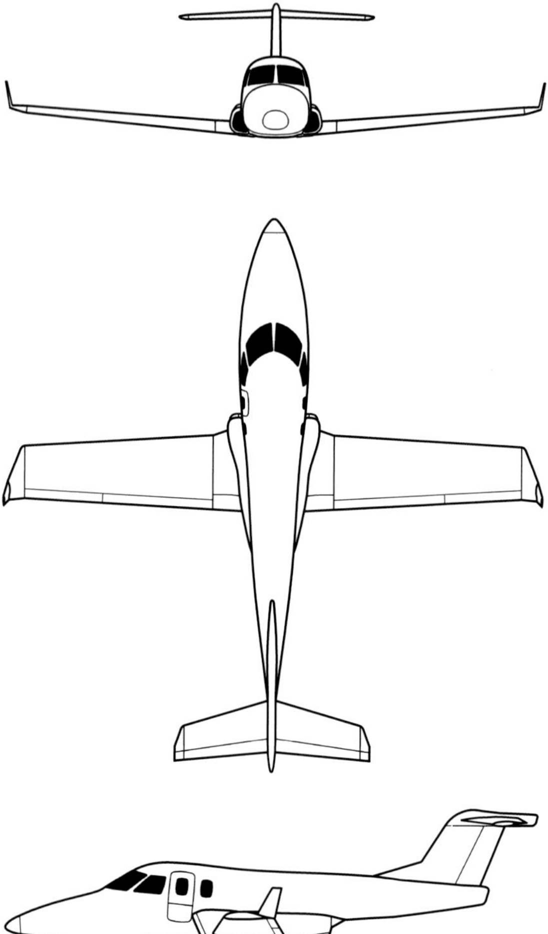

Abmessungen:
Spannweite 11,80 m
Länge 10,80 m
Höhe 3,10 m

DIAMOND D-JET

Ursprungsland: Österreich.
Kategorie: Reiseflugzeug und leichter Firmenjet.
Triebwerke: Ein Mantelstromtriebwerk Williams FJ44 von 635 kp (6,3 kN) Standschub.
Leistungen (nach Angaben des Herstellers): Reisegeschwindigkeit 585 km/h; Anfangssteiggeschwindigkeit 13,7 m/Sek; Dienstgipfelhöhe 7620 m; normale Reichweite unter IFR-Bedingungen 2400 km.
Gewichte: Leergewicht 1175 kg; max. Startgewicht 1900 kg.
Zuladung: Pilot und normal vier, max. bis zu fünf Passagiere; max. Zuladung bei vollen Treibstofftanks 244 kg.
Entwicklungsstand: Der Erstflug der Diamond verzögert sich weiterhin. Neuesten Meldungen zufolge ist dieser nun für Anfang 2006 vorgesehen. Mit den Auslieferungen soll 2007 begonnen werden. Der Auftragsbestand beläuft sich derzeit auf rund 190 Einheiten.
Bemerkungen: Die D-JET ist das erste Düsenflugzeug der Diamond. Mit diesem Typ will man sich im derzeit stark wachsenden Markt von preisgünstigen leichten Firmenflugzeugen mit einem Düsentriebwerk etablieren, die sich dank einfacher Konstruktionsbauweise und geringem Treibstoffverbrauch recht wirtschaftlich betreiben lassen. Hierbei steht sie in direkter Konkurrenz beispielsweise zur Eclipse 500 (siehe Seiten 148/149). Auch die D-JET ist ganz nach der Tradition des Herstellers aus faserverstärktem Kunststoff gebaut. Die Kabine wird mit einer Länge von 3,50 m und einer Breite wie Höhe von 1,42 m recht geräumig ausfallen. Im Cockpit mit Flachbildschirmen wurde besonders auf die einfache Bedienung durch einen einzigen Piloten geachtet. Diamond nennt derzeit einen Kaufpreis für die Basisversion von 830000 Euro. Für den amerikanischen Markt plant man eine etwas schwerere Ausführung mit einem Abfluggewicht von 2200 kg, grösserer Treibstoffkapazität und einem Hochgeschwindigkeits-Fallschirmrettungssystem. Dieses kann bis zu Geschwindigkeiten von 550 km/h zur Rettung des Flugzeugs angewendet werden.
Hersteller: Diamond Aircraft, Flugplatz Wiener-Neustadt, Österreich.

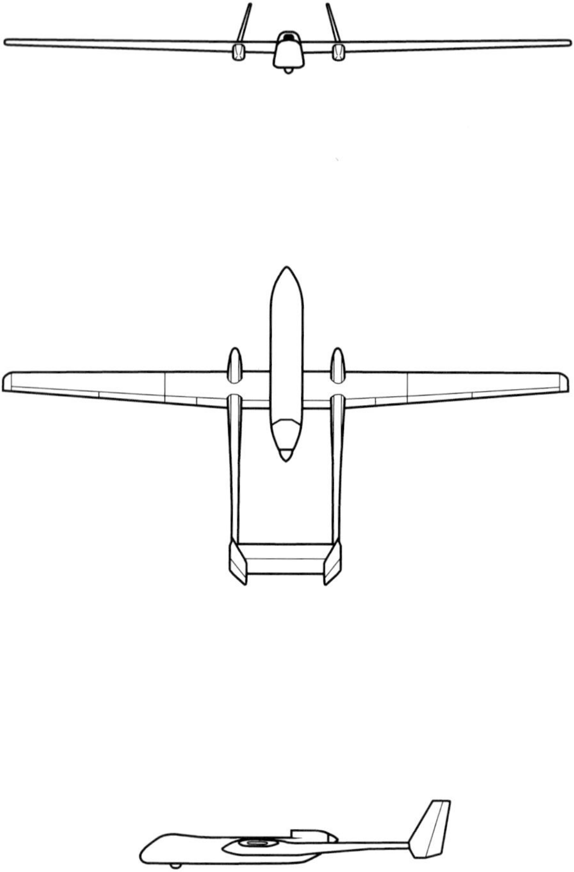

Abmessungen:
Spannweite (Eagle 1) 16,60 m, (Euromale) 26,00 m
Länge (Eagle 1) 8,50 m, (Euromale) 13,00 m

EADS Eagle 1/EUROMALE

Ursprungsland: Frankreich (Israel).
Kategorie: Unbemanntes Langstrecken-Aufklärungsflugzeug für mittlere Höhen.
Triebwerke (Eagle 1): Ein Kolbenmotor mit Schubpropeller Rotax 914 von 100 PS (75 kW) Leistung; (Euromale) eine Propellerturbine Pratt & Whitney Canada PT6-67A von 1200 WPS (894 KW) Leistung.
Leistungen: Höchstgeschwindigkeit (Eagle1) 222 km/h, Reisegeschwindigkeit (Euromale) 425 km/h; Dienstgipfelhöhe (Eagle 1) 7620 m, (Euromale) 13700 m; Reichweite (Eagle 1) 3300 km , (Euromale) 3400 km; Einsatzdauer bis zu 30 Std.
Gewichte: Max. Startgewicht (Eagle 1) 1150 kg, (Euromale) 3600 kg.
Zuladung: Max. Nutzlast (Eagle 1) 250 kg, (Euromale) 450 kg.
Entwicklungsstand: Erstflug des ersten von drei Prototypen der Eagle 1 am 2. Juni 2003. Bis Ende 2003 folgten zwei weitere für die französische Armee. Weitere Einheiten sind von den Niederlanden beschafft worden. Die Auslieferungen begannen 2005. Die Euromale soll 2007 erstmals fliegen und die Einsatzbereitschaft 2010 erreichen.
Bemerkungen: Bei der Eagle 1 handelt es sich um eine Ableitung der israelischen IAI Malat Heron. Die Flugzeugzelle stammt vom israelischen Hersteller, während die Ausrüstung EADS bzw. Unterlieferanten von ihr beisteuern. Sie verfügt über eine sehr fortschrittliche Einsatzausrüstung, u.a. Elektro-optischer Sucher für Tag- und Nacht-Operationen, ein **S**ynthetic **A**perture **R**adar (SAR) von Elta-EL/M-2055, ELINT, COMINT usw. Die Drone ist nur ein Teil eines ganzen Systems. Erfasste Informationen werden mittels direktem Link (Satcom) via einen Überwachungssatelliten an eine mobile Bodenkontroll-Station übertragen. Diese bearbeitet die Daten und leitet sie an die Destinatäre weiter. Die Eagle 1 kann selbstständig starten und landen. Die geplante Weiterentwicklung Eagle 2 wurde zugunsten des Programms Euromale aufgegeben. Dieses wesentlich leistungsfähigere System ist vorwiegend für strategische Einsätze vorgesehen.
Hersteller: EADS (European Aeronautic Defence and Space Company), Defense and Civil Systems, Schiphol Rijk, Niederlande.

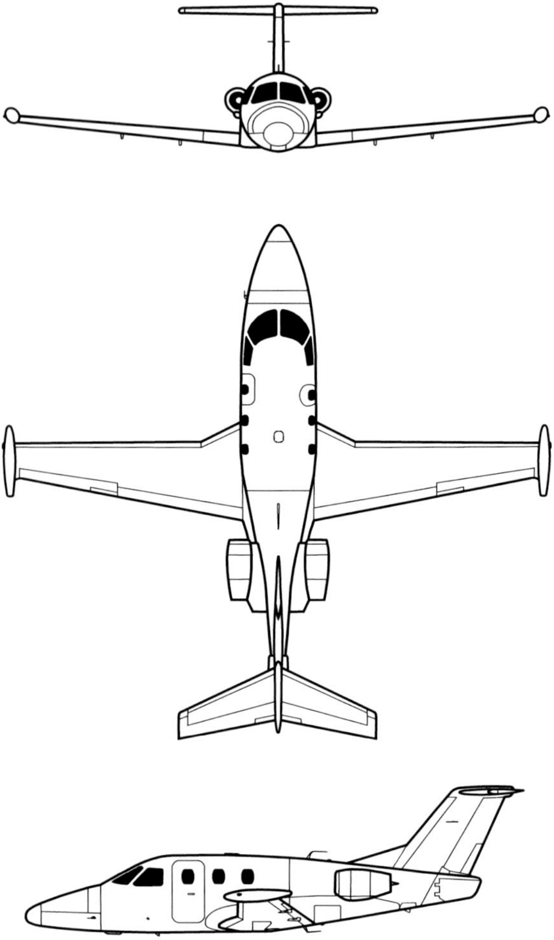

Abmessungen:
Spannweite inkl. Flügelmitteltanks 11,40 m
Länge 10,10 m
Höhe 3,30 m

ECLIPSE AVIATION ECLIPSE 500

Ursprungsland: USA.
Kategorie: Taxi- und Firmenflugzeug.
Triebwerke: Zwei Mantelstromtriebwerke Pratt & Whitney Canada PW610F von je 408 kp (4,00 kN) Standschub.
Leistungen (nach Angaben des Herstellers): Max. Reisegeschwindigkeit 695 km/h; Dienstgipfelhöhe 12500 m; max. Reichweite 2370 km.
Gewichte: Leergewicht 1528 kg; max. Startgewicht 2558 kg.
Zuladung: Pilot und drei bis fünf Passagiere.
Entwicklungsstand: Der Erstflug des Prototyps fand am 26. August 2002 statt. Der Wechsel zu einem anderen Triebwerkmuster hat zu erheblichen Projekt-Verzögerungen geführt. Die Flugerprobung mit den neuen Triebwerken begann am 31. Dezember 2004. Die Auslieferungen der ersten Serienflugzeuge sind nun für 2006 vorgesehen. Nach Angaben des Herstellers sollen bereits Aufträge für über 2350 Einheiten (+ Optionen) vorliegen. Darunter befindet sich auch eine Bestellung der schweizerischen Aviace für 112 Eclipse 500 zum Aufbau eines «Private Jet Clubs».
Bemerkungen: Das Konzept der Eclipse sieht einen möglichst kostengünstigen und sehr wirtschaftlichen «Volksjet» vor. Anfänglich beläuft sich der Beschaffungspreis auf US$ 1,18 Mio. Die Kunden sollen sich schwergewichtig aus bisherigen Eignern von einmotorigen Sport- und Reiseflugzeugen rekrutieren. Eclipse behauptet, dass ihr Jet mit geringeren Betriebskosten zu betreiben ist als manche einmotorige Kolbenmotor-Flugzeuge. Die ganze Konstruktion besteht aus Aluminium. Obwohl aus Kostengründen weitgehend auf Verbundwerkstoffe verzichtet wurde, ist die Eclipse im Verhältnis zur Grösse recht leicht. Die Avionik von Avio umfasst u.a. Multifunktions-Anzeigen, ein GPS-basiertes Flight Management System sowie digitale Triebwerkskontrolle FADEC. Da die ursprünglich vorgesehenen Williams EJ-22-Triebwerke die Erwartungen nicht erfüllten, wurden sie durch das PW610F ersetzt. Dies bedingt jedoch einige erhebliche Anpassungen, insbesondere steigt das Strukturgewicht.
Hersteller: Eclipse Aviation Corp., Albuquerque, New Mexico, USA.

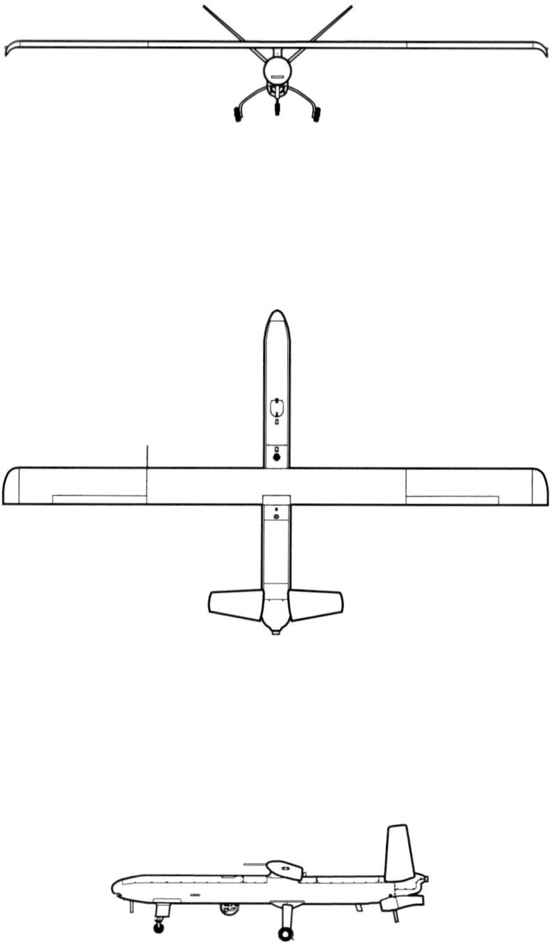

Abmessungen:
Spannweite (450S) 10,50 m, (450) 10,00 m
Länge (450S) 6,10 m, (450) 6,20 m

ELBIT HERMES 450/450S

Ursprungsland: Israel.
Kategorie: Unbemanntes Langstrecken-Aufklärungsflugzeug für mittlere Höhen.
Triebwerke (450S): Ein Kolbentriebwerk UEL Rotary AR-80-1011 von 52 PS (38,8 kW); (450) zwei Kolbentriebwerke des gleichen Musters.
Leistungen (450S): Patrouillengeschwindigkeit 130 km/h; (450): 150 km/h; Anfangssteiggeschwindigkeit 4,6 m/Sek; Dienstgipfelhöhe 4584 m; Aktionsradius (beide) 200 km; max. Flugdauer (450S) 20 Std, (450) 24 Std.
Gewichte: Max. Startgewicht (450S) 450 kg, (450) 550 kg.
Zuladung: Max Nutzlast 150 kg.
Entwicklungsstand: Nachdem Israel die Hermes 450S seit 2000 einsetzt, wird sie auch die leistungsfähigere Hermes 450 beschaffen. Unter dem Namen Watchkeeper 180 und 450 erwirbt Grossbritannien eine unbekannte Anzahl von Dronen, erste Ablieferungen 2009. Weitere Systeme mietet das US Department of Homeland Security von Israel.
Bemerkungen: Die Hermes-Dronen sind für viele Aufgaben vorgesehen, u.a. Aufklärung, Überwachung, Zieldarstellung und -akquisition, aber auch für zivile Einsätze wie beispielsweise Wald- und Naturbeobachtungen, Schadensaufnahmen usw. Dabei ist das fliegende Objekt nur ein Teil eines ganzen, auch terrestrische Elemente umfassenden Systems. Die gesamte Ausrüstung, Flugzeug und Fahrzeug, können zusammen in einer C-130 Hercules transportiert werden. Alle Systeme sind redundant vorhanden, so dass die Drone völlig autonom operieren kann. Selbst der Start- und Landevorgang kann automatisiert werden. Die gesamte Struktur besteht aus Verbundwerkstoffen. An Aufklärungssystemen können eingebaut werden: Real-time Suchgerät TESAR, Laser-Zieldarstellungsgerät COMPASS oder stabilisierter Tag-/Nacht-Sensor DSP-1. Neu besteht auch die Option, unter den Flügeln Zusatztanks einzuhängen, um damit die Reichweite weiter zu erhöhen.
Hersteller: Elbit Silver Arrow, Rushin-Le-Zion, Israel.

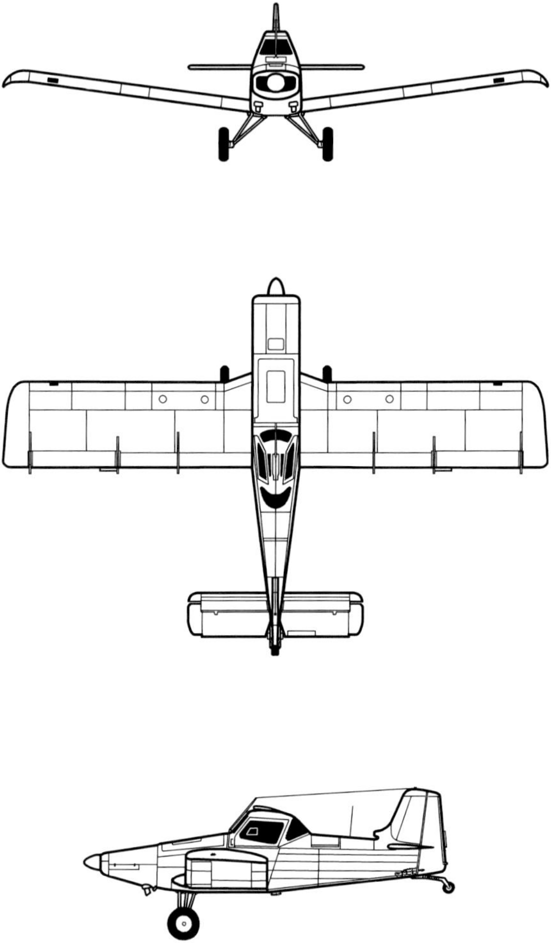

Abmessungen:
Spannweite 11,69 m
Länge 7,43 m
Höhe 2,22 m
Flügelfläche 19,94 m^2

EMBRAER/NEIVA EMB-202 IPANEMA

Ursprungsland: Brasilien.
Kategorie: Landwirtschaftsflugzeug.
Triebwerke: Ein luftgekühlter Sechszylinder-Boxermotor Lycoming IO-540-K1J5D von 300 PS (223 kW) Leistung.
Leistungen: Höchstgeschwindigkeit 230 km/h; Reisegeschwindigkeit bei 75 % Leistung 213 km/h; Anfangssteiggeschwindigkeit 4,7 m/Sek; Dienstgipfelhöhe 3470 m; max. Reichweite 938 km.
Gewichte: Leergewicht 1030 kg; max. Startgewicht 1800 kg.
Zuladung: Pilot und flüssige bzw. feste Chemikalien in einem Tank vor dem Cockpit mit einem Fassungsvermögen von 950 l bzw. 750 kg.
Entwicklungsstand: Die Ipanema wird seit rund 30 Jahren ununterbrochen in verschiedenen Ausführungen gebaut. Zuerst entstand die EMB-200 (Erstflug 30. Juli 1970), gefolgt von der EMB-201/201A. Aktuell werden die EMB-201A und die EMB-202 (Erstflug 1992) produziert. Im März 2005 verliess das 1000. Exemplar die Montagehalle.
Bemerkungen: Mittlerweile macht die EMB-202 Ipanema rund 85 % der auf der ganzen Welt derzeit hergestellten Landwirtschaftsflugzeuge aus. Die Auslegung ist konventionell als Tiefdecker mit Festfahrwerk und hoch gesetztem, klimatisierten Cockpit, welches eine sehr gute Sicht nach unten erlaubt. An den Flügelenden sind neu Winglets angebracht. Da die Landwirtschaftsfliegerei einem hohen Risiko ausgesetzt ist, besteht der gesamte Rumpf aus besonders robusten Stahlrohren, beplankt mit Aluminium 2024. Diese Struktur soll bei Abstürzen dem Piloten eine maximale Sicherheit ermöglichen. Seit 2002 fliegt eine EMB-202 mit einem durch Alkohol angetriebenen Motor. Der Treibstoff wird aus Rohrzucker gewonnen.
Hersteller: Indûstria Aeronáutica Neiva S.A., (Tochtergesellschaft von EMBRAER), Botucatu, São Paolo, Brasilien.

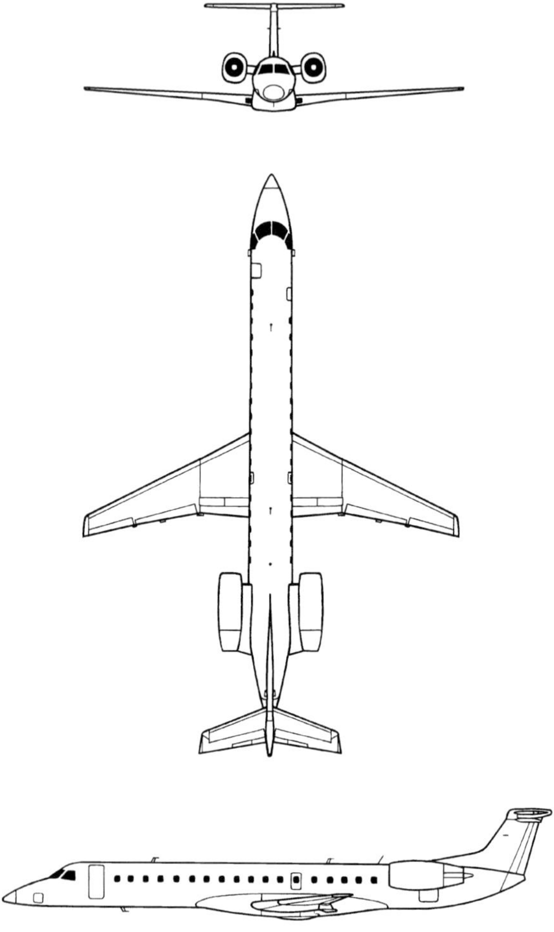

Abmessungen:
Spannweite 20,04 m
Länge 29,87 m
Höhe 6,71 m
Flügelfläche 51,18 m^2

EMBRAER ERJ-145 AMAZON

Ursprungsland: Brasilien.
Kategorie: Regionalverkehrsflugzeug.
Triebwerke: Zwei Mantelstromtriebwerke Allison AE3007A1 von 3391 kp (33,00 kN) Standschub.
Leistungen: Max. Reisegeschwindigkeit 811 km/h auf 10668 m; Dienstgipfelhöhe 11270 m; Zeit um 9100 m zu erreichen 16 Min; Reichweite mit max. Treibstoffzuladung 2648 km, mit max. Passagierzuladung 1612 km; Version -ER mit 50 Passagieren bis zu 2220 km, Version -LR bis zu 3000 km.
Gewichte: Leergewicht 11585 kg; max. Startgewicht 19300 kg, (-ER 20600 kg, -LR 22000 kg).
Zuladung: Zwei Piloten und je nach Innenausstattung bis zu 50 Passagiere in Dreierreihen mit Mittelgang. Max. Nutzlast 5515 kg.
Entwicklungsstand: Der erste Prototyp nahm die Flugerprobung am 11. August 1995 auf. Nach Erteilen der Zulassung begann die Einsatzbereitschaft im Dezember 1996. Bis Ende 2005 sind von der EMB/ERJ- 135, 140 und 145 zusammen rund 907 Bestellungen (123 ERJ-135, 94 ERJ-140, 690 ERJ-145) eingegangen (fast alle davon ausgeliefert). Eine zweite Produktionsstrasse wurde bei AVIC II in China errichtet.
Bemerkungen: Die ERJ-145 ist dafür ausgelegt, längere Streckenabschnitte, beispielsweise in dünner besiedelten Regionen, schneller und komfortabler bedienen zu können. Die Rumpfgrundkonstruktion sowie andere Elemente sind von der EMB-120 (siehe Ausgabe 1997) übernommen, während es sich in den anderen Bereichen um eine völlige Neukonstruktion handelt. Generell wurde auf einfache, kostengünstige Auslegung geachtet, um den Verkaufspreis niedrig zu halten. Mehrere Varianten werden angeboten: ERJ-145ER (**E**xtended **R**ange) und ERJ-145LR (**L**ong **R**ange, mit AE3007A1-Triebwerken, Erstflug im April 1998). Ganz neu ist die ERJ-145XR (Erstflug 29. Juni 2001) mit noch grösserer Reichweite von 3775 km. Dazu wurden der Rumpf verstärkt, die Flügel mit Winglets versehen und die Treibstoffkapazität um 800 kg erhöht. Das Abfluggewicht ist auf 24000 kg angehoben und es gelangen stärkere Triebwerke AE3007-A1E mit einer Leistung von 3682 kp (36,10 kN) zum Einbau. Die militärischen Ausführungen wurden in Ausgabe 2005 beschrieben.
Hersteller: EMBRAER (Emprêsa Brasileira de Aeronautica SA), Sao José dos Campos, Brasilien.

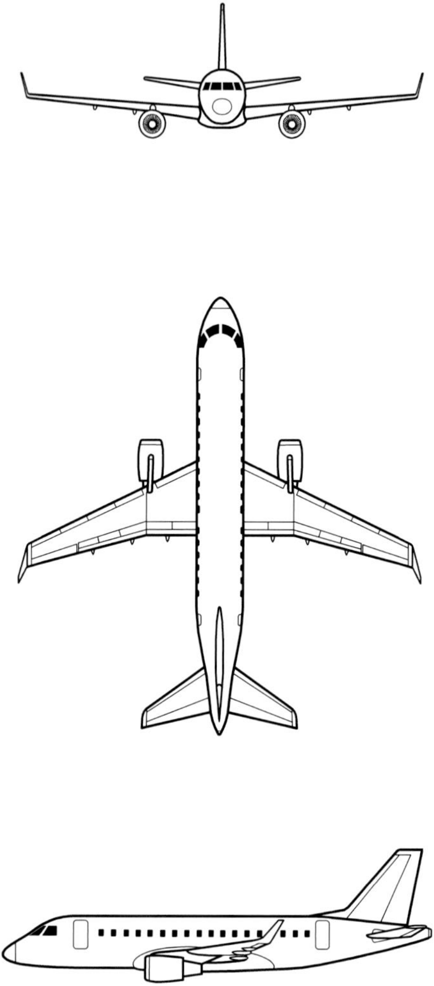

Abmessungen:
Spannweite einschliesslich Winglets (170/175) 26,00 m
Länge (170) 29,90 m, (175) 31,67 m
Höhe (170/175) 9,67 m
Flügelfläche 60,00 m^2

EMBRAER 170/175

Ursprungsland: Brasilien.
Kategorie: Regionalverkehrsflugzeug.
Triebwerke: Zwei Mantelstromtriebwerke General Electric CF34-8E von 6250 kp (62,3 kN) Standschub.
Leistungen: Max. Reisegeschwindigkeit 870 km/h (Mach 0,82); Dienstgipfelhöhe 11890 m; Reichweite bei voller Passagierzahl (170STD) 3334 km, (170LR) 3797 km, (175STD) 2400 km (175LR) 3519 km.
Gewichte: Leergewicht (170) 20940 kg, (175) 21810 kg; max. Startgewicht (170STD) 35990 kg, (170LR) 37200 kg, (175STD) 37500 kg, (175LR) 38790 kg.
Zuladung: Zwei Piloten und bis zu (170) 70 bzw. (175) normal 78, max. 86 Passagiere in Viererreihen mit Mittelgang. Max. Nutzlast (170) 9000 kg, (175) 9890 kg.
Entwicklungsstand: Der erste von sechs Prototypen nahm die Flugerprobung am 19. Februar 2002 auf. Am 14. Juni 2003 folgte die erste 175. Angesichts aufgetauchter Probleme während der Entwicklung verzögerte sich die Erstauslieferung auf Anfang 2004. Der Auftragsbestand der 170 beläuft sich aktuell auf 191 (+ Optionen), darunter Republic 39, US Airways 85. Ob letztere Gesellschaft alle Maschinen abnehmen wird, ist derzeit eher unwahrscheinlich. Von allen Ausführungen waren Ende 2005 über 100 Einheiten abgeliefert. Von der 175 sind mittlerweile 22 Einheiten bestellt.
Bemerkungen: Die EMBRAER 170 und die etwas längere 175 sind für das obere Ende des Regionalflugzeugmarktes vorgesehen. Bei beiden ist der «Double bubble-Rumpfquerschnitt» hervorzuheben, der einer «Acht» gleicht. Dies bringt für den Passagier erhebliche Komfortverbesserungen. Bei vier Sitzen nebeneinander sind Kopf- und Ellenbogenfreiheit wesentlich grösser. Im Übrigen entspricht die Konstruktion dem heute üblichen technischen Stand: Cockpit mit farbigen Flüssigkristall-Bildschirmen, digitale, elektronische Triebwerkkontrolle, Fly-by-Wire-Steuerung usw. Dank vier Türen sollen extrem kurze Bodenzeiten möglich sein. Auch bei der 170/175 werden zwei Ausführungen (STD und LR) angeboten, die sich durch verschiedene Reichweitenleistungen unterscheiden.
Hersteller: EMBRAER (Emprêsa Brasileira de Aeronautica SA), Sao José dos Campos, Brasilien.

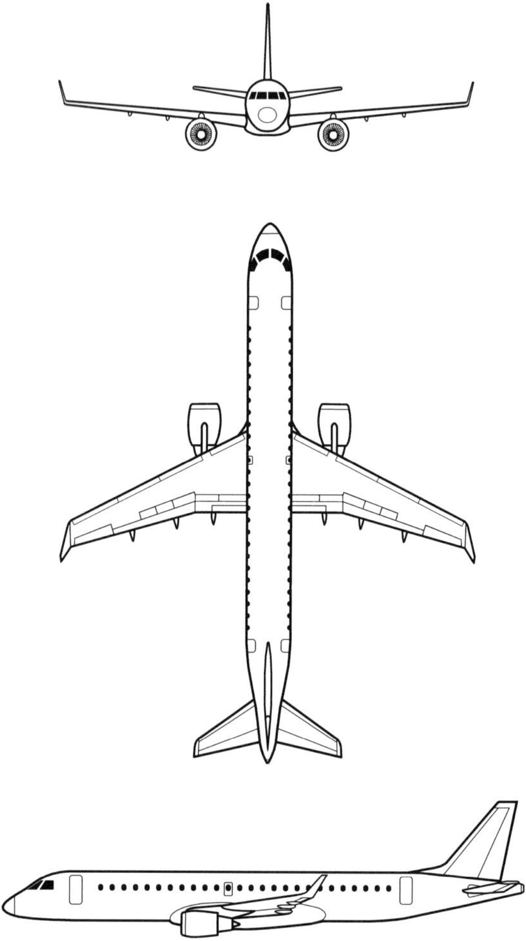

Abmessungen:
Spannweite einschliesslich Winglets (190/195) 28,72 m
Länge (190) 36,24 m, (195) 38,65 m
Höhe (190/195) 10,55 m
Flügelfläche 78,00 m²

EMBRAER 190/195

Ursprungsland: Brasilien.
Kategorie: Regionalverkehrsflugzeug.
Triebwerke: Zwei Mantelstromtriebwerke General Electric CF34-10E von 8391 kp (82,3 kN) Standschub.
Leistungen: Max. Reisegeschwindigkeit 870 km/h (Mach 0,82); Dienstgipfelhöhe 11890 m; Reichweite bei voller Passagierzahl (190) 3119 km, (190LR) 4074 km, (195) 3334 km.
Gewichte: Rüstgewicht (190) 28080 kg, (195) 28970 kg; max. Startgewicht (190) 46990 kg, (190 LR) 50300 kg, (195) 47990 kg, (195LR) 50790 kg.
Zuladung: Zwei Piloten und bei Zweiklassenbestuhlung (190) 94, (195) 96 bzw. mit Einheitsklasse (190) 98 bis 106 bzw. (195) 108 bis 118 Passagiere in Viererreihen mit Mittelgang. Max. Nutzlast (190) 12720 kg, (195) 13530 kg.
Entwicklungsstand: Am 29. Februar 2004 erhob sich das jüngste Muster 190 von EMBRAER erstmals in die Lüfte. Mit den Auslieferungen wurde im dritten Quartal 2005 begonnen. Der Auftragsbestand der Ausführung 190 beläuft sich aktuell auf 189 Einheiten (u.a. 100 JetBlue, 45 Air Canada, 10 COPA). Von der 195 (Erstflug am 7. Dezember 2004) wurden bisher 29 Maschinen bestellt.
Bemerkungen: Die EMBRAER 190 (siehe Dreiseitenriss) und 195 (siehe Foto) reihen sich am obersten Ende der neuen Generation von EMBRAER-Mustern ein. Während Rumpf und Rumpfquerschnitt gleich aufgebaut sind, unterscheiden sich die 190/195 zur 170/175 vorwiegend durch die Länge. Die Kabine misst bei der 190 25,76 m, bei der 195 28,17 m. Wegen der grösseren Rumpflänge musste das Seitenleitwerk leicht vergrössert werden, das Fahrwerk ist höher. Zudem handelt es sich bei diesen Mustern im Vergleich zur 170/175 um wesentlich schwerere Flugzeuge. Trotzdem besteht zu 95 % Teilegleichheit. Wie bei den Verkehrsflugzeugen von EMBARER üblich, gibt es auch von der 190 und 195 schwere Ausführungen LR, welche sich durch höhere Reichweitenleistungen auszeichnen. Der Hersteller prüft derzeit, von der Familie der 170 bis 195 auch eine Geschäftsreiseversion anzubieten.
Hersteller: EMBRAER (Emprêsa Brasileira de Aeronautica SA), Sao José dos Campos, Brasilien.

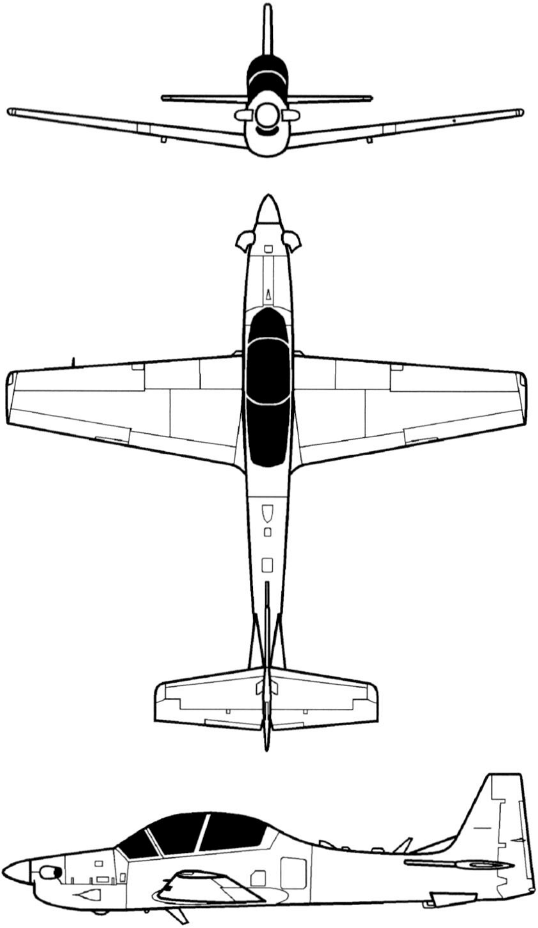

Abmessungen:
Spannweite 11,14 m
Länge 11,38 m
Höhe 3,97 m
Flügelfläche 19,40 m^2

EMBRAER EMB-314/A-29 SUPER TUCANO

Ursprungsland: Brasilien.
Kategorie (EMB-314): Zweisitziger Basis- und Fortgeschrittenentrainer bzw. (ALX) leichtes einsitziges (A-29) bzw. zweisitziges (AT-29) Erdkampf- und Überwachungsflugzeug.
Triebwerke: Eine Propellerturbine Pratt & Whitney Canada PT6A-68/3 von 1600 WPS (1190 kW) Leistung, reduziert auf 1250 WPS.
Leistungen: Höchstgeschwindigkeit 590 km/h; max. Reisegeschwindigkeit 535 km/h; Anfangssteiggeschwindigkeit 24 m/Sek; Dienstgipfelhöhe 10600 m; Aktionsradius auf 3300 m ohne Bewaffnung 750 km, bei voller Bewaffnung 540 km.
Gewichte: Leergewicht 3150 kg; normales Startgewicht 3600 kg, mit Waffenlast 5250 kg.
Bewaffnung (AT-29): Zwei in den Flügeln fest eingebaute 12,7 mm-Maschinengewehre sowie an fünf Aufhängestationen unter dem Rumpf und unter den Flügeln eine Vielzahl von Waffenlasten bis zu 1500 kg.
Entwicklungsstand: Der erste, bereits dem Serienstandard entsprechende Prototyp YA-29 nahm die Flugerprobung am 2. Juni 1999 auf. Die brasilianische Luftwaffe erhält ab 2003 25 A-29 und 51 AT-29 (+ 23 Optionen). Weitere Besteller: Kolumbien 25 und vorraussichtlich auch Domenikanische Republik 10 und Venezuela 12.
Bemerkungen: Die A-29/AT-29 sind die Erdkampf- bzw. COIN-Ausführungen des Trainers EMB-314 Super Tucano. Sie unterscheiden sich von ihm hauptsächlich durch eine missionsbezogene Ausrüstung: Elbit-Angriffs- und Navigationselektronik, GPS, Head-up-Display, Multifunktionsbildschirme, punktuell verstärkte Zellen- und Flügelstruktur. Das Cockpit ist gepanzert und druckbelüftet. Die Besatzung kann für Nachteinsätze mit **N**ight-**V**ision-**G**oggles (NVG) ausgestattet werden. Der Zweisitzer AT-29 verfügt zusätzlich über ein nach vorne gerichtetes FLIR-Gerät. So ausgerüstet, soll die A-29 primär zur Bekämpfung von Drogenschmugglern und Guerillas in der Amazonasregion eingesetzt werden. Dabei arbeitet sie mit der AEW-Version der EMB-145SA (siehe Ausgabe 2005) zusammen.
Hersteller: EMBRAER (Emprêsa Brasileira de Aeronautica SA), Sao José dos Campos, Brasilien.

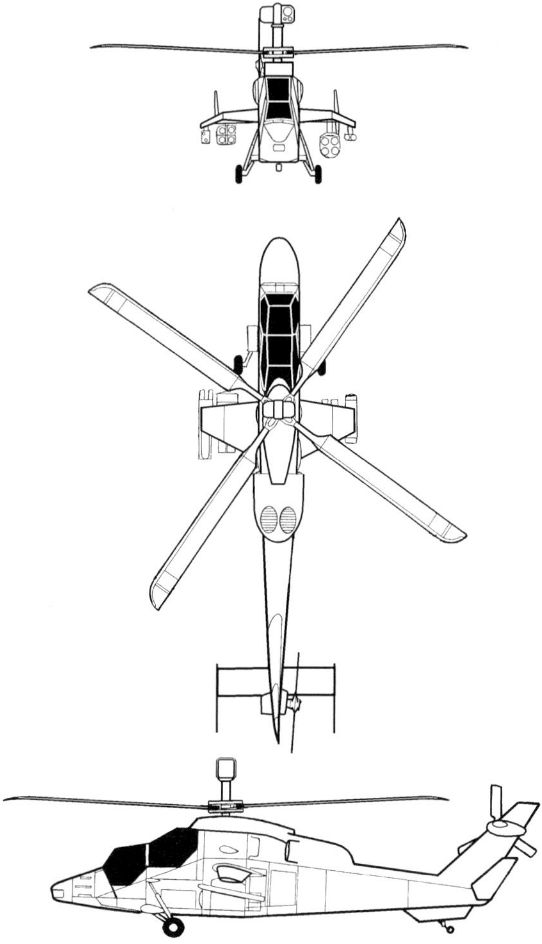

Abmessungen:
Rotordurchmesser 13,00 m
Rumpflänge (HAP mit Kanone) 15,00 m, (UHU) 14,08 m
Höhe inkl. Rotorkopf 3,83 m
inkl. Mastvisier 5,20 m

EUROCOPTER TIGER/UHU

Ursprungsland: Frankreich und Deutschland.
Kategorie: Zweisitziger Panzerabwehr- und Erdkampfunterstützungs-Hubschrauber.
Triebwerke: Zwei Gasturbinen MTU/Rolls-Royce/Turboméca MTR 390 von je 1285 WPS (958 kW) Leistung.
Leistungen (HAP): Höchstgeschwindigkeit 322 km/h; max. Reisegeschwindigkeit 287 km/h; max. Schrägsteiggeschwindigkeit 11,5 m/Sek; Dienstgipfelhöhe 3960 m; Schwebehöhe ohne Bodeneffekt 3500 m; Flugdauer 2,85 Std, Reichweite 800 km.
Gewichte: Leer 3400 kg; normales Startgewicht 5400 kg; max. Überlast 6100 kg.
Bewaffnung (HAP): 30-mm-Kanone, bis zu 68 ungelenkte Raketen und vier Mistral-Luft-Luft-Lenkwaffen; (HAC): Acht Panzerabwehrlenkwaffen HOT/Trigat und zwei Luft-Luft-Lenkwaffen Mistral; (UHU): Zwei Behälter für je 22 ungelenkte 67-mm-Raketen, zwei starre 12,7-mm-Kanonen unter den Flügeln und Stinger-Luft-Luft-Lenkwaffen.
Entwicklungsstand: Fünf Prototypen wurden gebaut, wovon der erste am 27. April 1991 erstmals flog. Die französische Luftwaffe erhält seit 2003 voraussichtlich 215 Maschinen (115 HAP und 100 HAC), die deutsche Armee 212 Uhu's. Bisher sind 206 Einheiten bestellt, davon je 80 für Deutschland und Frankreich. Weitere Besteller: Australische Armee 22, Spanien 24 einer verbesserten Ausführung (Lizenzbau).
Bemerkungen: Drei Versionen werden gebaut: HAP (**H**élicoptère d'**A**ppui **P**rotection = Feuerunterstützung, mit Schützenoptik mittels TV-/Infrarotkamera, Laser-Entfernungsmesser) und HAC (**H**élicoptère **A**nti-**C**har = Panzerabwehrhubschrauber zusätzlich mit Osiris-Sichtsystem) für die französische Armee und UHU (**U**nterstützungs**hu**bschrauber, Ausrüstung weitgehend baugleich mit der HAC-Version) für die deutsche Armee. Die Zelle besteht zu über 75 % aus Verbundwerkstoffen. Zur Abschirmung von elektromagnetischen Einflüssen und zum Blitzschutz sind grosse Teile des Rumpfes mit einem Kupfer-Bronze-Gitter versehen. Die Panzerabwehrversion erhält ein auf dem Rotormast montiertes Visier mit Kamera.
Hersteller: Eurocopter Hubschrauber GmbH, München, Deutschland.

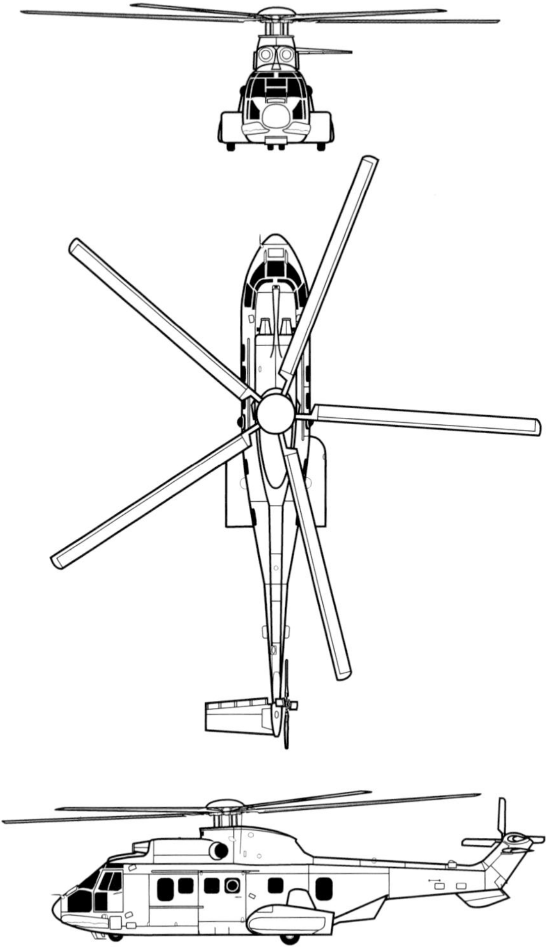

Abmessungen:
Rotordurchmesser 16,20 m
Rumpflänge inkl. Heckrotor 16,79 m
Höhe inkl. Rotorkopf 4,60 m
über Heckrotor 4,97 m

EUROCOPTER EC 225 SUPER PUMA / EC 725 COUGAR

Ursprungsland: Frankreich.
Kategorie: Mittelschwerer ziviler (EC 225) und militärischer (EC 725) Mehrzweckhubschrauber.
Triebwerke: Zwei Gasturbinen Turboméca Makila 2A von je 2100 WPS (1566 kW) Leistung.
Leistungen (EC 225): Höchstgeschwindigkeit 324 km/h; Reisegeschwindigkeit 275 km/h auf Meereshöhe; max. Schrägsteiggeschwindigkeit 8,7 m/Sek; Schwebehöhe mit Bodeneffekt 3670 m, ohne Bodeneffekt 2481 m; Dienstgipfelhöhe 5900 m; Reichweite mit Standardtreibstoffzuladung 871 km.
Gewichte (EC 225): Leer 5256 kg; max. Startgewicht 10400 kg, mit Aussenlast 11000 kg.
Zuladung: Zwei Piloten und 24 Passagiere oder 29 Soldaten; max. Nutzlast 5000 kg.
Entwicklungsstand: Erstflug des Prototyps am 6. Februar 1987. Von allen Super Puma-Varianten sind bis heute über 600 Maschinen in Auftrag gegeben worden, davon rund zwei Drittel durch 34 militärische bzw. paramilitärische Organisationen. Neueste Bestellungen: Algerien 2, Bulgarien 12, japanische Regierung 3 als VIP-Helikopter, japanische Coast Guard 2. Die EC 725 fliegt seit 27. November 2000. 14 Einheiten erhält die Armée de l'Air ab 2003.
Bemerkungen: Die verschiedenen derzeit angebotenen Ausführungen sind in der Ausgabe 1998 beschrieben. Neu hinzugekommen ist die EC 725 Cougar Mk.II+ Combat SAR (früher als AS 532Mk.II+ bezeichnet). Nebst Rettungsgeräten ist sie mit Suchscheinwerfer, FLIR und Wetterradar ausgerüstet. Eurocopter entwickelte als Konkurrenz zur S-92 (siehe Seiten 300/301) eine Weiterentwicklung EC 225 Super Puma Mk.III, die seit Ende 2001 verfügbar ist. Sie weist dank leistungsfähigeren Makila 2A-Triebwerken ein höheres max. Startgewicht auf. Das Kabinenvolumen nahm durch Vergrösserung des Rumpfes (Länge + 70 cm, Breite + 25 cm, Innenhöhe + 35 cm) um rund einen Viertel zu. Neu sind auch der fünfblättrige Rotor sowie das verstärkte Getriebe. Diese Ausführung wird für zivile wie auch für militärische Zwecke angeboten.
Hersteller: Eurocopter, Werk Marignane, La Courneuve, Frankreich.

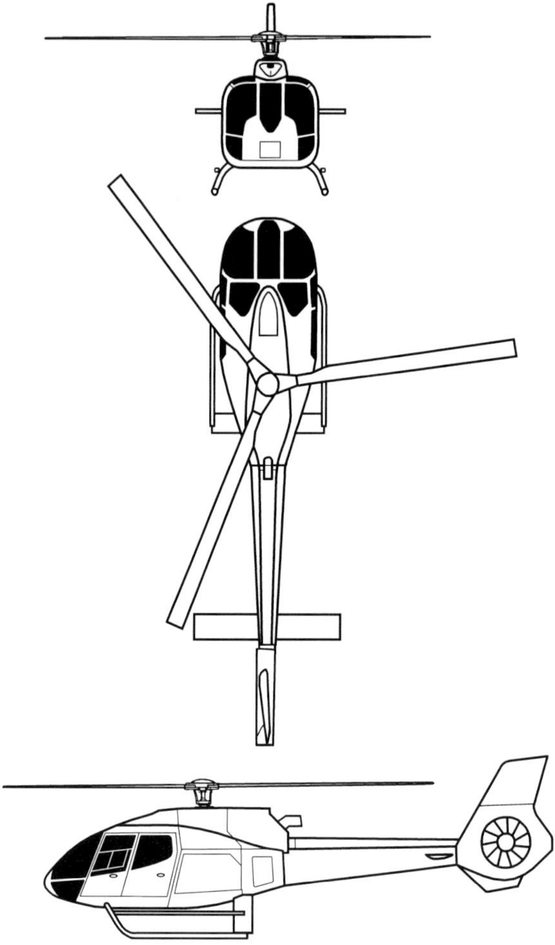

Abmessungen:
Rotordurchmesser 10,69 m
Rumpflänge (AS 350/355) 10,93 m, (EC130) 10,68 m
Höhe inkl. Rotorkopf (AS 350/355) 3,34 m
(EC130) 3,61 m über Heckleitwerk

EUROCOPTER AS 350B3/AS 355N/EC130

Ursprungsland: Frankreich.
Kategorie: Leichter ziviler und militärischer Mehrzweckhubschrauber.
Triebwerke: Eine Gasturbine Turboméca (AS 350B3/EC130) Arriel 2B1 von 847 WPS (632 kW), (AS 355N) zwei Gasturbinen Turboméca Arrius 1A von je 520 WPS (388 kW) Leistung.
Leistungen (AS 350B3): Höchstgeschwindigkeit 287 km/h; Reisegeschwindigkeit 248 km/h auf Meereshöhe; max. Schrägsteiggeschwindigkeit 10,1 m/Sek; Dienstgipfelhöhe 5250 m; Schwebehöhe mit Bodeneffekt 4140 m, ohne Bodeneffekt 3720 m; Reichweite 616 km.
Gewichte: Rüstgewicht (AS 350B3) 1332 kg, (AS 355N) 1437 kg, (EC130) 1370 kg; max. Startgewicht (AS 350B3) 2250 kg, mit Aussenlast 2800 kg, (AS 355N) 2600 kg, (EC130) 2400 kg.
Zuladung: Normal sechs, maximal sieben Personen. Max. Nutzlast extern (AS 350B3) 1400 kg, (AS 355N) 1134 kg, (EC130) 1160 kg.
Bewaffnung (AS 550A2): 20-mm-GIAT-Kanone, zwei 7,62-mm-Maschinengewehr- bzw. 68-mm-Raketenbehälter; (AS 550C2): HeliTOW-Antitank-Lenkwaffensystem Saab/Emerson.
Entwicklungsstand: Am 4. März 1997 absolvierte die leistungsfähigere Ausführung AS 350B3 den Erstflug. Von den zahlreichen bisher entwickelten Varianten sind über 3000 Exemplare (davon rund 430 B3) gebaut worden. Die AS 355 fliegt seit 1989 (über 800 gebaut), während die EC130 im Juni 1999 die Flugerprobung aufnahm. Von letzterer sind mittlerweile über 100 Einheiten abgeliefert.
Bemerkungen: Seit vielen Jahren in Produktion wurde diese Hubschrauberfamilie konsequent weiter entwickelt. Die aktuellsten Varianten sind: AS 350B3 mit gegenüber der Vorversion B2 verstärktem Getriebe, digitaler Triebwerksteuerung und Heckrotor mit vergrösserten Flächen zur Verbesserung der Steuerung. AS 355N ist die Parallelentwicklung zur AS 350, jedoch mit zwei Triebwerken. EC130 (siehe Foto und Dreiseitenriss): Obwohl von der AS 350 abgeleitet, handelt es sich hierbei weitgehend um eine Neukonstruktion. Am augenfälligsten ist der um 25 cm verbreiterte und etwas flachere Rumpf, welcher 23 % mehr Innenraum anbietet. Neu ist auch der Fenestron-Heckrotor.
Hersteller: Eurocopter, Werk Marignane, La Courneuve, Frankreich.

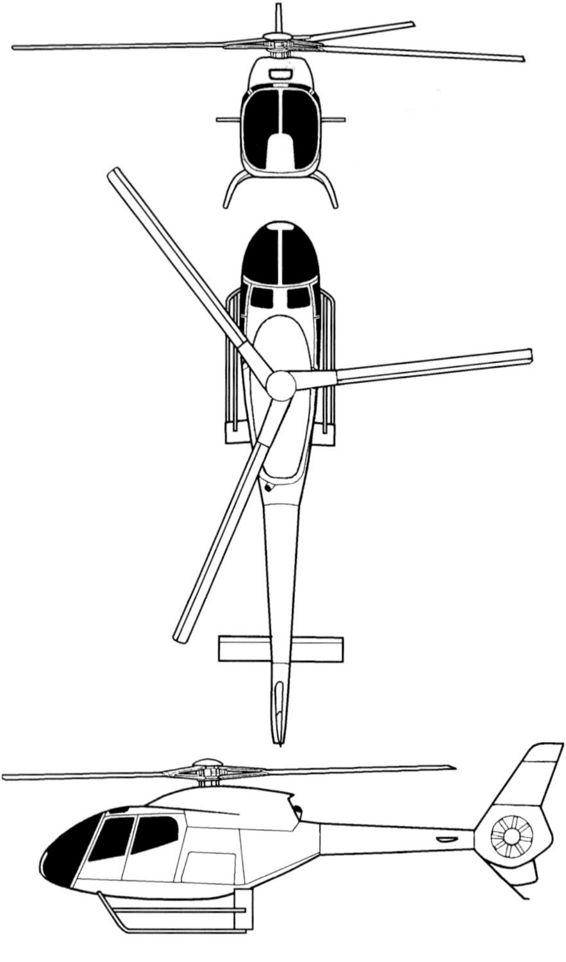

Abmessungen:
Rotordurchmesser 10,0 m
Rumpflänge ohne Rotor 9,60 m, inkl. Rotor 11,52 m
Höhe inkl. Rotorkopf 3,08 m
Höhe über Heckrotor 3,40 m

EUROCOPTER EC 120B COLIBRI

Ursprungsland: Frankreich, Volksrepublik China und Singapur.
Kategorie: Leichter Mehrzweckhubschrauber.
Triebwerke: Eine Gasturbine Turboméca Arrius 2F von 504 WPS (375 kW) Leistung.
Leistungen: Höchstgeschwindigkeit 278 km/h; max. Reisegeschwindigkeit 237 km/h; max. Steiggeschwindigkeit 7,36 m/Sek; Dienstgipfelhöhe 6100 m; Schwebehöhe mit Bodeneffekt 4145 m, ohne Bodeneffekt 3413 m; Reichweite 770 km.
Gewichte: Leergewicht 1043 kg; max. Startgewicht 1715 kg.
Zuladung: Pilot und vier Passagiere. Max. Nutzlast 750 kg.
Entwicklungsstand: Der erste von drei Prototypen ging am 9. Juni 1995 in die Luft. Aktuell beläuft sich der Bestellungsstand auf über 400 Einheiten. 55 EC120 hat die US Customs and Border Protection Agency bestellt, weitere 10 die Luftwaffe Singapurs. Seit Mitte 2004 wird die als HC 120 bezeichnete Colibri auch in China bei Hafei Aviation montiert. Die chinesische Armee wird voraussichtlich 50 Einheiten beschaffen.
Bemerkungen: An der Gemeinschaftsentwicklung EC 120 nehmen teil: Eurocopter als technischer Leiter mit 61 % Anteil (Konzeption, Elektronik, dynamische Komponenten, Endmontage und Zertifizierung), CATIC/HAMC 24 % (ganze Rumpfstruktur) und Singapore Technologies 15 % (Rumpfheck, Verbundwerkstoffstruktur, Kabinentüren). Die Zelle dieses nach neuesten Erkenntnissen konstruierten Hubschraubers besteht weitgehend aus Verbundwerkstoffen. Dank des Spheriflex-Hauptrotors und des neu entwickelten ummantelten Fenestron-Heckrotors werden ausgezeichnete Flugleistungen bei geringem Geräuschpegel erreicht. Die hohen Sicherheitsanforderungen werden u.a. durch bruchsichere Sitze und Kraftstofftanks erfüllt. Mit der EC 120 deckt man das untere Ende des Hubschraubermarktes ab (Kaufpreis rund US$ 800000.--). Im englischsprachigen Raum wird die EC 120 statt Colibri als Hummingbird bezeichnet.
Hersteller: Eurocopter, CATIC/HAMC (China) und Singapore Aerospace, Paris, Frankreich.

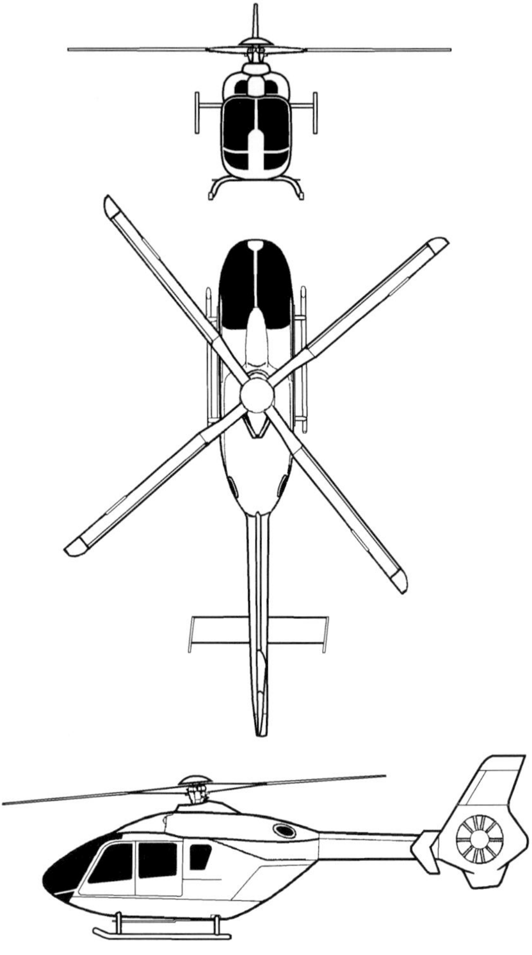

Abmessungen:
Rotordurchmesser 10,20 m
Rumpflänge 10,21 m
Höhe inkl. Rotorkopf 3,35 m
Höhe über alles 3,62 m

EUROCOPTER (MBB) EC 135 T2

Ursprungsland: Deutschland.
Kategorie: Leichter Mehrzweckhubschrauber.
Triebwerke: Zwei Gasturbinen (EC 135 T2) Turboméca Arrius 2B2 von je 633 WPS (472 kW) oder (EC 135 P2) Pratt & Whitney Canada PW206B2 von je 621 WPS (463 kW) Leistung.
Leistungen (Arrius 2B2): Höchstgeschwindigkeit 287 km/h; max. Reisegeschwindigkeit 262 km/h auf Meereshöhe; ökonom. Reisegeschwindigkeit 239 km/h; max. Schrägsteiggeschwindigkeit 11,7 m/Sek; Dienstgipfelhöhe 6095 m; Schwebehöhe mit Bodeneffekt 4570, ohne 3880 m; max. Reichweite 640 km; max. Flugdauer mit Zusatztank 4,48 Std.
Gewichte: Leer 1460 kg; max. Startgewicht mit Aussenlast 2900 kg.
Zuladung: Sechs bis acht Personen; bei Rettungseinsätzen zwei Tragbahren und zwei Helfer; max. Nutzlast 1296 kg.
Entwicklungsstand: Der erste Prototyp EC 135 fliegt seit 15. Februar 1994; Beginn der Ablieferungen am 31. Juli 1996. Bisher sind über 400 Hubschrauber gebaut worden, darunter viele für Polizeicorps und Rettungsorganisationen aus der ganzen Welt. So beschafft die spanische Guardia Civil dafür 31 EC 135P-2. Der Bundesgrenzschutz erhält insgesamt 21, die Bundeswehr 15 EC 135/635. Auftraggeber der EC 635: Irland 2, Jordanien 13, Schweiz 20 EC 635.
Bemerkungen: Die EC 135 folgt neuesten Technologieprinzipien: Haupt- und Heckrotor aus Faserverbundwerkstoffen ohne jegliche Gelenke; Übertragungswelle mit speziellen Vibrationsdämpfern, Zellenstruktur aus Kunststoff, Fenestron-Heckrotor usw. Der Rotorkopf besitzt keine Blattlager mehr. Die Verstellung der einzelnen Rotorblätter geschieht durch elastische Verformung der Kunststoff-Blattwurzel. Rotornabe und Rotormast sind aus einem einzigen Stück geschmiedet. EC 135 für Polizeiaufgaben sind meistens wie folgt ausgerüstet: Suchscheinwerfer, Nachtsichtausrüstung, TV-Kamera und spezielle Navigationsmittel. Die militärische Ausführung heisst EC 635, ist - abgesehen von Zusatzausrüstungen - mit der zivilen jedoch weitgehend identisch. Neu ist die EC 135 T2, welche generell bessere Leistungswerte aufweist.
Hersteller: Eurocopter Hubschrauber, München, Deutschland.

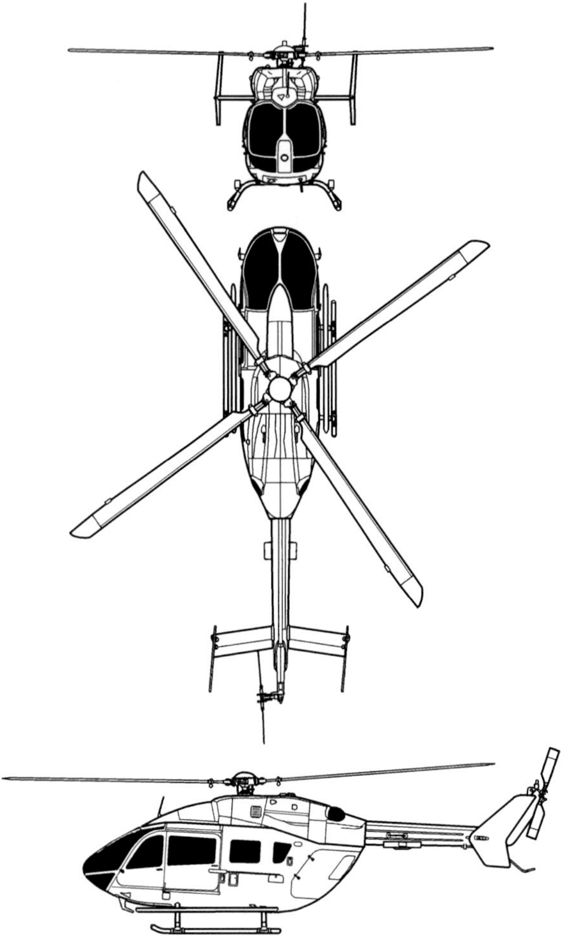

Abmessungen:
Rotordurchmesser 11,00 m
Rumpflänge 10,19 m
Höhe inkl. Rotorkopf 3,95 m

EUROCOPTER (MBB/KAWASAKI) EC 145

Ursprungsland: Deutschland und Japan.
Kategorie: Mehrzweckhubschrauber.
Triebwerke: Zwei Gasturbinen Turboméca Arriel 1E2 von je 750 WPS (550 kW) Leistung.
Leistungen: Höchstgeschwindigkeit 270 km/h auf Meereshöhe; max. Reisegeschwindigkeit 245 km/h; max. Schrägsteiggeschwindigkeit 8,4 m/Sek; Dienstgipfelhöhe 5300 m, Schwebehöhe mit und ohne Bodeneffekt 2130 m; Reichweite mit normaler Treibstoffzuladung 670 km; Einsatzdauer 3,30 Std.
Gewichte: Leergewicht 1742 kg; norm. Startgewicht 3350 kg; max. Startgewicht 3550 kg.
Zuladung: Acht bis zwölf Personen inkl. Piloten; bei EMS-Einsätzen zwei liegende Verletzte und zwei Pfleger; max. Nutzlast 1500 kg.
Entwicklungsstand: Erstflug der EC 145 am 12. Juni 1999. Die Ablieferungen begannen Mitte 2001. Aktuell sind insgesamt rund 60 Einheiten in Auftrag gegeben worden, darunter Französische Sécurité Civile 32, Gendarmerie 8, ADAC 2, REGA 5. Von den früheren Varianten BK117 sind bisher über 300 Exemplare weltweit in Einsatz gelangt.
Bemerkungen: Die von der BK117 abgeleitete EC 145 Ausführung weist wesentliche Verbesserungen auf. Völlig neu sind die Avionik und das Cockpit mit NVG-Ausrüstung. Die Innengrösse der Kabine nahm durch Verlängerung des Rumpfes um 40 cm und Verbreiterung um 10 cm deutlich zu. Damit und wegen der einfachen Lademöglichkeit via Hecktüren eignet sich diese Version besonders für Rettungseinsätze. Dank höherem Abfluggewicht sind bessere Reichweitenleistungen erzielbar. Das Cockpit übernimmt wesentliche Elemente der EC 135 (siehe Seiten 170/171). Auch formal ist besonders der Frontbereich diesem Muster sehr ähnlich. Der Anschaffungspreis beläuft sich auf rund 5,9 Mio Euro. Der Co-Produzent Kawasaki vertreibt dieses Muster unter dem Namen BK117C2. Seit September 2005 fliegt ein Erprobungsträger mit elektrisch betätigten kleinen Klappen an den Rotorspitzen zur Reduktion von Lärm und Vibration.
Hersteller: Eurocopter Hubschrauber, MBB Division, München, Deutschland, sowie Kawasaki Heavy Industries Ltd., Gifu, Japan.

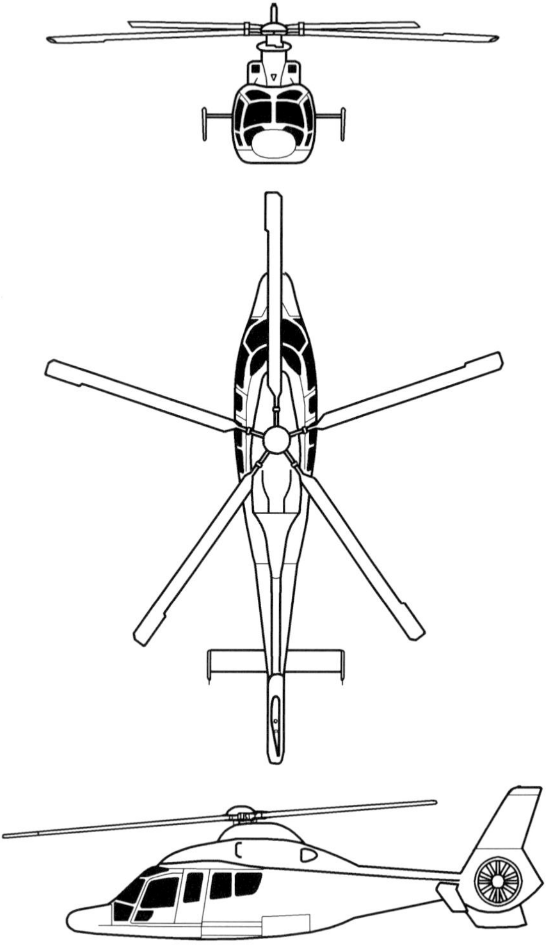

Abmessungen:
Rotordurchmesser 12,60 m
Rumpflänge 12,71 m
Höhe inkl. Rotorkopf 3,64 m
inkl. Seitenleitwerk 4,35 m

EUROCOPTER EC 155 B1

Ursprungsland: Frankreich.
Kategorie: Ziviler und militärischer Mehrzweckhubschrauber.
Triebwerke: Zwei Gasturbinen Turboméca Arriel 2C von je 850 WPS (636 kW) Leistung.
Leistungen: Höchstgeschwindigkeit auf Meereshöhe 324 km/h; max. Reisegeschwindigkeit 280 km/h; ökonom. Reisegeschwindigkeit 261 km/h; max. Schrägsteiggeschwindigkeit 8,7 m/Sek; Dienstgipfelhöhe mindestens 4500 m; Schwebehöhe mit Bodeneffekt 4155 m, ohne Bodeneffekt 3291 m; Reichweite 855 km auf Meereshöhe, mit Zusatztanks 982 km. Max. Flugdauer mit Zusatztanks 5,0 Std.
Gewichte: Leer 2624 kg; max. Startgewicht mit interner Nutzlast 4950 kg, mit externer Nutzlast 5000 kg.
Zuladung: Ein bis zwei Piloten und max. 13 Passagiere bzw. 14 Soldaten; max. Nutzlast 1994 kg.
Entwicklungsstand: Die EC 155 fliegt seit 17. Juni 1997. Bisher sind etwa 65 Einheiten an 30 Betreiber abgeliefert worden, darunter an Bundesgrenzschutz 15 und an Baden-Württemberg 2. Neueste Bestellerin: Thailändische Polizei 2, Principauté de Monaco 1.
Bemerkungen: Die EC 155 ist eine wesentlich weiterentwickelte Ausführung der AS 365N3 (siehe Ausgabe 2005). Sie zeichnet sich vor allem durch eine um 30 cm verlängerte Kabine aus, die zudem 18 cm höher ist. Das Innenvolumen nahm sogar um 40 % zu. Ebenfalls deutlich grösser wurde der Gepäckraum. Als Antrieb dienen zwei leistungsgesteigerte Arriel 2C-Triebwerke mit einem neuen faltbaren Spheriflex-Fünfblattrotor, welcher einen um 60 cm grösseren Durchmesser aufweist. Der Zehnblatt-Fenestron-Heckrotor wurde zur Lärmreduktion ebenfalls modifiziert. Das Cockpit ist vollständig digitalisiert. Die Grundausführung soll etwa US$ 5,5 Mio. kosten. Gegenwärtig prüft Eurocopter eine leistungsfähigere Version EC 155 HP. Diese soll auch die Basis für eine militärische Ausführung EC 655 sein. Für diese sind bisher keine Aufträge eingegangen.
Hersteller: Eurocopter (Aérospatiale), Werk Marignane, La Courneuve, Frankreich.

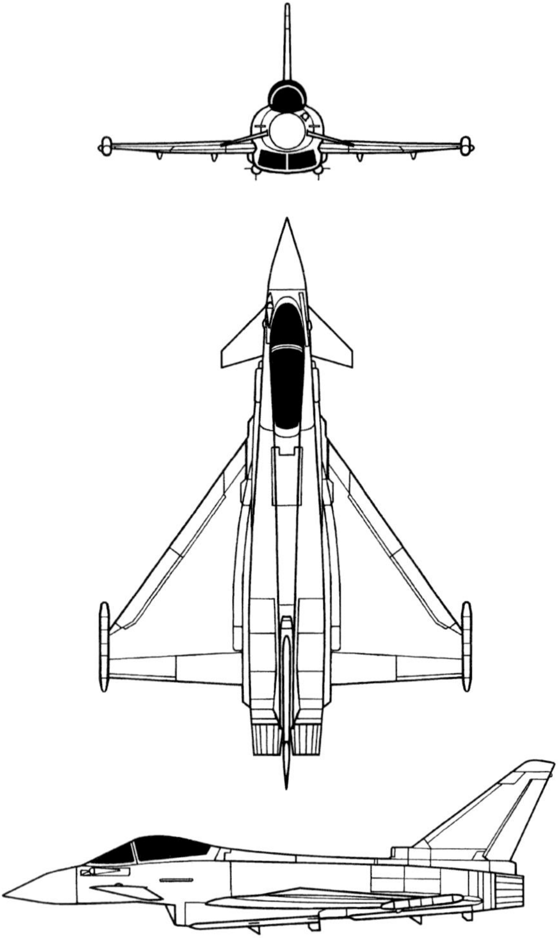

Abmessungen:
Spannweite 10,95 m
Länge 15,96 m
Höhe 5,28 m
Flügelfläche 50,00 m²

EUROFIGHTER EJ2000 TYPHOON

Ursprungsland: Grossbritannien, Deutschland, Italien und Spanien.
Kategorie: Abfang- und Luftüberlegenheitsjäger.
Triebwerke: Zwei Mantelstromtriebwerke Eurojet EJ200 von je rund 6100 kp (60 kN) Standschub ohne und 9185 kp (90 kN) mit Nachbrenner.
Leistungen: Höchstgeschwindigkeit in grosser Höhe Mach 2,0+, in Bodennähe 1390 km/h; Steigzeit auf 10000 m ca. 2 Min; Dienstgipfelhöhe 16765 m; Aktionsradius mit je zwei Luft-Luft-Lenkwaffen AIM-120 und AIM-132 inkl. Aussentanks 1390+ km; Überführungsreichweite mit zwei Aussentanks 3700 km.
Gewichte: Leer 10995 kg; max. Startgewicht 23000 kg.
Bewaffnung: Eine 27-mm-Mauser-Kanone im Rumpf und beispielsweise eine Zusammensetzung von sechs Kurzstrecken-Luft-Luft-Lenkwaffen AIM-132 und vier Mittelstrecken-Luft-Luft-Lenkwaffen AIM-120. Max. Waffenlast 6500 - 8000 kg an 13 Waffenstationen.
Entwicklungsstand: Der erste von sieben Prototypen nahm am 27. März 1994 die Flugerprobung auf, gefolgt vom ersten Serienmuster im Laufe von 2002. 638 Einheiten sind derzeit für folgende Länder geplant: Grossbritannien 232, Deutschland 180, Italien 121, Spanien 87. Am ersten Los von 148 Maschinen wird derzeit gearbeitet. Ein zweites Los von 236 EJ2000 wurde am 17. Dezember 2004 freigegeben. 2003 sind die ersten Serienmaschinen abgeliefert und 2004 die ersten Einheiten aufgestellt worden. Bis Ende 2005 waren rund 60 Eurofighter abgeliefert. Österreich beschafft 18 Einheiten, Saudi Arabien voraussichtlich 48.
Bemerkungen: Die EJ2000 Typhoon wird als Ein- wie als Doppelsitzer angeboten. Die ersten Einheiten sind vorerst für Abfangaufgaben konfiguriert. Erst ab 2004 stand der gesamte Leistungsumfang zur Verfügung. Für den Exportmarkt prüft Eurofighter eine Ausführung mit sog. konformen Zusatztanks links und rechts am Rumpf oberhalb des Flügels. Damit liesse sich die Einsatzreichweite erheblich vergrössern. Das Zusatzgewicht würde durch um 15 % leistungsstärkere Triebwerke ausgeglichen. Als weitere Optionen erwägt man schwenkbare Austrittsdüsen und ein überarbeitetes Cockpit mit Voice-Control (= sprachgesteuerte Flugzeugführung).
Hersteller: Eurofighter, München, Deutschland.

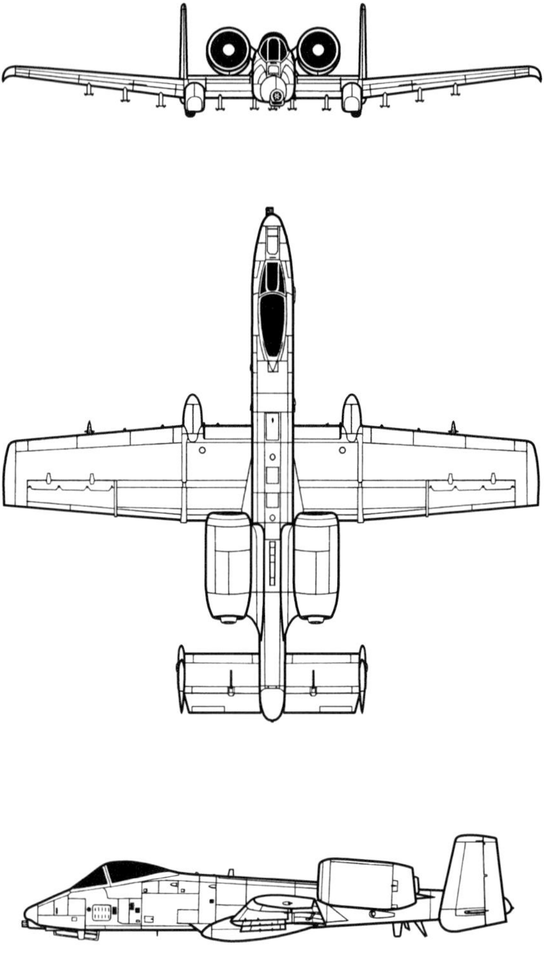

Abmessungen:
Spannweite 17,53 m
Länge 16,25 m
Höhe 4,47 m
Flügelfläche 47,01 m^2

FAIRCHILD A-10C THUNDERBOLT

Ursprungsland: USA.
Kategorie: Einsitziges Erdkampfflugzeug für Nahunterstützung.
Triebwerke: Zwei Mantelstromtriebwerke General Electric TF34-GE100 zu 4112 kp (40,32 kN) Standschub.
Leistungen: Maximalgeschwindigkeit 697 km/h auf Meereshöhe bei 17299 kg Fluggewicht, 721 km/h auf 3050 m; Anfangssteiggeschwindigkeit 27,1 m/Sek; Dienstgipfelhöhe 10575 m; Aktionsradius mit einer Bombenlast von 4327 kg und 531 kg 30-mm-Munition und einer Wartezeit im Zielgebiet von 2 Std, 460 km; Überführungsreichweite 4000 km.
Gewichte: Leergewicht 9006 kg; max. Startgewicht 22221 kg.
Bewaffnung: Eine 7-läufige 30-mm-Revolverkanone General Electric GAUL-8 Avenger. Elf externe Aufhängestationen für max. 4327 kg Waffen bei vollen internen Treibstofftanks und 531 kg Kanonenmunition, max. 7250 kg.
Entwicklungsstand: Die überarbeitete A-10C fliegt seit 20. Januar 2005. Mitte 2006 sollen die ersten an die USAF abgeliefert werden. Der ursprüngliche Prototyp YA-10A flog erstmals am 10. Mai 1972. Bis 1986 wurden 825 Maschinen an die USAF abgeliefert. Voraussichtlich werden rund 350 noch im Einsatz stehende A-10A in die Version A-10C umgebaut.
Bemerkungen: Die Umbauten werden vom ALC der USAF durchgeführt, nachdem der ursprüngliche Hersteller nicht mehr existiert. Hauptzweck des Modernisierungsprogramms ist, die A-10 für das Mitführen von Präzisionswaffen aufzudatieren. Wesentliche Verbesserungen sind im Cockpit vorgesehen. Die A-10C verfügt über ein digitales Aussenlast-Managementsystem und kann moderne Navigations- und Zielsuchgeräte mitführen. Zu einem späteren Zeitpunkt könnten auch leistungsfähigere Triebwerke eingebaut werden. Ein Entscheid darüber ist aber noch nicht gefallen. Derzeit prüft man, eine Anzahl nicht mehr gebrauchter A-10 zu Wasserbombern umzubauen. Dazu würde unter dem Rumpf ein Wassertank installiert.
Hersteller (ursprünglich): Fairchild Industries Inc., Fairchild Republic Division, Farmingdale, Long Island, New York, USA; (Umbau) Ogden Air Logistic Center (ALC), Ogden, Utah, USA.

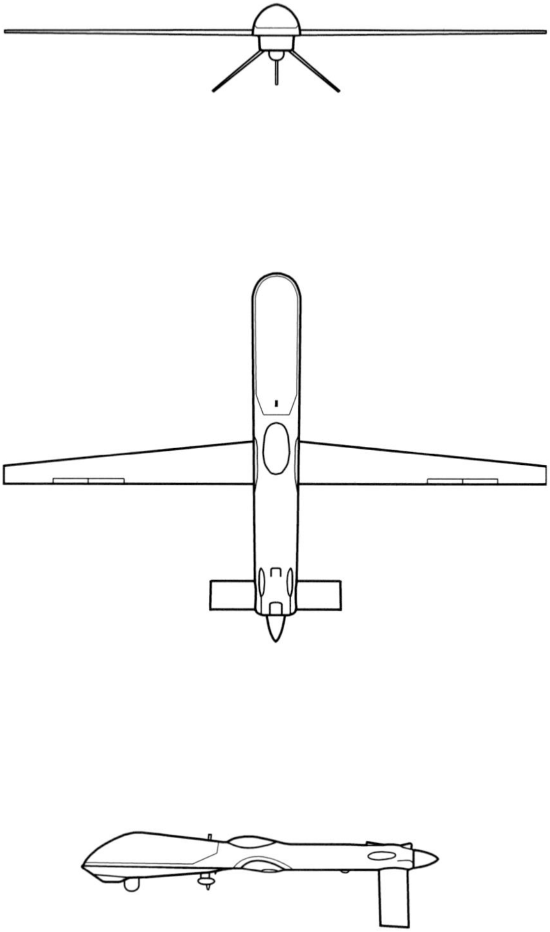

Abmessungen:
Spannweite 14,84 m
Länge 8,23 m

GENERAL ATOMICS RQ-1A/MQ-1L PREDATOR

Ursprungsland: USA.
Kategorie: Unbemannte Drone für Aufklärungs- und ELINT-Aufgaben in mittleren Höhen.
Triebwerke: Ein Kolbenmotor mit Schubpropeller Rotax 914 TC von 106 PS (79 kW) Leistung.
Leistungen: Höchstgeschwindigkeit ca. 225 km/h; Dienstgipfelhöhe 7600 m; Reichweite 3700 km; Flugdauer 500 km von der Basis entfernt 24 Std; max. Flugdauer 40 Std.
Gewichte: Normales Startgewicht 850 kg, max. Startgewicht ca. 1100 kg.
Zuladung: Aufklärungssysteme im Gesamtgewicht von 204 kg.
Bewaffnung (MQ-1L): AGM-114 Hellfire-Panzerabwehr-Lenkwaffen an zwei Flügelstationen.
Entwicklungsstand: Die erste Predator wurde im August 1994 vorgestellt. Rund 60 RQ-1A/MQ-1L befinden sich seit 1995 beim 11. Reconnaissance Wing der USAF im Einsatz. Weitere rund 80 Einheiten sollen nachbeschafft werden. Auch die USN und die CIA planen die RQ-1A zu bestellen. Italien erhielt fünf Systeme. Die 100. RQ-1A wurde im Februar 2004 abgeliefert.
Bemerkungen: Die RQ-1A ist eine verbesserte Version des Ausgangsmusters GNAT-750, welches nur vereinzelt für Spionage-Aufgaben der CIA Verwendung findet. Das eingebaute «Synthetische Breitband-Aufklärungsradar» (SAR) ist mit einer Datenverbindung via Satellit ausgerüstet. Ein hoch auflösendes Videoaufnahmegerät ermöglicht zudem den Kommandanten von Bodentruppen, via Data-link Real-Time-Informationen vom Feindgebiet zu beschaffen. Die Predator kann unter allen Wetterbedingungen Einsätze fliegen. Von der Auslegung ist sie besonders für den Langsamflug auf mittleren Höhen optimiert. Eine Version dieses Typs verfügt über spezialisierte Radio-Frequenz-Systeme, um ELINT-Aufgaben zu erfüllen. Seit 2005 befindet sich die für leichte bewaffnete Einsätze geeignete Ausführung MQ-1L im Einsatz. Die US Army hat entschieden, eine Weiterentwicklung Warrior zu beschaffen (voraussichtlich bis zu 132 Systeme), ausgerüstet mit einem 135 PS starken Centurion-Dieselmotor von Thielert.
Hersteller: General Atomics Aeronautical Systems Inc., San Diego, USA.

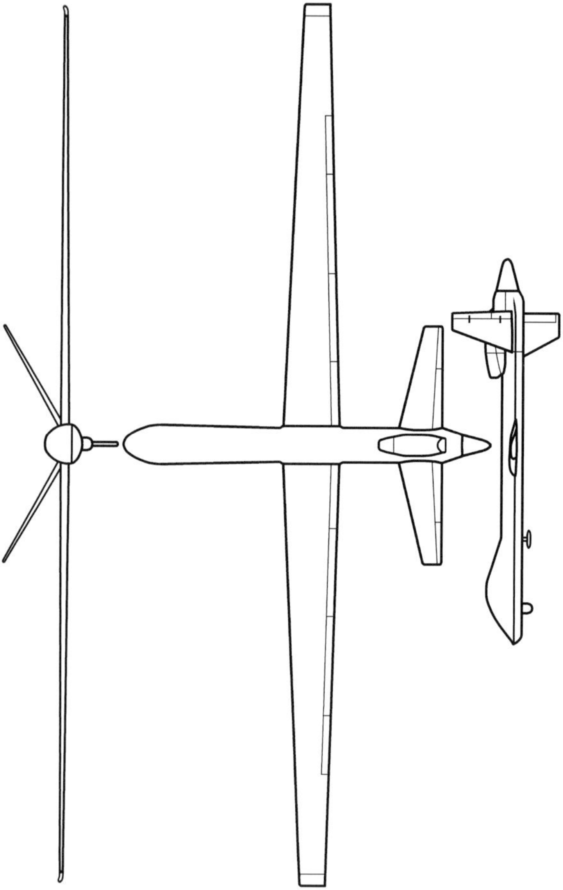

Abmessungen:
Spannweite 20,12 m
Länge 10,97 m

GENERAL ATOMICS MQ-9A PREDATOR B

Ursprungsland: USA.
Kategorie: Unbemannte Drone für Erdkampf, Aufklärungs- und ELINT-Aufgaben in grossen Höhen.
Triebwerke: Eine Propellerturbine Honeywell TPE331-10T von noch unbekannter Leistung.
Leistungen: Höchstgeschwindigkeit ca. 410 km/h; Dauergeschwindigkeit 370 km/h; Dienstgipfelhöhe über 15400 m; Reichweite 4000 km; max. Flugdauer mehr als 30 Std.
Gewichte: Max. Startgewicht 4550 kg.
Zuladung/Bewaffnung: Aufklärungssysteme im Gesamtgewicht von intern 363 kg, extern 1361 kg. Es können beispielsweise bis zu zehn Hellfire-Panzerabwehrlenkwaffen oder sechs 225-kg-GPS-Bomben mitgeführt werden.
Entwicklungsstand: Im Februar 2001 startete ein Erprobungsträger zum Erstflug. 2002 bestellte die USAF zwei operationelle Prototypen (2005 abgeliefert). Vorläufigen Plänen zufolge werden etwa 60 beschafft. Unter der Bezeichnung Mariner prüft die USN den Erwerb einer MQ-9-Ausführung für Seeüberwachung. Eine Predator B erhält die US Customs and Border Protection (CBP).
Bemerkungen: Das neue Triebwerk bietet gegenüber dem Ausgangsmuster Predator A in allen Bereichen wesentlich bessere Flugleistungen an. Zudem ist die Nutzlast deutlich höher, es können u.a. auch mehr Waffen mitgeführt werden. Der Flügel ist gegenüber dem Ausgangsmuster RQ-1 (siehe Seiten 180/181) deutlich grösser, der Rumpf dicker. Er kann dadurch mehr Treibstoff aufnehmen. Während die RQ-1 vorwiegend für Aufklärungsaufgaben vorgesehen ist, soll die MQ-9 vorab als Erdkämpfer/Aufklärer in besonderen Situationen eingesetzt werden. Dazu verfügt sie u.a. über ein synthetisches Breitband-Radar APY-8 Lynx mit hoher Auflösung. Unter der Bezeichnung Altair gibt es auch eine Ausführung für zivile Überwachungs- und Forschungsaufgaben. Die NASA setzt diese Weiterentwicklung der Predator B für Forschungsaufgaben in grossen Höhen ein. Sie verfügt über einen verlängerten Flügel mit rund 26 m Spannweite und erreicht rund 15800 m. Das maximale Startgewicht beläuft sich auf 3266 kg.
Hersteller: General Atomics Aeronautical Systems Inc., San Diego, USA.

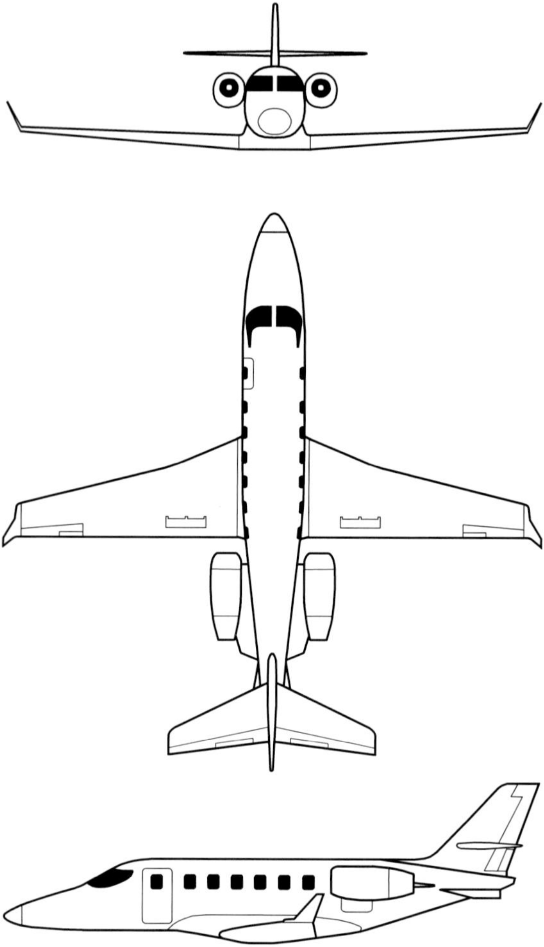

Abmessungen:
Spannweite 14,86 m
Länge 14,81 m
Höhe 5,12 m

GROB G180 sp^n

Ursprungsland: Deutschland.
Kategorie: Firmen- und Mehrzweckflugzeug.
Triebwerke: Zwei Mantelstromtriebwerke Williams International FJ44-3A von je 1270 kp (12,44 kN) Standschub.
Leistungen (nach Angaben des Herstellers): Max. Reisegeschwindigkeit 754 km/h auf 10060 m; Anfangssteiggeschwindigkeit 22,2 m/Sek; Dienstgipfelhöhe 12497 m; Reichweite bei maximaler Nutzlast 2371 km, mit IFR-Reserven 3334 km.
Gewichte: Max. Startgewicht 6300 kg.
Zuladung: Ein oder zwei Piloten und bis zu neun Passagiere. Die Kabine kann aber auch für eine Kombination von Passagier- und Frachtbeladung eingerichtet werden; max. Nutzlast 1130 kg.
Entwicklungsstand: Als grosse Überraschung wurde der Prototyp G180 sp^n erstmals an der Luftfahrtausstellung 2005 in Paris vorgestellt. Die Flugerprobung begann am 20. Juli 2005. Ein zweiter Prototyp folgt im März 2006. Bisher sind keine Aufträge bekannt gegeben worden.
Bemerkungen: Im heiss umkämpften Markt der leichten Düsen-Geschäftsflugzeuge will die G180 sp^n ebenfalls mitmachen. Vom Konzept her entfernt man sich etwas vom üblichen Firmenflugzeugangebot und versteht die sp^n als Mehrzweckflugzeug, welches u.a. auch für leichte Frachttransporte geeignet ist. Deshalb ist die Einstiegtüre mit 0,84 m breiter als in dieser Kategorie üblich. Grob hat sich bemüht, eine möglichst grosse Kabine zu konzipieren. Sie ist 5,10 m lang, 1,52 m breit und 1,64 m hoch. Zelle und Flügel bestehen aus Verbundwerkstoffen. Die sp^n ist eine robuste und dank Composite-Bauweise leichte Konstruktion. Sie weist kurze Start- und Landeeigenschaften auf. Eingebaut wird das Avionik-System Apex von Honeywell mit je zwei Primär- und Multifunktionsdisplays. Aus der sp^n soll ein Höhenforschungsflugzeug G 600 Hale abgeleitet werden, ausgerüstet mit einem neuen Tragflügel und verlängertem Rumpf. Es könnte Höhen bis zu 20150 m erreichen.
Hersteller: Grob Luft- und Raumfahrt GmbH & Co. KG., Tussenhausen-Mattsies, Deutschland.

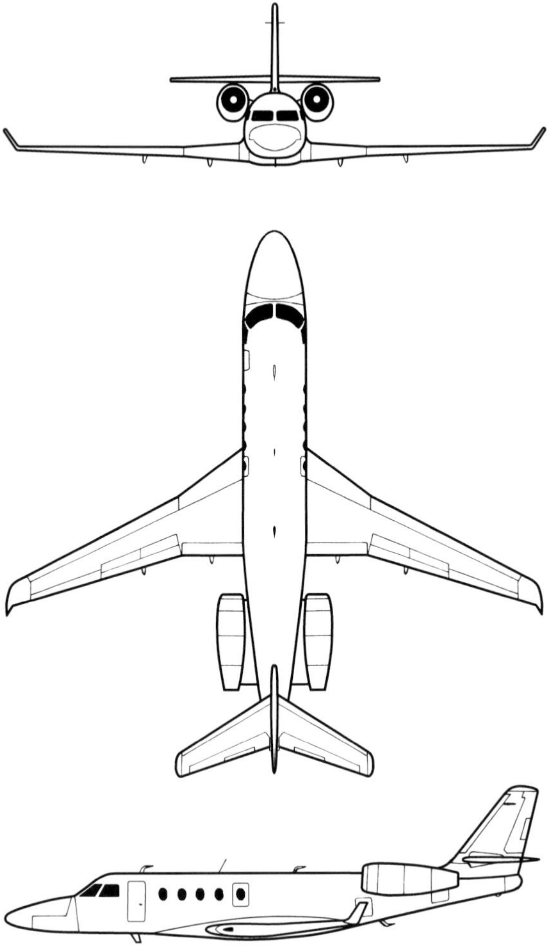

Abmessungen:
Spannweite 17,01 m
Länge 17,30 m
Höhe 5,69 m

Gulfstream G 150

Ursprungsland: Israel/USA.
Kategorie: Mittelstrecken-Firmenflugzeug.
Triebwerke: Zwei Mantelstromtriebwerke Honeywell TFE731-40AR-200G von je 1928 kp (18,91 kN) Standschub.
Leistungen (nach Angaben des Herstellers): Max. Reisegeschwindigkeit Mach 0,85, Langstreckenreisegeschwindigkeit Mach 0,75; Dienstgipfelhöhe 13716 m; Reichweite mit vier Passagieren bei Mach 0,75 5000 km.
Gewichte: Leergewicht 6850 kg; max. Startgewicht 11795 kg.
Zuladung: Zwei Mann Cockpitbesatzung und je nach Innenausstattung zwischen sechs und acht Passagiere. Max. Nutzlast bei vollen Treibstofftanks 360 kg.
Entwicklungsstand: Der erste von zwei Prototypen nahm die Erprobung am 3. Mai 2005 auf, der zweite folgte am 2. September 2005. 2006 sollen 16, ab 2007 jährlich 24 G 150 gebaut werden. Der Auftragsbestand beläuft sich gegenwärtig auf 50 Einheiten (+ Optionen). Die Vorgängerin G 100 (siehe Ausgabe 2002) wurde in kleinen Stückzahlen bis Ende 2005 gebaut.
Bemerkungen: Das Ausgangsmuster der G 150, die G 100, war für die ausgezeichneten Flugleistungen bekannt. Sie besass jedoch nach heutigen Ansprüchen eine zu enge Kabine. Diesem Nachteil will die G 150 begegnen. Bei etwa gleichen Leistungsparametern wurde ein völlig neuer Rumpf konstruiert. Er ist etwa 30 cm breiter und 5 cm höher, so dass sich bei fast quadratischem Querschnitt Innenmasse von 1,75 x 1,75 m ergeben. Auch die Platzverhältnisse im Cockpit wurden verbessert. Der Flügel ist von der G 100 übernommen, die Spannweite ist jedoch wegen des voluminöseren Rumpfes entsprechend grösser. Wie bei vielen Konkurrenzmustern gelangt auch bei der G 150 die Avionik Rockwell Collins Pro Line 21 mit vier Flüssigkristall-Displays zum Einbau. Die Fertigung erfolgt bei der israelischen IAI, während die Inneneinrichtung in den USA montiert wird. Gulfstream gibt als Basispreis US$ 13,5 Mio. an.
Hersteller: Gulfstream Aerospace Corp., Savannah, Georgia, USA und Israel Aircraft Industries Ltd., Israel.

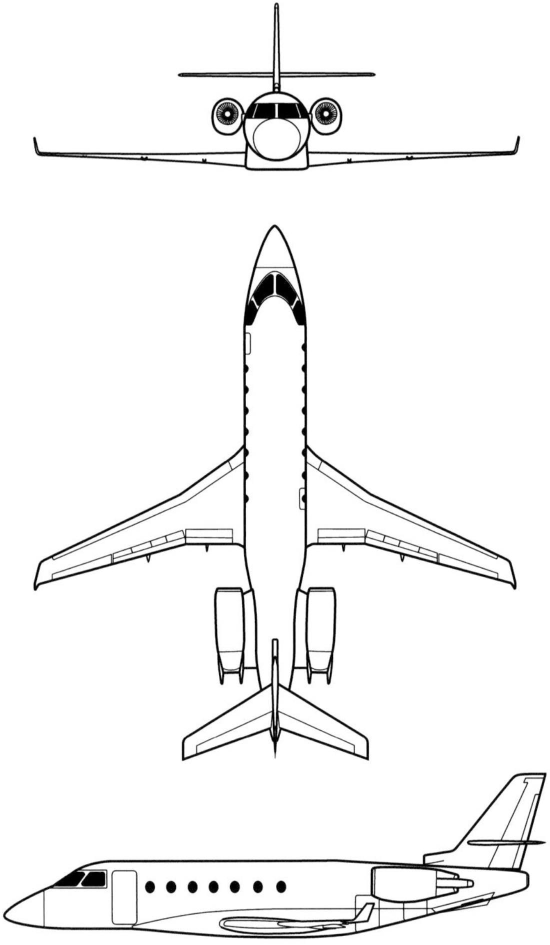

Abmessungen:
Spannweite 17,71 m
Länge 18,97 m
Höhe 6,53 m
Flügelfläche 34,28 m²

GULFSTREAM G 200

Ursprungsland: Israel/USA.
Kategorie: Firmenflugzeug.
Triebwerke: Zwei Mantelstromtriebwerke Pratt & Whitney Canada PW306A von je 2740 kp (26,98 kN) Standschub.
Leistungen: Höchstgeschwindigkeit 870 km/h oder Mach 0,85; Langstrecken-Reisegeschwindigkeit 800 km/h (Mach 0,82); Dienstgipfelhöhe 13716 m; Reichweite mit vier Passagieren und IFR-Reserven 6660 km.
Gewichte: Leergewicht 8981 kg; max. Startgewicht 16080 kg.
Zuladung: Zwei Piloten und normalerweise acht Passagiere in Komfortausführung oder bis zu 18 Personen in enger Dreierbestuhlung mit Mittelgang; max. Nutzlast 1905 kg.
Entwicklungsstand: Der erste von vier Prototypen fliegt seit 25. Dezember 1997, gefolgt vom zweiten am 21. Mai 1998. Die Ablieferungen begannen Anfang 1999. Der aktuelle Bestellungsstand ist nicht bekannt. Jedoch sind bisher über 100 Einheiten produziert worden. Jährlich stellt IAI in Israel etwa 24 Maschinen her, welche die Innenausstattung in den USA erhalten.
Bemerkungen: Die frühere Galaxy, neu als Gulfstream G 200 bezeichnet, ist das Resultat einer Zusammenarbeit zwischen der israelischen IAI und einer amerikanischen Finanzgruppe und wurde aus der Astra SPX/G 100 (siehe Ausgabe 2003) weiterentwickelt. Während der Flügel weitgehend von ihr übernommen wurde, verfügt die G 200 über einen völlig neu konstruierten, wesentlich grösseren Rumpf. Mit einer Länge von 7,44 m, einer Breite von 2,18 m und einer Höhe von 1,91 m (Innenmasse) wird sie wesentlich höheren Ansprüchen gerecht. Wie bei den meisten Geschäftsflugzeugen neuester Generation ist das Cockpit mit Multifunktionsdisplays ausgerüstet; Lieferant ist Rockwell Collins. Der Verkaufspreis einer voll ausgerüsteten G 200 beträgt rund US$ 17 Mio. Dank eines Gewichtreduzierungsprogramms von gegen 300 kg sollen die ursprünglich zugesicherten Nutzlast- und Reichweitenleistungen erreicht werden.
Hersteller: Gulfstream Aerospace Corp., (Tochtergesellschaft von Daimler Chrysler Corp.), Savannah, Georgia, USA, Werk Israel Aircraft Industries Ltd., Ben-Gurion International Airport, Israel.

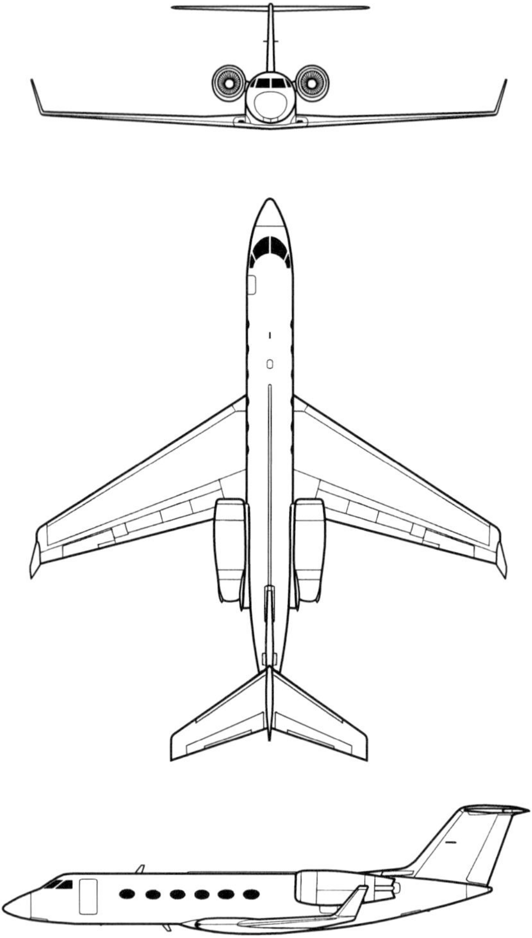

Abmessungen:
Spannweite 23,72 m
Länge (G350) 26,92 m, (G450) 27,23 m
Höhe 7,67 m
Flügelfläche 88,29 m²

GULFSTREAM AEROSPACE GULFSTREAM G350/G450

Ursprungsland: USA.
Kategorie: Firmen- und Mehrzweckflugzeug für zivile und militärische Aufgaben.
Triebwerke: Zwei Mantelstromtriebwerke Rolls-Royce (450) Tay 611-8C von je 6282 kp (61,60 kN) Standschub.
Leistungen (G450): Max. Reisegeschwindigkeit Mach 0,88; Langstrecken-Reisegeschwindigkeit 850 km/h; Dienstgipfelhöhe 13715 m; Reichweite bei Mach 0,80 (G350) 7000 km, (G450) 8061 km.
Gewichte: Rüstgewicht (G350) 19369 kg, (G450) 19504 kg; max. Startgewicht (G350) 32116 kg, (G450) 33521 kg.
Zuladung: Zwei Piloten im Cockpit und je nach Innenausstattung (G350) bis zu 16, (G450) 12, 14 oder bis 19 Passagiere; Nutzlast bei vollen Tanks (G350) 1179 kg, (G450) 816 kg, max. (G350) 2858 kg, (G450) 2722 kg.
Entwicklungsstand: Die Weiterentwicklung der G400, die G450 absolvierte den Erstflug am 30. April 2003. Diese Variante ist seit zweitem Quartal 2005 erhältlich. Die Gulfstream G350 fliegt seit Anfang 2004. Die Auslieferungen begannen im drittem Quartal 2005. Weiterhin auf Kundenwunsch gebaut werden die Gulfstream G300 (siehe Ausgabe 2004) sowie die Gulfstream G400.
Bemerkungen: Die Gulfstream-Familie wird konsequent weiter entwickelt. Die neueste Ausgabe ist die Gulfstream G350, welche den Rumpf und die Triebwerke der G450 übernimmt, jedoch das PlaneView-Cockpit der G500/550 aufweist. Sie ist die wirtschaftlichere und günstigere Ausführung der G 450 und kostet in der Basisausrüstung rund US$ 27,5 Mio statt US$ 33,5 Mio. für eine G 450. Gulfstream G350 und G450 haben eine überarbeitete Inneneinrichtung. Beide verfügen über eine integrierte Honeywell SPZ-8400-Avionik. Die G450 fällt zudem durch deutlich bessere Reichweitenleistungen auf, dies dank stärkeren Triebwerken. Zudem ist die Druckkabine verbessert und der Rumpf um 30 cm verlängert, um grössere Platzverhältnisse im Cockpit zu schaffen. Mit der neuesten Ergänzung verfügt nun Gulfstream dank den G350, G450, G500 und G550 über eine Familie von modernst ausgestatteten Firmenflugzeugen, welche in der Grundausrüstung sehr ähnlich sind.
Hersteller: Gulfstream Aerospace Corp. (Tochterfirma von DaimlerChrysler Corp.), Savannah, Georgia, USA.

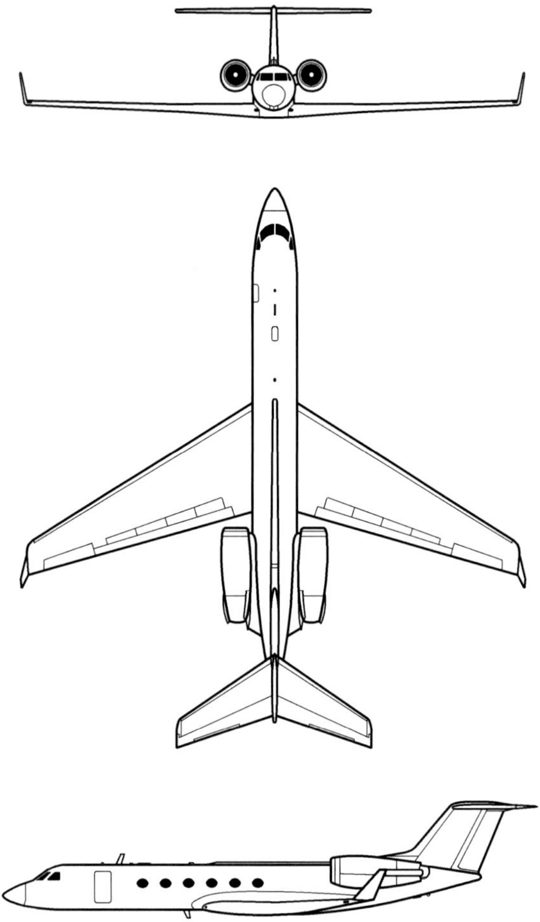

Abmessungen:
Spannweite 28,50 m
Länge 29,40 m
Höhe 7,90 m
Flügelfläche 105,63 m^2

GULFSTREAM AEROSPACE GULFSTREAM G500/G550

Ursprungsland: USA.
Kategorie: Langstrecken-Firmenflugzeug.
Triebwerke: Zwei Mantelstromtriebwerke BMW/Rolls-Royce BR 710 von je (G500) 6690 kp (65,6 kN), (G550) 6980 kp (68,4 kN) Standschub.
Leistungen: Max. Reisegeschwindigkeit (G500) 904 km/h (Mach 0,85), (G550) 940 km/h (Mach 0,885); Langstrecken-Reisegeschwindigkeit 851 km/h; Anfangssteiggeschwindigkeit (G500) 21,3 m/Sek; Dienstgipfelhöhe 15545 m; Reichweite mit max. Treibstoffzuladung, acht Passagieren und IFR-Reserven (G500) 10742 km, (G550) 12500 km.
Gewichte: Rüstgewicht (G500) 21682 kg, (G550) 21919 kg; max. Startgewicht (G500) 38601 kg, (G550) 41277 kg.
Zuladung: Zwei Piloten im Cockpit und normalerweise 13 bis 15, max. 19 Passagiere. Nutzlast bei vollen Tanks 816 kg, max. (G500) 3039 kg, (G550) 2950 kg.
Entwicklungsstand: Der noch als Gulfstream V bezeichnete Prototyp flog erstmals am 28. November 1995. Die Auslieferungen begannen Mitte 1997. Bis Ende 2005 waren rund 230 Gulfstream V bzw. G500 im Einsatz. Die USAF erhält 20 als C-37A bezeichnete VIP-Transporter, die US Army und die US Coast Guard je eine. Die Variante G550 startete am 18. Juli 2002 zum Erstflug, 100 Einheiten waren Ende 2006 abgeliefert. Von beiden Ausführungen werden jährlich etwa 30 Maschinen gebaut.
Bemerkungen: Das Ausgangsmuster Gulfstream IV (siehe Ausgabe 2001) wurde vollständig überarbeitet. Der Rumpf weist eine Streckung von 2,40 m auf und bietet somit einen wesentlich höheren Passagierkomfort mit grösserer Gepäckzuladung. Die Kabine misst nun 15,30 m. Völlig neu wurde der Flügel konstruiert, um ihn für die erforderlichen Reichweiten zu optimieren. Es gelangt das digitale Avionik-System Honeywell Plane-View mit sechs Multifunktionsbildschirmen zum Einbau. Unter der Bezeichnung 550 (früher V-SP) bietet Gulfstream eine verbesserte Ausführung mit einer Reichweitenleistung von 12500 km und neuem Cockpit an. Sie hat leistungsstärkere Triebwerke.
Hersteller: Gulfstream Aerospace Corp. (Tochterfirma von DaimlerChrysler Corp.), Savannah, Georgia, USA.

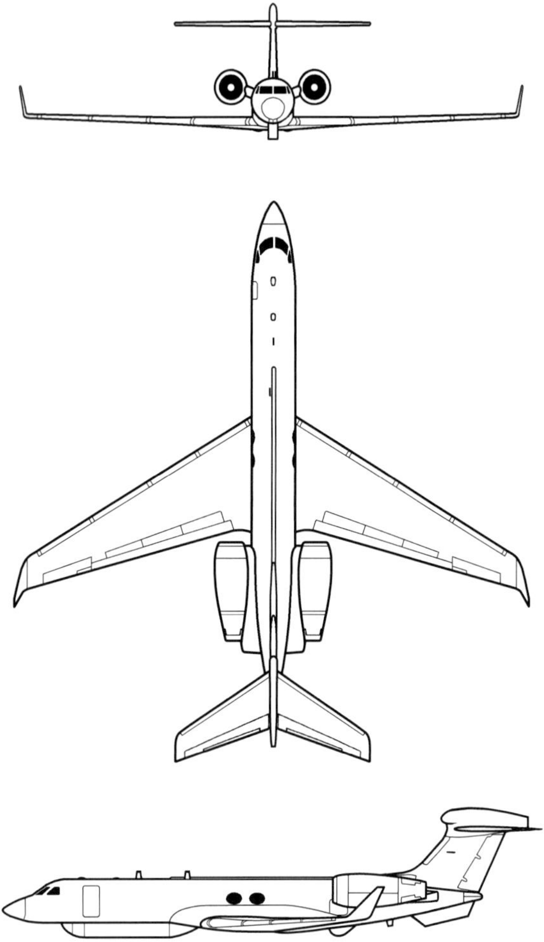

Abmessungen:
Spannweite 28,50 m
Länge 29,40 m
Höhe 7,90 m
Flügelfläche 105,63 m^2

GULFSTREAM AEROSPACE GULFSTREAM G550 Special Mission

Ursprungsland: USA.
Kategorie: Elektronischer Aufklärer für ELINT- bzw. SIGINT-Aufgaben sowie Radarfrühwarnflugzeug.
Triebwerke: Zwei Mantelstromtriebwerke BMW/Rolls-Royce BR 710-48 von je 6980 kp (68,40 kN) Standschub.
Leistungen (G550): Max. Reisegeschwindigkeit 940 km/h (Mach 0,885); Langstrecken-Reisegeschwindigkeit 851 km/h; Anfangssteiggeschwindigkeit 21,3 m/Sek; Dienstgipfelhöhe (G550 CAEW) 12500 m; Einsatzdauer (G550 CAEW) rund 10 Stunden.
Gewichte: Rüstgewicht (G550) 21919 kg; max. Startgewicht (G550) 41277 kg. Entsprechende Angaben für die Elektronikvarianten sind nicht erhältlich.
Zuladung: Zwei Piloten im Cockpit und (G550 SEMA) zwei bis drei Systemoperateure, (G550 CAEW) sechs Missionsspezialisten.
Entwicklungsstand: Das erste Exemplar, eine G550 SEMA, allerdings noch ohne elektronische Ausrüstung, begann die Flugerprobung am 26. März 2005. Als vorläufig einziger Besteller hat Israel drei G550 SEMA und eine G550 CAEW beschafft (+ zwei Optionen). Die Auslieferung der fertig ausgerüsteten Maschinen beginnt 2006.
Bemerkungen: Zwei Versionen sind im Moment vorgesehen, welche auf der G550-Plattform (siehe Seiten 192/193) basieren: Der Elektronik- und Funkaufklärer G550 SEMA. Dieser verfügt für sog. ELINT- und SIGINT-Aufgaben (siehe Foto) über ein System IAI Elta EL/I-3001, dessen sichtbarer Teil aus einem grossen Behälter vorne unter dem Rumpf besteht. Zudem sind an Rumpf und Flügeln Sensoren installiert. Die Übertragung der aufgefangenen Daten erfolgt über ein SATCOM-System (Satellite Communications). Der Radarfrühwarner G550 CAEW (**C**ompact **A**irborne **E**arly **W**arning) erhält ein Radar Elta EL/W-2085 Phalcon im Rumpf. Zudem sind vier fest montierte Antennen vorne, hinten und je seitlich am Rumpf angebracht, um eine 360°- Abdeckung zu ermöglichen. Dies erfordert eine erhebliche Anpassung der ursprünglichen Struktur. Gulfstream prüft auch die Lancierung einer unbemannten Aufklärervariante mit der provisorischen Bezeichnung RQ-37.
Hersteller: Gulfstream Aerospace Corp. (Tochterfirma von DaimlerChrysler Corp.), Savannah, Georgia, USA.

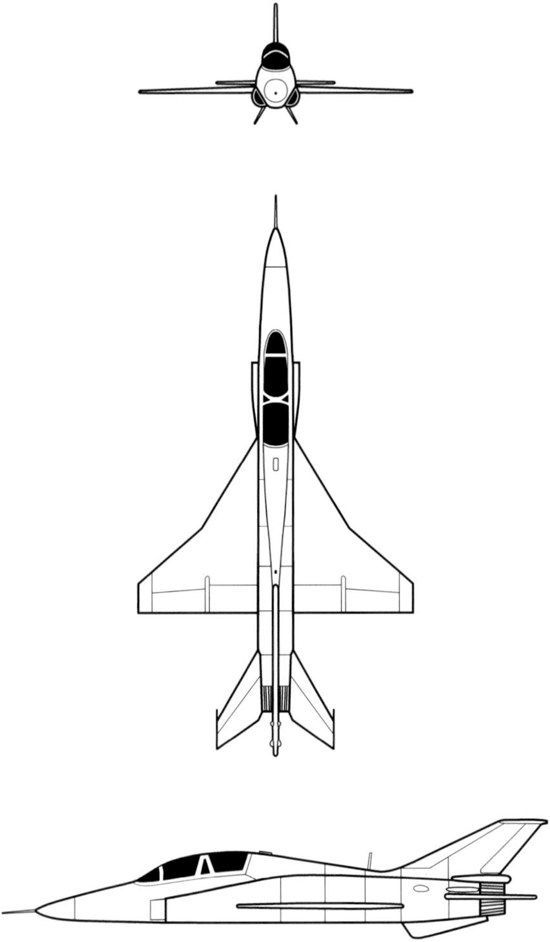

Abmessungen:
Spannweite 8,32 m
Länge 14,55 m
Höhe 4,10 m

GUIZHOU FTC-2000

Ursprungsland: Volksrepublik China.
Kategorie: Fortgeschrittenen-Überschalltrainer.
Triebwerke: Ein Strahltriebwerk Wopen WP-13F von 4400 kp (43,14 kN) Standschub ohne und 6450 kp (63,25 kN) mit Nachverbrennung.
Leistungen: Höchstgeschwindigkeit Mach 1,6 in grossen Höhen; Dienstgipfelhöhe 16000 m; Reichweite bis zu 2500 km.
Gewichte: Max. Startgewicht 9800 kg.
Bewaffnung: Fünf Waffenstationen, eine unter dem Rumpf und je zwei unter den Flügeln.
Entwicklungsstand: Ein erster Prototyp nahm die Flugerprobung am 13. Dezember 2003 auf. Drei weitere Erprobungsmuster fliegen ebenfalls. Der Beschaffungsentscheid der chinesischen Luftwaffe steht noch aus. Man geht jedoch davon aus, dass rund 80 Einheiten bestellt werden, die ab 2006 abzuliefern wären.
Bemerkungen: 2003 stellte GAIC eine Attrappe eines neuen Fortgeschrittenentrainers mit der chinesischen Bezeichnung Jiaolian-9 vor. Dieser ist als sog. Lead-in-Trainer für die Su-27 bzw. Su-30 der chinesischen Luftwaffe vorgesehen und wurde weitgehend vom Mehrzweckjagdflugzeug F-7MG/FT-7 (siehe Ausgabe 2000) abgeleitet. Er übernimmt beispielsweise auch den Doppeldeltaflügel. Der grosse Unterschied besteht bei den Triebwerkeinläufen. Diese sind nun seitwärts unter dem Cockpit angeordnet. Dies ermöglicht, in der Rumpfnase ein Radar grösserer Leistung einzubauen. Es soll eine Reichweite von bis zu 40 km aufweisen. Das Cockpit ist mit TY-6D-Schleudersitzen ausgerüstet. Die Avionik umfasst die heute üblichen Multifunktionsgeräte. Geplant ist, die FTC-2000 mit Flugbetankungssonde auszurüsten. In der chinesischen Luftwaffe soll dieses Muster die auf dem Basistrainer Nanchang K-8 (siehe Ausgabe 2002) ausgebildeten Piloten zur Einsatzreife führen.
Hersteller: Guizhou Aviation Industry Group (GAIC), Guizhou, VR China.

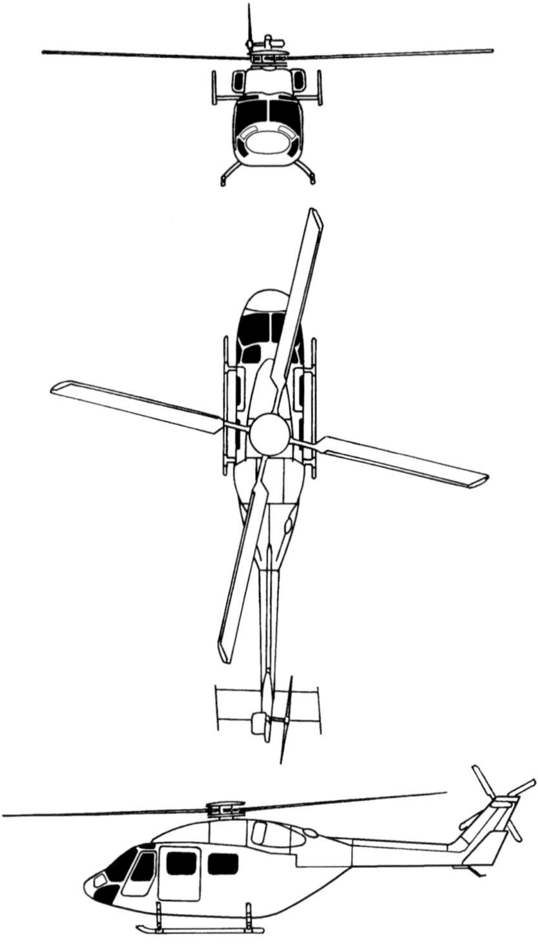

Abmessungen:
Rotordurchmesser 13,20 m
Rumpflänge 12,89 m
Höhe inkl. Rotorkopf 3,76 m

HAL DRUV

Ursprungsland: Indien.
Kategorie: Ziviler und militärischer Mehrzweckhubschrauber.
Triebwerke: Zwei Gasturbinen Turboméca TM 333-2B von je 1000 WPS (746 kW) Leistung.
Leistungen: Höchstgeschwindigkeit 280 km/h auf Meereshöhe; Reisegeschwindigkeit 245 km/h; max. Schrägsteiggeschwindigkeit 9,0 m/Sek; Dienstgipfelhöhe 6000 m; Schwebehöhe ohne Bodeneffekt 3000 m+; Reichweite mit einer Nutzlast von 700 kg 400 km auf Meereshöhe, max. Reichweite 800 km.
Gewichte: Leer (Luftwaffenversion) 2216 kg, (Marineversion) 2352 kg; max. Startgewicht (Armeeversion) 5500 kg, (Luftwaffenversion) 4000 kg, (Marineversion) 5000 kg.
Zuladung: Zwei Piloten und bis zu 14 Passagiere. Max. Nutzlast als Aussenlast 1500 kg.
Entwicklungsstand: Der erste von vier Prototypen nahm die Flugerprobung im August 1992 auf. Die indischen Streitkräfte haben einen Bedarf von 300 ALH's (Armee 120, Luftwaffe 60, Marine 120). Rund 65 Einheiten von verschiedenen Versionen sind bisher bestellt. Zwei Maschinen erhielt die Luftwaffe Nepals, eine Mauretanien. Bis Ende 2005 waren über 40 Druvs abgeliefert. Vorerst sollen jährlich 24, später rund 36 Maschinen gebaut werden. Drei zivile Maschinen hat die indische ONGC für Off-Shore-Einsätze bestellt.
Bemerkungen: Die Druv gibt es in verschiedenen Varianten: (Armee) Truppentransporter und Nachschubhubschrauber, Antitank- und Minenlegemissionen, alle ausgerüstet mit einem Kufenfahrwerk; (Marine) Verbindungs- und Evakuationsaufgaben sowie SAR- und ASW-Aufträge, ausgerüstet mit einem einziehbaren Dreipunkt-Radfahrwerk, faltbarem Haupt- und Heckrotor und Sonar; (Luftwaffe) Rettungshubschrauber, Mehrzwecktransporter. Auch eine Zivilversion für normalerweise bis zu 12 Passagiere wird angeboten (Erstflug 1999). Haupt- wie Heckrotor sind gelenklos aus Faserverbundwerkstoffen, der Rumpf besteht nebst Aluminium aus Karbon und Kevlar. Derzeit wird geprüft, die Marineausführung mit den stärkeren Triebwerken TM332C2 von je 1200 WPS (895 kW) auszurüsten. Auch bei den anderen Versionen ist zur Verbesserung der Leistungen auf grosser Höhe vorgesehen, stärkere Triebwerke einzubauen.
Hersteller: HAL Hindustan Aeronautics Ltd., Bangalore, Indien.

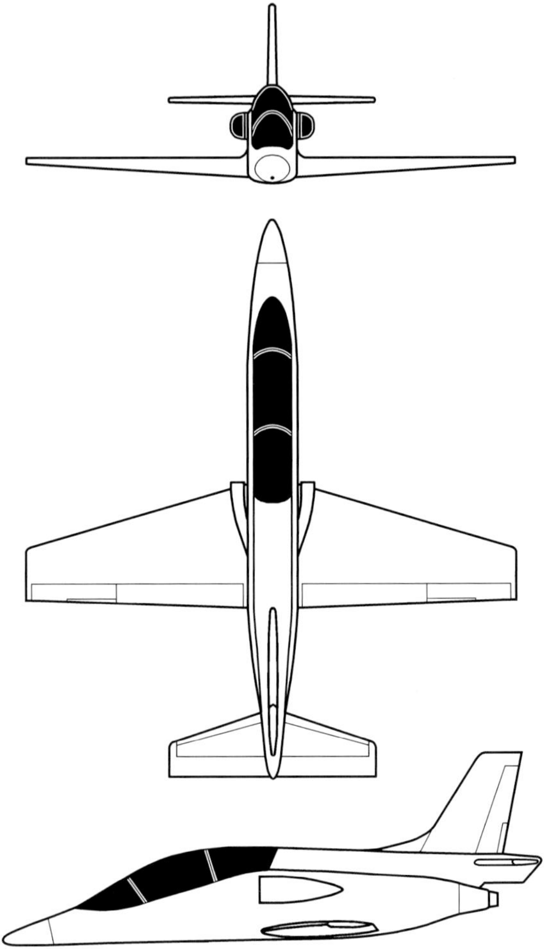

Abmessungen:
Spannweite 9,80 m
Länge 10,91 m
Höhe 4,13 m

HAL HJT-36

Ursprungsland: Indien.
Kategorie: Zweisitziger Basistrainer.
Triebwerke: Ein Mantelstromtriebwerk (Prototypen) Snecma Larzac 04H20 von 1430 kp (14,03 kN) Standschub, (Serienflugzeuge) NPO Saturn AL-55 von 2200 kp (21,6 kN) Leistung.
Leistungen (geschätzt): Höchstgeschwindigkeit Mach 0,8 bzw. in Stechflug 825 km/h; Dienstgipfelhöhe 12000 m; max. Flugdauer 3 Std.
Gewichte: Norm. Startgewicht 3500 kg; max. Startgewicht 4500 kg.
Bewaffnung: Eine Waffenlast von 1000 kg kann an Stationen unter den Flügeln mitgeführt werden.
Entwicklungsstand: Der erste von zwei Prototypen nahm die Flugerprobung am 7. März 2003 auf, der zweite folgte am 23. März 2004. Die indische Luftwaffe soll 187, die indische Marine 24 Einheiten erhalten. Die ersten 16 Einheiten sind bestellt. Beginnen werden die Auslieferungen voraussichtlich Ende 2006.
Bemerkungen: Die neue Generation von Kampfflugzeugen der indischen Luftwaffe erfordert auch neue Schulungsflugzeuge, welche deren Bedien-Philosophie und Systeme übernehmen Das Programm eines neuen Trainers für die sog. «Intermediate-Schulung» wurde 1999 angekündigt. Beim ersten Prototypen handelt es sich um einen aerodynamischen Erprobungsträger. Der zweite soll der Serienversion sehr nahe kommen. Er ist beispielsweise mit einem Glascockpit und einer Avionik mit offener Architektur ausgerüstet. Im vorderen Sitz wurde auch ein HUD eingebaut. Im Übrigen weist die HJT-36 eine konventionelle Konstruktion auf. Die Struktur ist weitgehend aus Aluminium, Verbundwerkstoffe werden nur vereinzelt eingebaut. Anfang 2005 wurde entschieden, bei den Serienflugzeugen das französische Larzac-Triebwerk durch das russische AL-55 von NPO Saturn zu ersetzen.
Hersteller: HAL Hindustan Aeronautics Ltd., Bangalore, Indien.

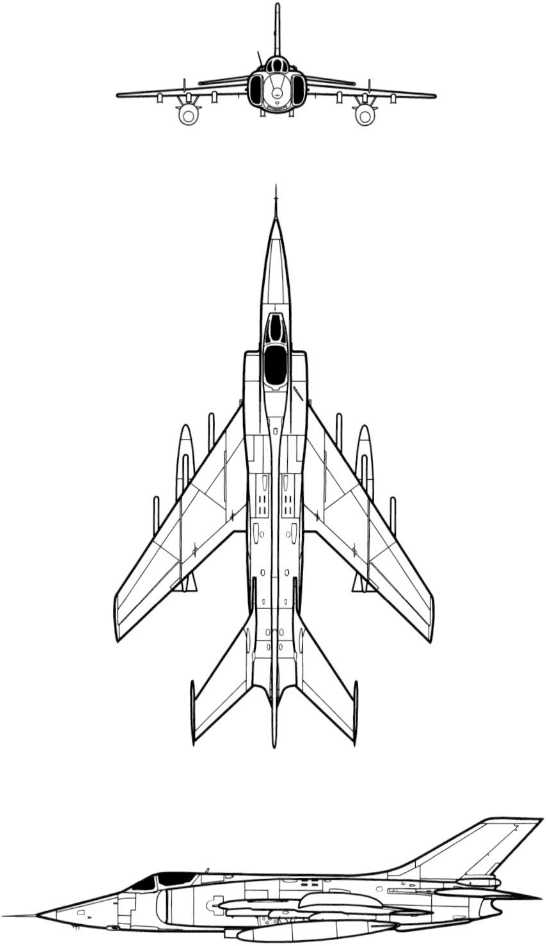

Abmessungen:
Spannweite 9,70 m
Länge 16,77 m
Höhe 4,33 m?
Flügelfläche 27,95 m^2

HONGDU JQ-5J

Ursprungsland: VR China.
Kategorie: Zweisitziger Fortgeschrittenentrainer.
Triebwerke (Q-5C): Zwei Strahltriebwerke Liming WP6A von je 3000 kp (29,4 kN) Standschub ohne und 4036 kp (39,6 kN) mit Nachbrenner.
Leistungen (geschätzt): Höchstgeschwindigkeit auf Meereshöhe 1210 km/h, auf grosser Höhe 1190 km/h; Anfangssteiggeschwindigkeit 103 m/Sek; Dienstgipfelhöhe 15800 m; Einsatzradius 600 km; Reichweite rund 2000 km.
Gewichte (Q-5C): Rüstgewicht 6398 kg; max. Startgewicht 12000 kg.
Bewaffnung: Eine Waffenlast von rund 2000 kg kann an Stationen unter den Flügeln mitgeführt werden.
Entwicklungsstand: Der Prototyp des zweisitzigen Fortgeschrittenentrainers JQ-5J begann die Flugerprobung am 25. Februar 2005. Ein Beschaffungsentscheid seitens der chinesischen Luftwaffe steht noch aus. Von den verschiedenen Erdkämpferausführungen Q-5 (siehe Dreiseitenriss) wurden rund 1000 Stück gebaut.
Bemerkungen: Bei der JQ-5J handelt es sich um eine Weiterentwicklung einer recht alten Konstruktion. Ursprünglich von der aus den fünfziger Jahren stammenden MiG-19 abgeleitet, wurde die chinesische Variante Nanchang Q-5 Fantan während vieler Jahre weiterentwickelt und in grossen Stückzahlen hergestellt. Viele sind noch als Erdkämpfer im Einsatz. Von der letzten Variante der Q-5 unterscheidet sich die JQ-5J durch einen neu konstruierten Vorderteil des Rumpfes, um Platz für den zweiten Sitz zu schaffen. Zur Verbesserung der Richtungsstabilität ist zudem offenbar das Seitenleitwerk vergrössert.
Hersteller: Hongdu (ex. Nanchang) Aviation Industry Group (HAIG), Nanchang, VR China.

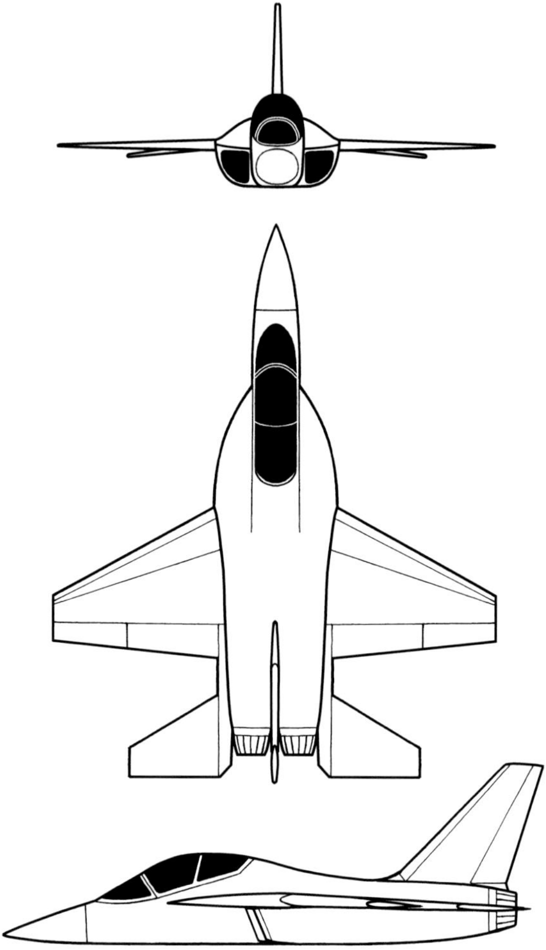

Abmessungen:
Spannweite 9,77 m
Länge 12,27 m
Höhe 4,80 m

HONGDU L-15

Ursprungsland: VR China.
Kategorie: Zweisitziger Fortgeschrittenentrainer und leichter Erdkämpfer.
Triebwerke: Zwei Mantelstromtriebwerke ZMKB Progress AI-222-25F von je 2500 kp (24,5 kN) Standschub und Nachbrenner noch unbekannter Leistung.
Leistungen (noch sehr vorläufige Angaben): Höchstgeschwindigkeit Mach 1,4; Anfangssteiggeschwindigkeit 150 m/Sek; Dienstgipfelhöhe 16000 m; Reichweite 3100 km.
Gewichte: Normales Startgewicht 6800 kg; maximales Startgewicht 9500 kg.
Bewaffnung: Eine Waffenlast von rund 3000 kg kann an Stationen unter den Flügeln mitgeführt werden.
Entwicklungsstand: Der erste von drei Prototypen nahm die Flugerprobung am 27. November 2005 auf. Je nach Ausgang der Erprobung der L-15 sowie des Konkurrenzmusters FTC-2000 (siehe Seiten 196/197) wird einer der beiden Trainer von der chinesischen Luftwaffe beschafft. Dies dürfte etwa 2008 der Fall sein.
Bemerkungen: Die L-15 wird in Zusammenarbeit mit Yakowlew entwickelt. Daher ist die Ähnlichkeit mit der Yak-130 (siehe Seiten 314/315) nachvollziehbar. Es handelt sich um eine recht moderne Konstruktion. Das Cockpit soll die heute übliche Ausrüstung mit Multifunktionsbildschirmen, HUD und HOTAS erhalten. Die Steuerung erfolgt mit einem Fly-by-Wire-System. In der chinesischen Luftwaffe ist die L-15 vorgesehen, als Fortgeschrittenentrainer den Übergang zu den neuen Kampfflugzeugen Su-27/30 bzw. F-10 zu erleichtern, da sie von den Flugeigenschaften und von der Steuerung her ein sehr ähnliches Verhalten aufweisen wird.
Hersteller: Hongdu Aviation Industry Group (HAIG), Nanchang, VR China.

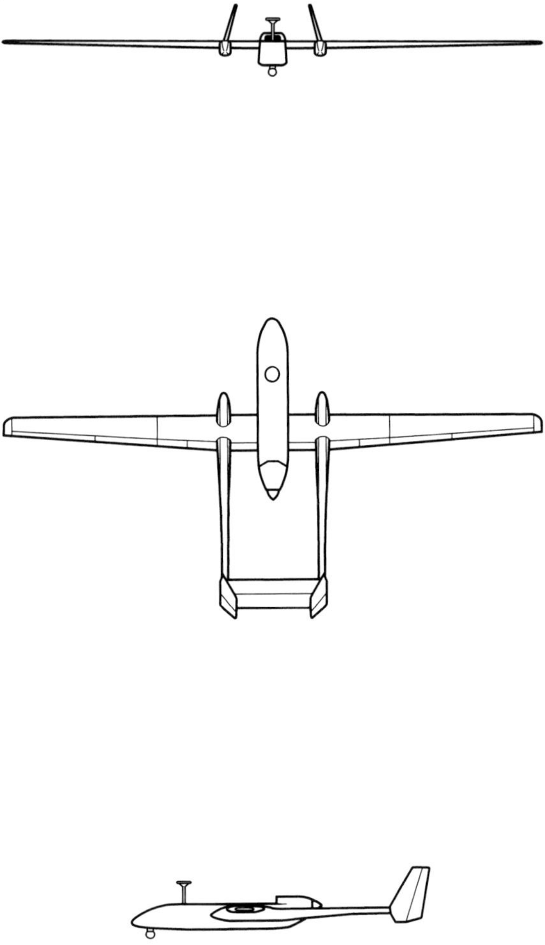

Abmessungen:
Spannweite 16,60 m
Länge 8,50 m

IAI HERON/MACHATZ 1

Ursprungsland: Israel.
Kategorie: Unbemanntes Langstrecken-Aufklärungsflugzeug für mittlere Höhen.
Triebwerke: Ein Kolbenmotor mit Schubpropeller Rotax 914 von 100 PS (75 kW) Leistung.
Leistungen (geschätzt): Höchstgeschwindigkeit 220 km/h; Patrouillengeschwindigkeit rund 130 km/h; Dienstgipfelhöhe 9140 m; Einsatzdauer bis zu 40 Std.
Gewichte: Normales Startgewicht 850 kg, max. Startgewicht ca. 1100 kg.
Zuladung: Aufklärungssysteme bis zu 250 kg.
Entwicklungsstand: Die Flugerprobung begann am 20. Januar 2005. Israel erhält acht als Machatz 1 bezeichnete Herons. Die türkische Luftwaffe beschafft zehn Systeme mit zwischen 30 und 40 Herons, Ablieferung ab Ende 2005. Vorerst nur eine kleine Zahl hat Indien bestellt, will aber bis zu 50 weitere erwerben. IAI stellt die Dronen her, Elbit die dazugehörigen Bodenkontrollsysteme.
Bemerkungen: Israel verfügt über eine längere Tradition im Bau von UAV's. Frühere Muster wurden in viele Ländern exportiert oder waren Ausgangspunkt für Weiterentwicklungen. So dient die Heron als Basis für die EADS Eagle 1 (siehe Seiten 146/147). Je nach Einsatzspektrum kann sie in kurzer Zeit mit einer Mehrzahl von verschiedenen Nutzlasten ausgerüstet werden, z.B. mit einen SAR-Radar, einem Seeüberwachungsradar, Aufklärungssystemen oder Instrumenten zur Zielerfassung und Leitung von Artilleriefeuer. Die Heron gehört der sog. vierten Generation von Dronen an, welche einen hohen Automatisationsgrad aufweist. So ist sie in der Lage, ohne fremde Hilfe zu starten und zu landen. Sämtliche erfassten Daten können mit einem Real-Time-System via Satellit an eine Bodenstation überspielt werden.
Hersteller: Israel Aircraft Industries (IAI) Ltd., MALAT Division, Ben Gurion IAP, Lod, Israel.

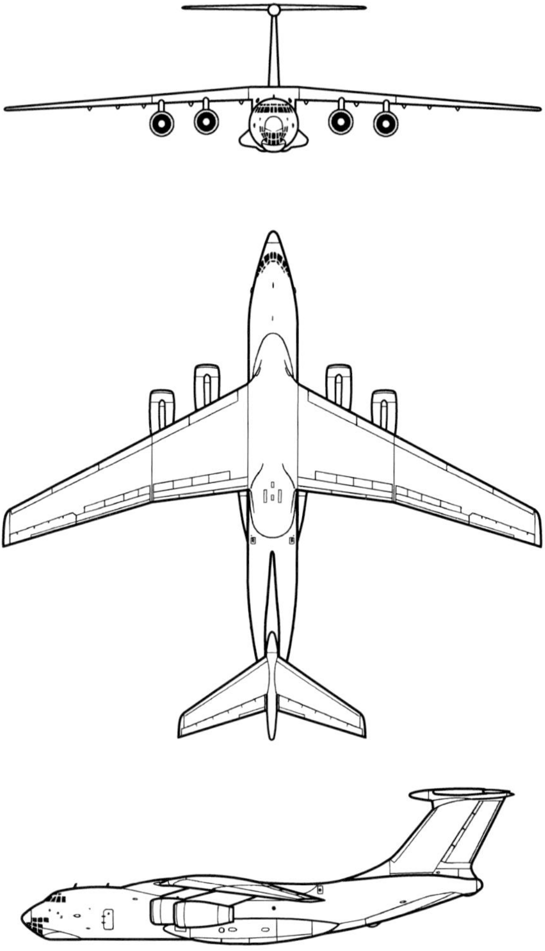

Abmessungen:
Spannweite 50,50 m
Länge (Il-76MF) 53,19 m, (Il-76TD) 46,59 m
Höhe 14,76 m
Flügelfläche 300 m^2

ILJUSCHIN IL-76MF/IL-76TD-90VD

Ursprungsland: Russland.
Kategorie: Schwerer ziviler wie militärischer Mittel- und Langstreckentransporter; Tanker und Radarfrühwarnflugzeug.
Triebwerke: Vier Mantelstromtriebwerke Aviadvigatel/Perm PS-90A-76 von je rund 16000 kp (157,8 kN) Standschub.
Leistungen (Il-76MF geschätzt): Höchstgeschwindigkeit 850 km/h auf 10000 m; max. Reisegeschwindigkeit 800 km/h; Anfangssteiggeschwindigkeit 9,0 m/Sek; Dienstgipfelhöhe ca. 15500 m; Reichweite mit max. Nutzlast von 52000 kg 4500 km, mit 40000 kg 5200 km.
Gewichte: Rüstgewicht 101000 kg; max. Startgewicht 210000 kg.
Zuladung: Bis zu sechs Mann Besatzung, einschliesslich zwei Lademeister und einem Navigator. Max. Nutzlast je nach Einsatzzweck zwischen 40000 und 52000 kg.
Entwicklungsstand: Die neueste Version Il-76TD-90VD hat den Erstflug am 5. August 2005 absolviert, der Prototyp der Il-76MF fliegt seit 1995. Während sich die geplante Beschaffung der letzt genannten Ausführung durch die russische Luftwaffe immer wieder hinauszögert, sind kürzlich folgende Bestellungen bzw. Ablieferungen erfolgt: Volga-Dnepr zwei Il-76TD-90VD, Jordanien zwei Il-76MF, Indien sechs Tanker Il-78MKI, VR China 30 Il-76TD bzw. acht Il-78. Von den früheren Varianten der Il-76 wurden bisher rund 920 Maschinen hergestellt.
Bemerkungen: Nach Jahren der Ungewissheit wurden Neuentwicklungen der bewährten Il-76 reaktiviert. Die Il-76MF und die neueste Ausführung Il-76TD90VD unterscheiden sich hauptsächlich durch die Rumpflänge. Letztere übernimmt den ursprünglichen Rumpf, während jener der Il-76MF um rund 6,60 m länger ist. Beide setzen die neuen PS90A-Triebwerke ein, welche nebst grösserer Leistung u.a. die verschärften Lärm- und Abgaslimiten erfüllen. Weiterhin gebaut werden die Ursprungsvariante Il-76TD sowie der Tanker Il-78. Eine AEW-Version (siehe Foto), basierend auf der IL-76TD, wurde von Beriew zusammen mit der israelischen IAI entwickelt. Als Iljuschin A-50Ehl bezeichnet, verfügt sie über ein AEW-Radar Phalcon über dem Rumpf (ähnlich jenem der russischen A-50). Indien hat drei Einheiten beschafft.
Hersteller: Iljuschin Design Bureau, Moskau, Russland und Chkalow Werk, Taschkent, Usbekistan.

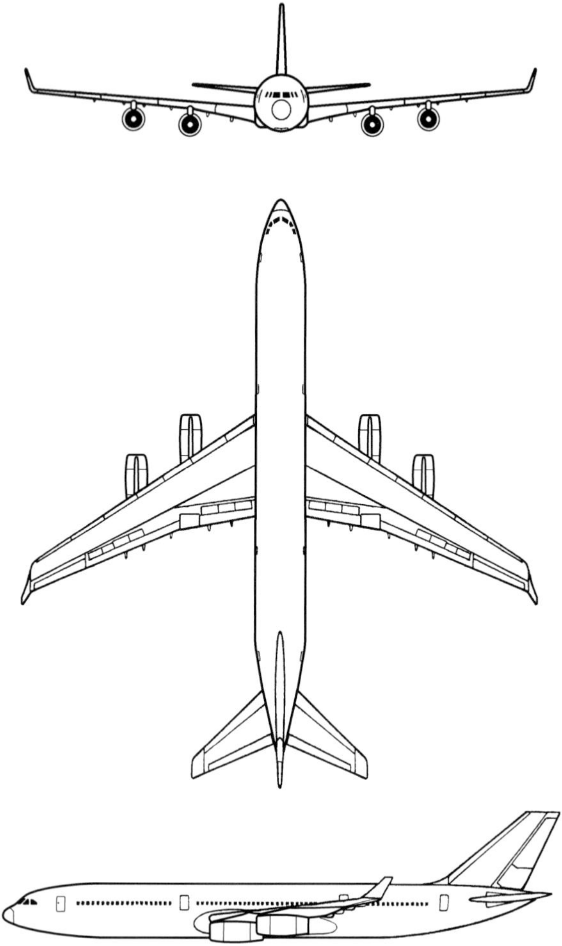

Abmessungen:
Spannweite inkl. Winglets 60,11 m
Länge (Il-96-300) 55,35 m/(Il-96MT bzw. Il-96-400) 63,94 m
Höhe 15,72 m
Flügelfläche 391,6 m²

ILJUSCHIN IL-96

Ursprungsland: Russland.
Kategorie: Langstrecken-Verkehrsflugzeug.
Triebwerke: Vier Mantelstromtriebwerke (Il-96M) Pratt & Whitney PW2337 von je 17350 kp (170,1 kN) bzw. (Il-96-300/-400) Aviadvigatel/Perm PS-90A von je 16000 kp (156,90 kN) Standschub.
Leistungen: Max. Reisegeschwindigkeit 900 km/h; normale Reisegeschwindigkeit 850 bis 870 km/h; Dienstgipfelhöhe 13100 m; Reichweite mit max. Nutzlast (Il-96-300) 7500 km, (Il-96M) 11482 km, mit 30000 kg (Il-96-300) 9000 km.
Gewichte: Rüstgewicht (Il-96-300) 117000 kg, (Il-96M) 132400 kg; max. Startgewicht (Il-96-300) 216000 kg, (Il-96M) 270000 kg.
Zuladung (Il-96-300/Il-96M bzw. -400): Drei/zwei Mann Cockpitbesatzung und drei verschiedene Inneneinrichtungen z.B. für 22/18 Erstklasse-, 40/44 Businessklasse- und 173/250 Zweitklassepassagiere oder in Einheitsklasse 300/375 Passagiere. Max. Nutzlast (Il-96-300) 40000 kg, (Il-96T) 92000 kg.
Entwicklungsstand: Der Prototyp der Ausführung Il-96M/T (Umbau der ersten Il-96-300) flog erstmals am 6. April 1993. Nach Bau eines Serienflugzeuges wurde die Produktion zugunsten der Il-96-400(T) eingestellt. Je zwei Einheiten der Frachtausführung -400T erhalten Atlant-Soyuz und Volga-Dnepr. Für die Il-96-300 gingen etwa 24 Aufträge (+ Optionen) ein, 16 davon sind bisher ausgeliefert worden.
Bemerkungen: Die Il-96M bzw. T (siehe Silhouette) ist eine mit westlichen Triebwerken und Rockwell-Collins-Avionik versehene Ausführung für den internationalen Markt. Der Rumpf wurde gegenüber der Il-96-300 um 9,35 m verlängert, das Seitenleitwerk dafür etwas verkleinert. Das Cockpit ist voll digitalisiert und für Zweimannbetrieb eingerichtet. Von ihr abgeleitet, entstand unter der Bezeichnung Il-96-400(T) eine gleich grosse Variante, ausgerüstet mit russischen Triebwerken und russischer Avionik. Neuerdings wird auch eine Tankervariante der Il-96-400 ins Auge gefasst. Die preisgünstigere Vorgängerversion Il-96-300 bleibt weiterhin im Angebot (kürzlich zwei durch Cubana bestellt, siehe Foto), vorwiegend für den östlichen Markt. Von dieser Ausführung soll auch eine Frachtversion für bis zu 70 t Fracht gebaut werden.
Hersteller: Iljuschin Design Bureau, Moskau, Werk Woronesch, Russland.

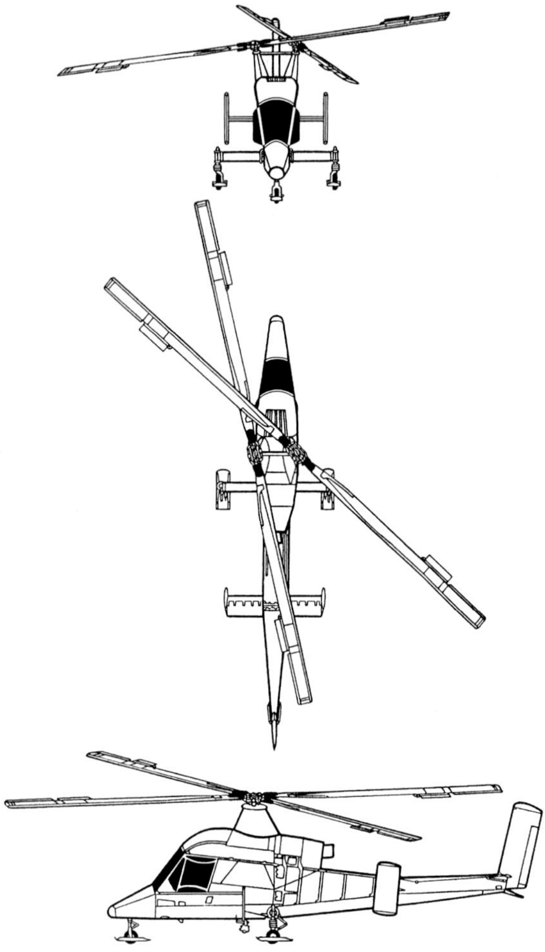

Abmessungen:
Rotordurchmesser je 14,70 m
Rumpflänge 15,80 m
Höhe inkl. Rotorkopf 4,14 m

KAMAN K-MAX

Ursprungsland: USA.
Kategorie: Einsitziger Lasten- und Feuerlöschhubschrauber.
Triebwerke: Eine Gasturbine Textron Lycoming T5317A-1 mit einer reduzierten Leistung von 1500 WPS (1119 kW).
Leistungen: Höchstgeschwindigkeit ohne Aussenlasten 185 km/h, mit Aussenlasten 148 km/h; Dienstgipfelhöhe 7620 m; Schwebehöhe mit Bodeneffekt und einer Nutzlast von 2268 kg und Treibstoff für 1,5 Std. 2440 m.
Gewichte: Leer 2132 kg; max. Startgewicht 5216 kg.
Zuladung: Ein Pilot und Aussenlasten ohne Bodeneffekt bis zu 2300 kg, mit Bodeneffekt 2700 kg.
Entwicklungsstand: Der erste von zwei Prototypen startete am 23. Dezember 1991 zum Erstflug. Die Auslieferungen begannen unmittelbar nach der Zulassung vom 30. August 1994. Ende 2001 wurde die Produktion nach 38 K-Max eingestellt. Kaman will sie aber 2006 wieder aufnehmen, da man Aufträge für die Feuerwehr-Version (siehe Foto) erwartet.
Bemerkungen: Die K-Max ist ein aussergewöhnlicher, speziell für den Lastentransport ausgelegter Hubschrauber, insbesondere für den Transport von Baumstämmen in unwirtlichen Gegenden. Dazu ist sie sehr einfach und robust konstruiert und die Kabine besonders crash-resistent ausgelegt. Wie bei fast allen bisherigen Kaman-Konstruktionen, gelangt auch hier das Rotorsystem mit zwei gegenläufig ineinandergreifenden gelenklosen Zweiblattrotoren zur Anwendung. Damit kann auf einen Heckrotor verzichtet werden. Dank der ungewöhnlichen Kabinenauslegung geniesst der Pilot eine ausgezeichnete Aussicht nach unten. Die K-Max kann auch als Feuerwehr- bzw. Landwirtschaftshubschrauber mit einem 2650-l-Tank ausgerüstet werden. Als Option wird für einen Flugbegleiter ein zweiter Sitz ausserhalb! des Hubschraubers angeboten.
Hersteller: Kaman Aerospace Corp., Bloomfield, Connecticut, USA.

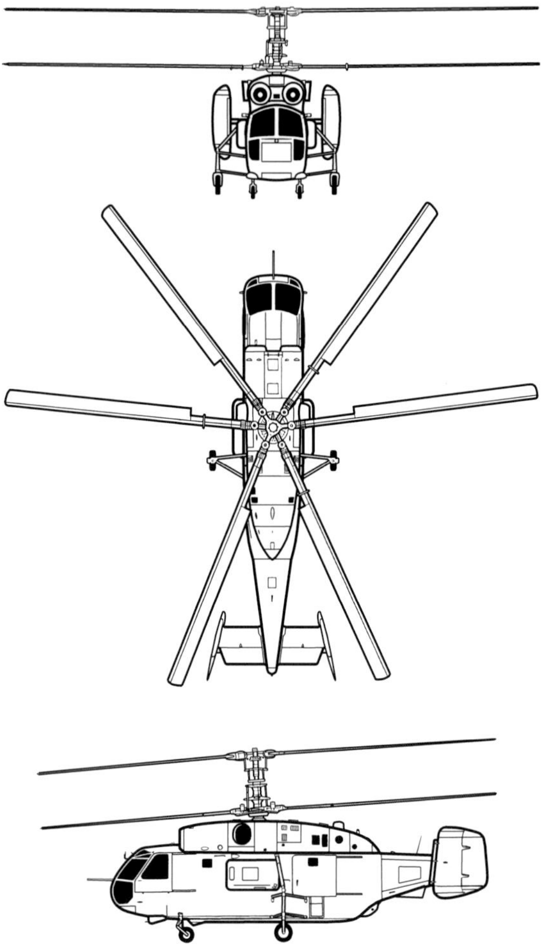

Abmessungen:
Rotordurchmesser (jeder einzelne) 15,90 m
Rumpflänge 11,30 m
Höhe über Rotor 5,40 m

KAMOW KA-31/-32

Ursprungsland: Russland.
Kategorie: (Ka-31) Bordgestützter AEW-Hubschrauber, (Ka-32) Mittelschwerer ziviler Mehrzweckhubschrauber.
Triebwerke (Ka-32A-11BC): Zwei Gasturbinen Klimow TV3-117VMA von je 2225 WPS (1658 kW) Leistung.
Leistungen (Ka-32 bei 11000 kg): Höchstgeschwindigkeit 250 km/h auf Meereshöhe; max. Reisegeschwindigkeit 230 km/h; Dienstgipfelhöhe 6000 m; Schwebehöhe mit Bodeneffekt 3500 m, ohne Bodeneffekt 1705 m; Reichweite max. 800 km; max. Flugdauer 4,5 Std.
Gewichte (Ka-32): Leergewicht 6250 kg; normal beladen 11000 kg; max. Startgewicht 12600 kg.
Zuladung (Ka-31): Zwei Piloten und zwei Systemoperateure; (Ka-32): Zwei Piloten und 16 Passagiere oder eine max. Nutzlast von 5000 kg.
Entwicklungsstand: Die Ursprungsausführung der Ka-32 flog erstmals 1973, die derzeit angebotene Weiterentwicklung Ka-32A-11BC erhielt die Zulassung 2002. Über 160 Hubschrauber befinden sich weltweit vorab für den Transport von Schwerlasten, zunehmend aber auch als Löschhubschrauber, im zivilen Einsatz, darunter in Kanada, Schweiz, Spanien, USA usw. Südkorea hat rund 50 Einheiten bestellt. Die Ka-31 fliegt seit 1988, aber erst kürzlich begann die Produktion. Die indische Marine beschafft neun Einheiten.
Bemerkungen: Beide Muster Ka-31 und Ka-32, sowie deren Vorgängerinnen Ka-27, -28, -29 fallen durch einen gedrungenen Rumpf und den Kamow-typischen koaxialen, gegenläufigen Doppelrotor auf. Die Ka-32 wird in mehreren Subvarianten primär zur Versorgung von Ölplattformen, abgelegenen Aussenstationen, zum Transport von schweren externen Lasten sowie als Such- und Rettungshubschrauber eingesetzt. Sie ist besonders robust ausgelegt und kann unter sehr schwierigen Wetterbedingungen operieren. Derzeit läuft ein Programm der russischen Marine, frühere Ka-27PL zu modernisieren. Nebst neuer ASW-Elektronik soll auch das leistungsfähigere Klimow VK-2500-Triebwerk eingebaut werden. Die AEW-Ausführung Ka-31 verfügt an der Rumpfunterseite über ein zweidimensionales 360°-Überwachungsradar E-801 Oko, welches in der Luft ausgeklappt werden kann.
Hersteller: Kamow Kompaniya, Werk Lyubertsy, Moskau, Russland.

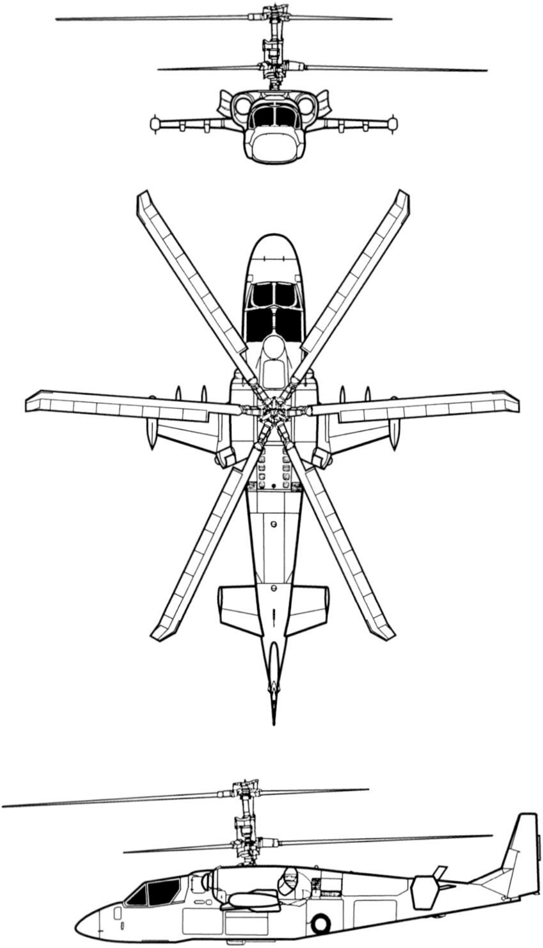

Abmessungen:
Rotordurchmesser 14,50 m
Rumpflänge bei drehenden Rotoren 15,96 m
Höhe über Rotorkopf 4,93 m

KAMOW KA-52 ALLIGATOR

Ursprungsland: Russland.
Kategorie: Zweisitziger Kampfhubschrauber.
Triebwerke: Zwei Gasturbinen Klimow/St. Petersburg (Prototyp) TV3-117VMA von je 2200 WPS (1641 kW) Leistung bzw. (Serienhubschrauber) TV3-117VMA-SB3 von je 2500 WPS (1864 kW) Leistung.
Leistungen (Ka-50): Höchstgeschwindigkeit in einem Bahnneigungsflug 350 km/h; max. Dauergeschwindigkeit 310 km/h; max. Schrägsteiggeschwindigkeit 8 m/Sek; Dienstgipfelhöhe 5500 m; Schwebehöhe ohne Bodeneffekt 3600 m; Einsatzradius 250 km; Reichweite 460 km; Überführungsreichweite 1160 km.
Gewichte (Ka-50): Leergewicht 7700 kg; max. Startgewicht 10800 kg.
Bewaffnung: Eine einläufige 30-mm-Kanone Shipunow 2A42 an der rechten Rumpfseite und beispielsweise bis zu 16 Panzerabwehrlenkwaffen AT-9 Whirlwinds oder ungelenkte 80 x 80-mm- bzw. 20 x 130-mm-Raketen an vier Pylonen unter den beiden Stummelflügeln; max. Nutzlast 2300 kg.
Entwicklungsstand: Das Ausgangsmuster Ka-50 Hokum (siehe Ausgabe 1997) nahm die Flugerprobung am 27. Juli 1982 auf. Vermutlich sind an Prototypen und Serienhubschraubern rund 20 Einheiten gebaut und zum Teil der russischen Armee geliefert worden. Die Ka-52 fliegt seit 25. Juli 1997; Jemen beschafft zwölf Einheiten.
Bemerkungen: Die Ka-52 dient primär für Luftnahunterstützungs-Aufgaben, in zweiter Linie auch für Luftkampfeinsätze. Die Grundkonzeption aller Kamow-Hubschrauber und der koaxiale, gegenläufige Doppelrotor wurde auch vom Alligator übernommen. Cockpit, Triebwerke, Rotoren und Getriebe sind so gepanzert, dass sie einer Beschiessung mit 20-mm-Geschossen standhalten können. Vermutlich als erste Helikopter der Welt, sind die einsitzige Ka-50 und die zweisitzige Ka-52 mit Schleudersitzen ausgerüstet. Vor dem Ausstieg werden die Koaxialrotoren abgesprengt. Die Ka-50N sowie die Ka-52 sind für Nacht- und Allwettereinsätze konzipiert und sind zu 80 % baugleich.
Hersteller: OKB Nikolai I. Kamow, Werk Arsenyew, Moskau, Russland.

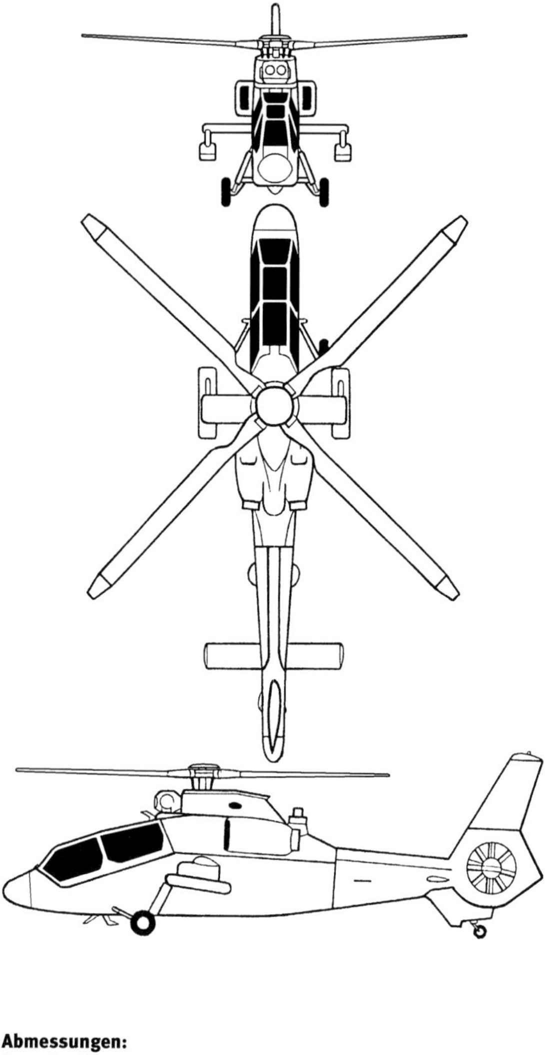

Abmessungen:
Rotordurchmesser 11,60 m
Rumpflänge 12,00 m
Höhe 3,80 m

KAWASAKI OH-1 Ninija

Ursprungsland: Japan.
Kategorie: Zweisitziger leichter Kampf- und Beobachtungshubschrauber.
Triebwerke: Zwei Gasturbinen Mitsubishi TS1-10 von je 888 WPS (663 kW) Leistung.
Leistungen (nach provisorischen Angaben des Herstellers): Maximalgeschwindigkeit im Horizontalflug 270 km/h; Aktionsradius ohne Aussentanks 200 km, Reichweite 550 km.
Gewichte: Leergewicht 2450 kg; max. Startgewicht rund 4000 kg.
Bewaffnung: An zwei Auslegern seitlich am Rumpf vier Kurzstrecken-Luft-Luft-Infrarot-Lenkwaffen Toshiba Type 91 sowie zwei Zusatztanks von je 160 l.
Entwicklungsstand: Der erste von sechs Prototypen (davon zwei nicht fliegende Muster zur statischen Erprobung) absolvierte den Erstflug am 6. August 1996. Die Auslieferungen begannen im Januar 2000. Die japanischen Bodenstreitkräfte haben einen Bedarf von neu nur noch rund 100 OH-1 als Ersatz der Kawasaki/MDD OH-6D angemeldet, die ersten 22 sind bestellt. Angesichts von Budgetrestriktionen werden derzeit nur zwei Maschinen pro Jahr gebaut.
Bemerkungen: Nebst Kawasaki beteiligten sich auch Fuji und Mitsubishi mit je 20 % an der Entwicklung der OH-1. Die Konzeption des ursprünglich als OH-X bezeichneten Entwurfs folgt dem heute üblichen Muster eines schlanken Tandemzweisitzers, wobei der Pilot im Frontcockpit und der Beobachter/Systemoperateur hinten sitzt. Die Zelle ist weitgehend aus Verbundwerkstoffen, das Cockpit gepanzert. Auch der gelenklose Hauptrotor ist aus Kunststoff und der Heckrotor aus Sicherheitsgründen ummantelt. Die Kampfelektronik umfasst u.a. TV, FLIR und Laser-Entfernungsmesser. Alle Systeme sind durch einen MIL-STD-1553B-Databus gesteuert. Mit dieser Ausrüstung ist die OH-1 vollständig nacht- und allwettertauglich.
Hersteller: Kawasaki Heavy Industries Ltd., Tokio, Japan.

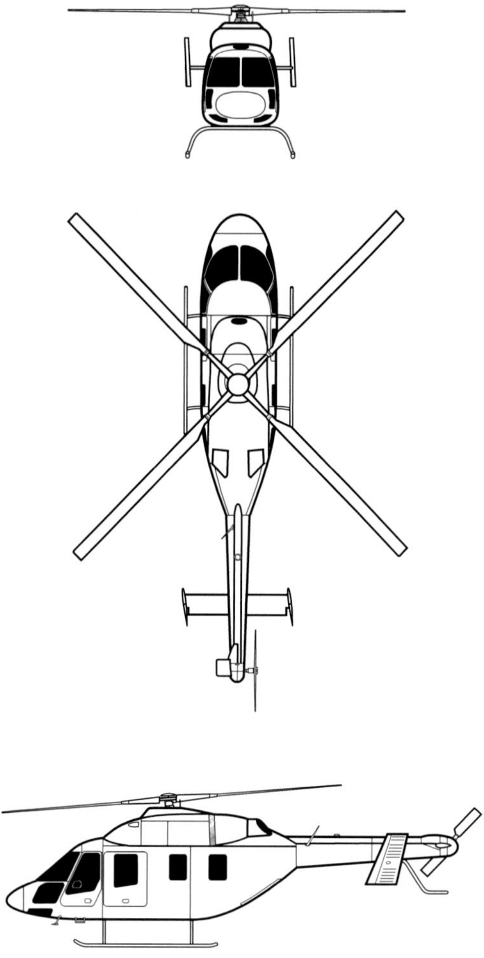

Abmessungen:
Rotordurchmesser 11,50 m
Rumpflänge einschliesslich drehendem Heckrotor 11,54 m
Höhe inkl. Rotor 3,44 m

KAZAN ANSAT

Ursprungsland: Russland.
Kategorie: Leichter ziviler und militärischer Mehrzweckhubschrauber.
Triebwerke: Zwei Gasturbinen Pratt & Whitney Canada (Serie) PW206K (Lizenzbau Klimow) von je 650 WPS (480 kW) Leistung.
Leistungen (nach Angaben des Herstellers): Max. Reisegeschwindigkeit 250 km/h, normal 238 km/h; Schwebehöhe ohne Bodeneffekt 2700 m; Dienstgipfelhöhe 6000 m; Reichweite mit einer Nutzlast von 1300 kg 520 km, max. ohne Zusatztanks 620 km; max. Flugdauer 3 Std.
Gewichte: Max. Startgewicht 3300 kg.
Zuladung: Neun Personen einschliesslich Pilot; als Ambulanzhubschrauber bis zu zwei liegende Patienten und zwei Pfleger; als Frachter normale Zuladung 1300 kg, maximal aber 1650 kg.
Entwicklungsstand: Drei Prototypen fliegen zurzeit, wobei der erste die Flugerprobung am 17. August 1999 aufgenommen hat. Die Zulassung erfolgte Anfang 2005. Südkorea hat fünf Einheiten beschafft. Die russische Grenzwacht will offenbar bis zu 100 Ansat bestellen, während die russische Luftwaffe diesen Typ als zukünftigen Trainingshubschrauber ausgewählt hat.
Bemerkungen: Mit der Ansat (siehe Dreiseitenriss) will die neu aus der ehemaligen Mil entstandene Kazan Helicopter einen Hubschrauber anbieten, welcher sämtliche internationalen Vorschriften erfüllt und sich somit in alle Länder verkaufen lässt. Dabei wurde auf kostengünstige Konstruktion und wirtschaftlichen Betrieb besonders geachtet. Die Ansat steht in direkter Konkurrenz zu westlichen Mustern, soll aber nur etwa ein Drittel soviel kosten. Je nach Kundenwunsch kann westliche oder russische Avionik bestellt werden. Der Hubschrauber ist mit einem Fly-By-Wire-System ausgerüstet, weite Teile der Struktur bestehen aus Verbundwerkstoffen. Eine Weiterentwicklung als leichter Kampf- und Aufklärungshubschrauber Ansat-2RC (siehe Foto) startete am 29. Juli 2005 zum Erstflug. Dieser Zweisitzer hat in einem Kinnturm elektro-optische Sensoren sowie ein 12,7-mm-Maschinengewehr. Weitere Waffen können an Flügelstummeln seitlich des Rumpfes mitgeführt werden. Das Abfluggewicht beträgt 3500 kg.
Hersteller: Kazan Helicopter Plant, Kazan, Russland.

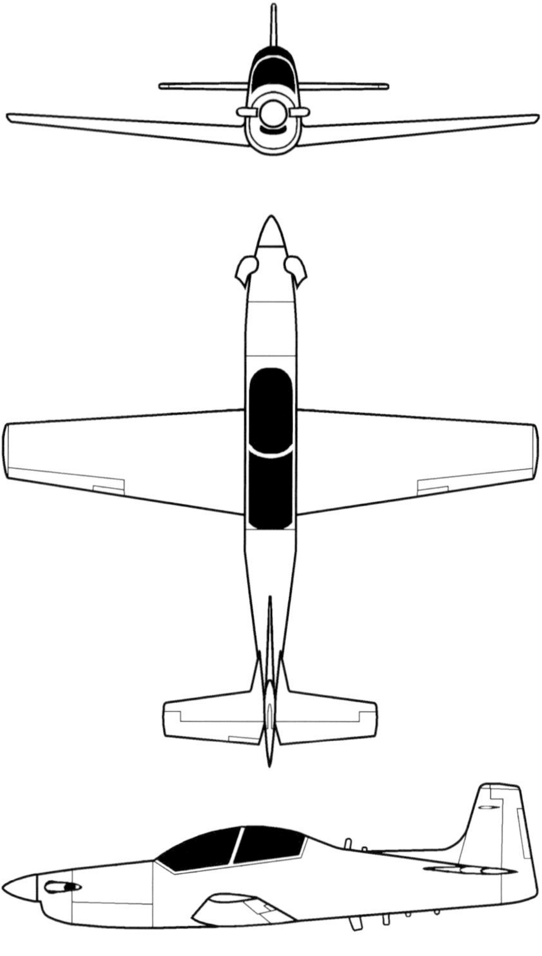

Abmessungen:
Spannweite 10,26 m
Länge 10,60 m
Höhe 3,40 m
Flügelfläche 15,50 m^2

KOREAN AEROSPACE INDUSTRIES (DAEWOO) KT-1 WOONG BEE

Ursprungsland: Südkorea.
Kategorie: Zweisitziger Basistrainer.
Triebwerke: Eine Propellerturbine Pratt & Whitney Canada PT6A-62 von 950 WPS (710 kW) Leistung.
Leistungen: Höchstgeschwindigkeit 650 km/h; Dienstgipfelhöhe 11580 m; max. Flugzeit 5,0 Std; Reichweite 1700 km.
Gewichte: Rüstgewicht 1818 kg; max. Startgewicht 2830 kg.
Bewaffnung: Verschiedene Waffen für Trainingseinsätze an zwei Aufhängepunkten unter den Flügeln bis max. 520 kg; (KO-1) vier Aufhängestationen für Maschinengewehrbehälter, Zusatztanks und Markierraketen.
Entwicklungsstand: Der erste von vier Prototypen nahm im Dezember 1991 die Flugerprobung auf. Ein Vorserienmodell folgte 1998. Die koreanische Luftwaffe hat 85 Einheiten bestellt, welche seit Frühjahr 2001 zur Auslieferung gelangen. Indonesien beschafft zwölf KT-1 (+ 8 Optionen). Fast alle sind mittlerweile gebaut. Die KO-1 flog erstmals im 2004 und wird in 20 Exemplaren bis Ende 2006 an die koreanische Luftwaffe abgeliefert.
Bemerkungen: Die Woong Bee ist die Siegerin des einheimischen «KO-RINT»-Programms für einen leichten Trainer, welches 1988 initialisiert wurde. Zuerst entstand das Erprobungsmuster KTX-1, das Daewoo nun als KT-1 verfeinerte. Gegenüber den Prototypen zeichnet sich die Serienausführung durch strukturelle Verstärkungen und aerodynamische Verbesserungen an Rumpf und Flügeln aus, welche die Stabilität und die Manövrierfähigkeit optimieren. Die KT-1 verfügt über zwei Martin Baker Mk.16-Schleudersitze. Unter der Bezeichnung KO-1 wurde eine Beobachtungsvariante (FAC, **F**orward **A**ir **C**ontrol) entwickelt, welche über eine leichte Bewaffnung verfügt. Als dritte Variante plant KAI die XKT-1C, ausgerüstet mit einem Glascockpit von CMC Electronics.
Hersteller: Korean Aerospace Industries (KAI), Inchon, Werk Sachon, Republik Südkorea.

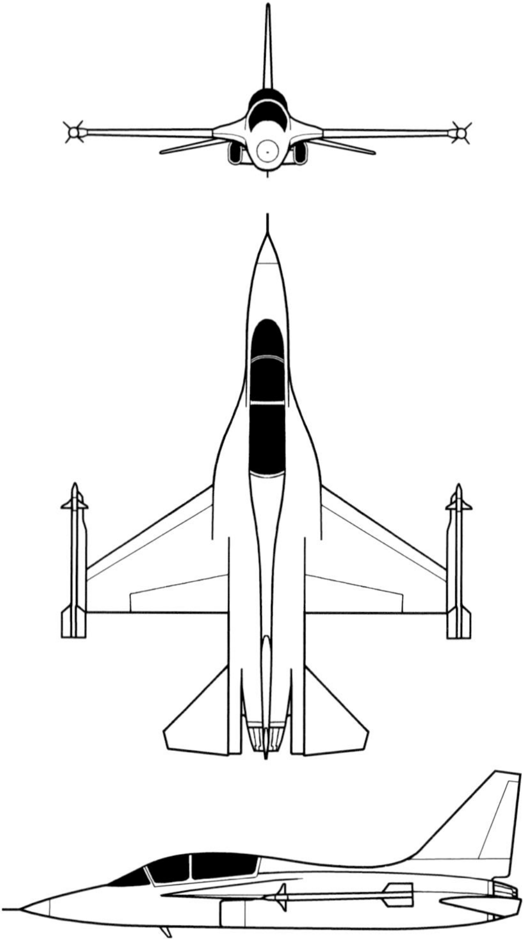

Abmessungen:
Spannweite 9,50 m
Länge 13,13 m
Höhe 4,94 m

KOREAN AEROSPACE INDUSTRIES T-50/A-50 GOLDEN EAGLE

Ursprungsland: Südkorea.
Kategorie: Zweisitziger Trainer T-50 und leichtes Mehrzweckkampfflugzeug A-50.
Triebwerke: Ein Mantelstromtriebwerk General Electric F404-GE-402 von 5400 kp (53,9 kN) Standschub ohne und 8000 kp (78,7 kN) mit Nachverbrennung.
Leistungen (nach Angaben des Herstellers): Höchstgeschwindigkeit Mach 1,5; Anfangssteiggeschwindigkeit 200 m/Sek; Dienstgipfelhöhe 16800 m; Reichweite 1850 km.
Gewichte: Leergewicht 6355 kg; max. Startgewicht ohne Aussenlasten 8890 kg, mit Aussenlasten 13485 kg.
Bewaffnung: Eine 20-mm-Kanone im Vorderrumpf mit Austrittsöffnung unter der linken Flügelvorderkante. An sieben Aufhängepunkten, einem unter dem Rumpf, vier unter den Flügeln und zwei an den Flügelenden Luft-Luft- bzw. Luft-Boden-Lenkwaffen sowie Bomben aller Art.
Entwicklungsstand: Der erste von vier Prototypen hatte am 20. August 2002 seinen Erstflug, gefolgt vom zweiten am 8. November 2002. Bisher plant die koreanische Luftwaffe 47 Fortgeschrittenentrainer T-50A, 47 Jagdflugzeugtrainer T-50B (Erstflug 29. August 2003) und später bis zu 100 leichte Kampfflugzeuge A-50 zu beschaffen. 25 T-50A wurden bisher fest bestellt. Die Ablieferungen begannen Ende 2005.
Bemerkungen: Samsung Aerospace wurde bei der Entwicklung dieses Musters von Lockheed Martin unterstützt. Das amerikanische Werk zeichnete sich für die Entwicklung des Flügels, der Flugkontrollsysteme sowie für die Avionik verantwortlich. Drei Ausführungen sind vorgesehen: Der Fortgeschrittenentrainer T-50A, der sog. Lead-in Fighter-Trainer T-50B mit einem Bordradar APG-67 sowie das leichte einsitzige Kampfflugzeug A-50. Letztere Ausführung könnte eventuell sogar unter der Bezeichnung F-50 als leichter Mehrzweckjäger ausgelegt werden, versehen mit einem leistungsfähigeren Bordradar APG-67, Kampfelektronik und grösserer Treibstoffkapazität. Konstruktiv unterscheiden sich diese Ausführungen kaum voneinander, sondern nur durch ihre Ausrüstung. Alle verfügen über ein Fly-by-Wire-Steuerungssystem und Cockpitausrüstung mit HUD.
Hersteller: Korea Aerospace Industries (KAI), Inchon, Werk Sachon, Republik Südkorea.

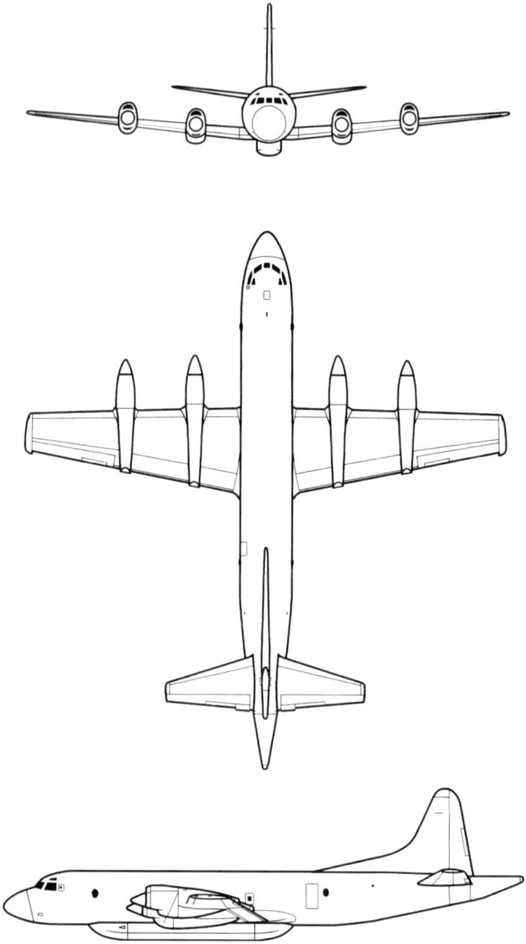

Abmessungen:
Spannweite 30,37 m
Länge 35,61 m
Höhe 10,29 m
Flügelfläche 120,77 m²

LOCKHEED P-3A AEROSTAR

Ursprungsland: USA.
Kategorie: Wasserbomber.
Triebwerke: Vier Propellerturbinen Allison T56-A-10W von je 4500 WPS (3355 kW) Leistung.
Leistungen: Höchstgeschwindigkeit auf 4720 m 703 km/h; ökonom. Reisegeschwindigkeit 608 km/h; Anfangssteiggeschwindigkeit 9,9 m/Sek; Dienstgipfelhöhe 8625 m; Reichweite 8700 km.
Gewichte (P-3A als Seeaufklärer): Leergewicht 27200 kg; max. Startgewicht 57700 kg.
Zuladung: Normalerweise zwei Mann Besatzung sowie 11350 l Löschwasser.
Entwicklungsstand: Der erste Umbau einer ex. USN P-3A Orion in einen sog. Wasserbomber erfolgte 1991. Seither sind gegen 20 weitere Exemplare für diese Aufgabe entstanden. Weitere Umbauten zu Wasserbombern können bei Bedarf folgen. Eingesetzt werden sie alle im Auftrag des US Forest Service durch verschiedene sog. Contractors. Der grösste davon ist die Aero Union.
Bemerkungen: Sämtliche für den Einsatz als Feuerlöschflugzeug nicht mehr benötigte Ausrüstung hat man entfernt, u.a. die gesamte Avionik und Bewaffnung als Seeaufklärer. Damit wird das Grundgewicht wesentlich erleichtert und eine möglichst hohe Nutzlast für die neue Aufgabe geschaffen. Angesichts der hohen Anforderungen verstärkte man die Zelle punktuell. Unter dem Rumpf ist ein Wasserbehälter für eine Kapazität von 3000 Gallonen eingebaut. Das Ablassen des Löschwassers kann mittels Computerhilfe durch acht Klappen ganz genau eingestellt werden. Nur gerade 1360 kg wiegt die gesamte Zusatzausrüstung für die Aufgabe als Wasserbomber. Die Seeaufklärerversion P-3C sowie die verschiedenen Umbauten früherer Varianten wurden in der Ausgabe 2005 beschrieben.
Hersteller: Lockheed Corp., Marietta, Georgia, (Umbau) Aero Union Corporation, Chico, Kalifornien, USA.

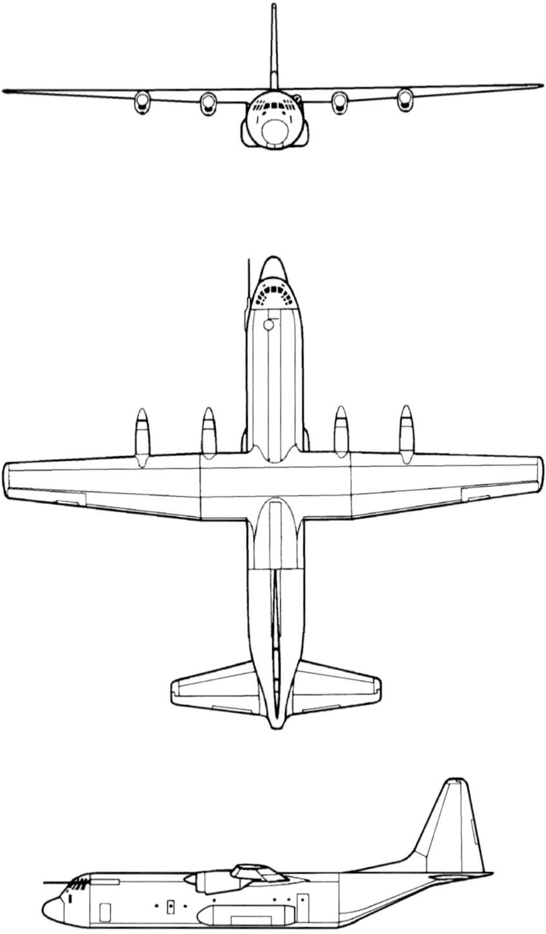

Abmessungen:
Spannweite 40,41 m
Länge (C-130J) 29,79 m, (C-130J-30) 34,36 m
Höhe 11,71 m
Flügelfläche 162,12 m^2

LOCKHEED MARTIN C-130J HERCULES II

Ursprungsland: USA.
Kategorie: Mittelschwerer militärischer und ziviler Transporter.
Triebwerke: Vier Propellerturbinen Allison AE2100 von je 6000 WPS (4500 kW) reduziert auf 4640 WPS (3460 kW) Leistung.
Leistungen: Max. Reisegeschwindigkeit 645 km/h, norm. Reisegeschwindigkeit 556 km/h; Anfangssteiggeschwindigkeit 10,7 m/Sek; Dienstgipfelhöhe 9315 m; Reichweite mit einer Nutzlast von 21625 kg über 2600 km, mit 18144 kg 5250 km.
Gewichte: Rüstgewicht (J) 34274 kg, (J-30) 35965 kg; max. Abfluggewicht 79380 kg.
Zuladung: Zwei Piloten und eine Nutzlast von 22000 kg.
Entwicklungsstand: Die erste C-130J fliegt seit 5. April 1996. Bisherige Bestellungen 179, u.a. Dänemark 4, RAF 25, RAAF 12 C-130J-30, Italien 22 C-130J/-30, USAF 85 (70 C-130J/CC-130J, 10 WC-130J, 5 EC-130J), USMC 35 KC-130J, USCG 6 HC-130J. Die USA haben insgesamt einen Bedarf von 168 neuen C-130J. Die C-130 ist das einzige Flugzeug, das in mehreren Varianten ununterbrochen seit bald 50 Jahren produziert wird und zwar bisher in rund 2200 Exemplaren. Von der Ausführung C-130J waren Ende 2005 rund 130 Einheiten hergestellt. Jährlich werden rund ein Dutzend gebaut.
Bemerkungen: Die Version C-130J ist gegenüber der bisherigen C-130H in wesentlichen Teilen überarbeitet und verbessert worden. Nebst neuen Triebwerken mit Sechsblattrotoren neuester Technologie werden ein völlig neues Zweimann-Cockpit mit vier grossen LCD-Anzeigen und einem HUD eingebaut. Weiter hat Lockheed zur Leistungserhöhung und zur Vereinfachung der Wartung das elektrische System, die Betankungsanlage sowie die gesamte Elektronik neu konzipiert. Alle diese Massnahmen führen dazu, dass bei um 17 % reduziertem Treibstoffverbrauch sowie einer um 15 % höheren Geschwindigkeit die Nutzlast-/Reichweitenleistung um nicht weniger als 61 % verbessert wird. Zudem hat man Teile der Struktur verstärkt. Die Ausführungen C-130J und C-130J-30 bzw. CC-130J unterscheiden sich nur durch die unterschiedliche Rumpflänge.
Hersteller: Lockheed Martin Marietta Corp., Marietta, Georgia, USA.

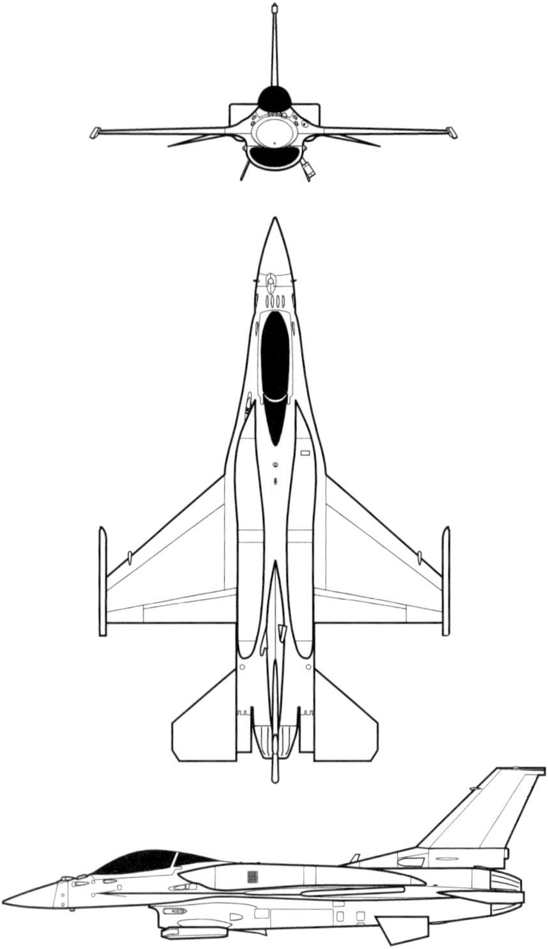

Abmessungen:
Spannweite 9,45 m
Länge 15,03 m
Höhe 5,09 m
Flügelfläche 27,87 m^2

LOCKHEED MARTIN F-16E/F BLOCK 60 FIGHTING FALCON

Ursprungsland: USA.
Kategorie: Einsitziger Mehrzweckjäger (F-16E) und zweisitziger operationeller Trainer (F-16F).
Triebwerke: Ein Mantelstromtriebwerk General Electric F110-132 von 8075 kp (79,2 kN) Standschub ohne und 14514 kp (142,0 kN) mit Nachbrenner.
Leistungen (mit F-100): Kurzzeitig erreichbare Höchstgeschwindigkeit 2145 km/h auf 12190 m (Mach 2,02), andauernde Höchstgeschwindigkeit 2007 km/h (Mach 1,89); Dienstgipfelhöhe 15240 m; (Block 50/52) taktischer Einsatzradius mit sechs 227-kg-Bomben 580 km; Überführungsreichweite mit Zusatztanks 3943 km.
Gewichte: Leergewicht 9300 kg; max. Startgewicht 22700 kg.
Bewaffnung: Eine mehrläufige 20-mm-Revolverkanone M61A-1 und, als Abfangjäger, bis zu sechs Luft-Luft-Lenkwaffen AIM-9L/M, als Erdkämpfer bis zu 5638 kg Aussenlasten.
Entwicklungsstand: Die erste F-16C Block 60, heute neu als F-16E bezeichnet, startete im Dezember 2003 zum Erstflug. 80 Einheiten (55 Einsitzer F-16E und 25 Doppelsitzer F-16F) erhält der bisher einzige Besteller, die Vereinigten Arabischen Emirate ab 2005. Von allen Ausführungen sind bisher rund 4350 Einheiten in etwa 110 Varianten von 20 Luftwaffen neu oder gebraucht beschafft worden. Derzeit werden pro Jahr rund 50 Einheiten gebaut. Neueste Besteller: Griechenland weitere 40, Pakistan weitere 55.
Bemerkungen: Gegenwärtig werden die Blöcke 50/52 und 60 abgeliefert. Zwischen den Produktionsblöcken 50/52 und 60 bestehen erhebliche Unterschiede. Nebst dem leistungsstärkeren Triebwerk sind Systeme und Avionik in wesentlichen Teilen neu. Besonders zu erwähnen ist das Bordradar Northrop Grumman APG-80, welches nach dem sog. «Active Array»-Prinzip (= Breitband mit elektronischer Strahlschwenkung) arbeitet. Das Cockpit hat man verbessert und im Helm des Piloten ist ein Display eingebaut. Die Verbindung zwischen den einzelnen Avionikelementen stellt ein High-speed Datennetzwerk aus Glasfaser sicher. Bedingt durch das höhere Einsatzgewicht musste die Struktur in einigen Bereichen überarbeitet werden. Schliesslich hat Lockheed dank zweier konformer Zusatztanks seitlich am oberen Rumpf die Tankkapazität von 3986 l auf 7390 l erhöht.
Hersteller: Lockheed Martin Marietta Corp., Fort Worth, Texas, USA.

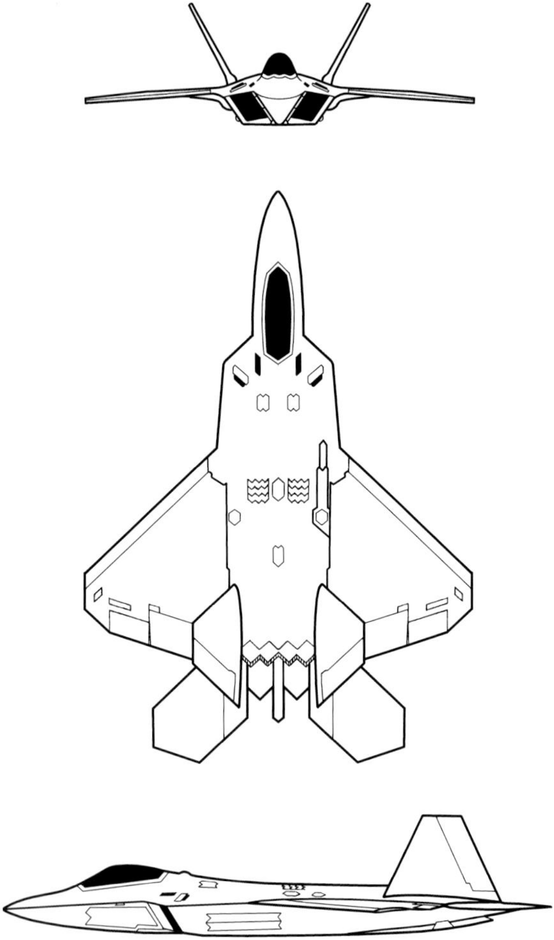

Abmessungen:
Spannweite 13,56 m
Länge 18,87 m
Höhe 5,05 m
Flügelfläche 77,1 m^2

LOCKHEED MARTIN/BOEING F/A-22 RAPTOR

Ursprungsland: USA.
Kategorie: Luftüberlegenheits- und Mehrzweckkampfflugzeug.
Triebwerke: Zwei Mantelstromtriebwerke Pratt & Whitney F119-PW-100 von je 11900 kp (116 kN) Standschub ohne und 15900 kp (156 kN) mit Nachverbrennung und schwenkbarem Triebwerkstrahl.
Leistungen: Höchstgeschwindigkeit in geringer Höhe 1470 km/h (Mach 1,20) oder 1915 km/h über 10975 m (Mach 1,80); max. Dauergeschwindigkeit 1595 km/h über 10975 m (Mach 1,50); Dienstgipfelhöhe 16700+ m; Aktionsradius mit voller Zahl Luft-Luft-Lenkwaffen 1450 km.
Gewichte: Leergewicht 14365 kg; max. Startgewicht 27216 kg.
Bewaffnung: Eine sechsläufige 20-mm-Revolverkanone M61A2 und zwei Kurzstrecken-Luft-Luft-Lenkwaffen AIM-9 je in einem separaten Schacht seitlich am Rumpf sowie bis zu sechs Mittelstrecken-Luft-Luft-Lenkwaffen AIM-120 im zentralen Waffenschacht. Für Erdkampfeinsätze können darin 450-kg-Bomben sowie Lenkwaffen oder Zusatztanks an vier Aufhängungen unter den Flügeln mitgeführt werden; max. Aussenlasten 2270 kg.
Entwicklungsstand: Der Serienprototyp der F-22 startete am 7. September 1997 zum Erstflug, das erste Serienflugzeug am 16. September 2002. Ende 2005 flogen über 50 F-22. Die Trainingseinheit hat im September 2003 die ersten F-22 Raptor erhalten. Im 2005 folgte die erste Einsatzstaffel. Voraussichtlich kauft die USAF nur noch 276 Maschinen, 131 sind bisher bestellt. Ab 2006 werden jährlich 25 Maschinen gebaut.
Bemerkungen: Die Raptor ist auch für Tiefangriffe ausgelegt und kann entsprechende Munition in den Waffenschächten, als auch an Aufhängepunkten unter den Flügeln mitführen. Deshalb hat man die ursprünglich als F-22 bezeichnete Raptor neu auf F/A-22 umbenannt. Stealth-Eigenschaften, hohe, kaum Einschränkungen unterworfene Wendigkeit, modernste Kampfelektronik und die Fähigkeit, ohne Nachbrenner eine Dauergeschwindigkeit von Mach 1,58 zu erzielen, machen die Raptor zum derzeit leistungsfähigsten Jagdflugzeug der Welt.
Hersteller: Lockheed Martin Marietta Corp., Marietta, Georgia und Boeing Military Airplanes, Seattle, Washington, USA.

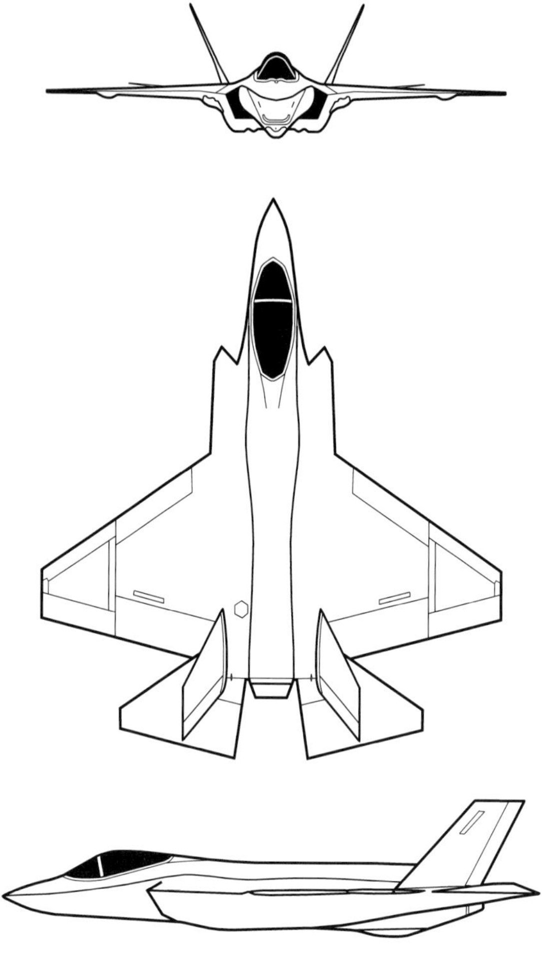

Abmessungen:
Spannweite (X-35A) 10,70 m, (X-35C) 12,19 m
Länge 15,47 m
Flügelfläche (X-35A) 42,70 m², (X-35C) 57,60 m²

LOCKHEED MARTIN X-35A/C JOINT STRIKE FIGHTER

Ursprungsland: USA (Grossbritannien).
Kategorie: Erprobungsträger für (X-35A) landgestütztes bzw. (X-35C) bordgestütztes CTOL-Mehrzweckkampfflugzeug.
Triebwerke: Ein Mantelstromtriebwerk Pratt & Whitney PW611 (Ableitung des F119) von 11400 kp (111,20 kN) ohne und 15910 kp (156,06 kN) mit Nachbrenner. Alternativ steht auch ein Mantelstromtriebwerk General Electric YF-120-FX mit etwa gleichen Leistungen und Auslegung zur Verfügung.
Leistungen: Höchstgeschwindigkeit etwa Mach 1,5; Dienstgipfelhöhe 15240 m+; Aktionsradius rund 1500 km.
Gewichte: Leergewicht 11340 kg; max. Startgewicht 22280 kg.
Bewaffnung: Eine 27 mm-Mauserkanone BK-27 und ca. 7000 kg Waffen.
Entwicklungsstand: Der Erprobungsträger X-35C startete am 16. Dezember 2000 zum Erstflug, nachdem die Landausführung X-35A bereits am 24. Oktober 2000 die Lufttaufe erhalten hatte. 24 Testflugzeuge der Ausführungen F-35 A, B und C sind vorgesehen, das erste soll 2006 fliegen. Die USAF wollen 1763 F-35A und die USN 480 F-35C beschaffen. Grossbritannien und Italien planen je rund 130 Einheiten verschiedener Ausführungen zu erwerben. Die Ablieferungen sollen frühestens 2008 beginnen.
Bemerkungen: Die Landversion (CTOL) 230A (X-35A) ist für die USAF, die 230C/X-35C als trägergestütztes Mehrzweckkampfflugzeug für die USN bestimmt. Allen gemeinsam (einschliesslich der STOVL-Ausführung X-35B, siehe Ausgabe 2004) sind der Flügel, die Seitenleitwerke und das Höhenleitwerk (bei der 230C mit jeweils grösserer Fläche, um bessere Start- und Landeeigenschaften zu erzielen). Nebst Lockheed sind an der Entwicklung auch Northrop Grumman und British Aerospace, sowie eine Vielzahl anderer Länder beteiligt. Konstruktiv sind die drei Ausführungen zu etwa 90 % gleich. Das Cockpit neuester Technologie weist hochauflösende Bildschirme auf. Viele Funktionen lassen sich durch Sprachbefehle oder via Pilotenhelm-Display steuern.
Hersteller: Lockheed Martin Marietta Corp., Marietta, Georgia, Werk Fort Worth, Texas, USA.

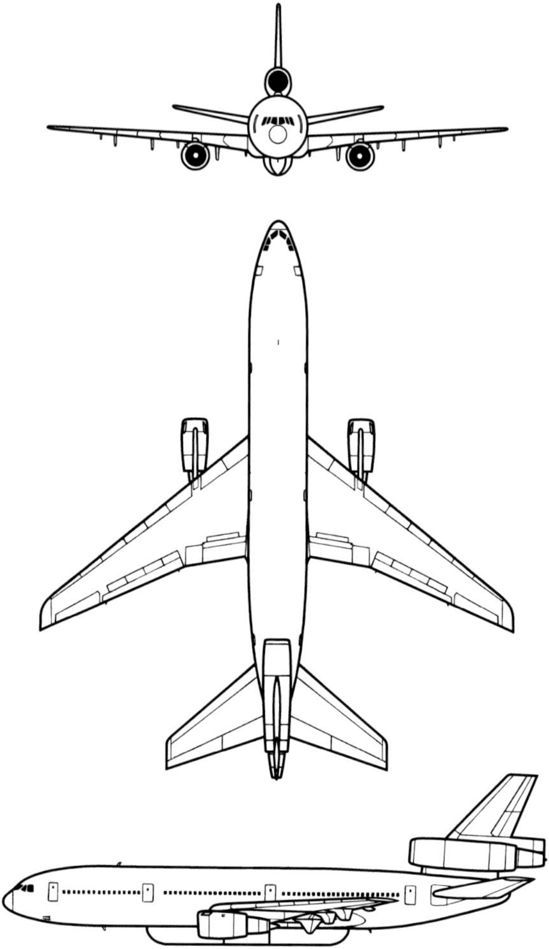

Abmessungen:
Spannweite 47,34 m
Länge 55,30 m
Höhe 17,70 m
Flügelfläche 329,80 m²

MCDONNELL DOUGLAS DC-10-10 SUPER TANKER

Ursprungsland: USA.
Kategorie: Schweres Löschflugzeug.
Triebwerke: Drei Mantelstromtriebwerke General Electric CF6-6D von je 18144 kp (177,93 kN) Standschub.
Leistungen: Max. Reisegeschwindigkeit 925 km/h auf 9145 m, Geschwindigkeit während der Löschaktion 260 km/h; Dienstgipfelhöhe 10605 m; Aktionsradius mit vollen Wassertanks 925 km; Reichweite mit montiertem Wassertank 5550 km.
Gewichte: Leergewicht ca. 107000 kg; max. Startgewicht 199600 kg.
Zuladung: Drei Personen im Cockpit und Löschwasser bzw. Retarder bis zu 45000 l; max. Nutzlast als Frachter 46000 kg.
Entwicklungsstand: Eine als Wasserbomber umgebaute DC-10-10 fliegt seit Anfang 2005. Ob weitere DC-10-10 entsprechend modifiziert werden, ist derzeit unbekannt.
Bemerkungen: Die seit einigen Jahren zunehmend häufiger und flächenmässig grösser auftretenden Waldbrände, aber auch andere Feuersbrünste, verlangen nach immer schwereren und wirkungsvolleren Wasserbombern. Ältere Muster sollen daher zunehmend auch durch Grossraumtransporter teilweise abgelöst werden. Nebst einer umgebauten 747-Version (siehe Seiten 72/73) tritt die Firma Tanker STC mit einer Löschvariante der DC-10 in diesen wachsenden Markt ein. Hierbei handelt es sich um ein früheres Passagierflugzeug DC-10-10, welches von sämtlicher für den Wasserabwurf nicht mehr benötigter Ausrüstung befreit wurde. Bei Löscheinsätzen kann die gesamte Ladung von 45000 l innert acht Sekunden oder in mehreren Etappen abgeworfen werden. Die Auffüllzeit dauert rund acht Minuten. Um lange Stillstände ausserhalb der Waldbrandsaison besser zu nutzen, wurde ein Frachttor eingebaut. In dieser Zeit kann das Flugzeug für Frachttransporte eingesetzt werden, den Wassertank montiert man dabei ab.
Hersteller: McDonnell Douglas Corp., Long Beach, Kalifornien (Umbau zu Wasserbomber) 10 Tanker STC, LLC, San Carlos, Kalifornien, USA.

Abmessungen:
Spannweite 11,41 m
Länge 17,16 m
Höhe 4,36 m
Flügelfläche (MIG-29SMT) 38,00 m^2, (MIG-29K) 42,00 m^2

MIKOJAN MIG-29SMT/MIG-35

Ursprungsland: Russland.
Kategorie: Ein- oder zweisitziges Mehrzweckkampfflugzeug.
Triebwerke: Zwei Mantelstromtriebwerke Klimow/Sarkisow RD-33(Mod) von je 5035 kp (49,40 kN) Standschub ohne und 9300 kp (91,00 kN) mit Nachbrenner.
Leistungen (MiG-29SMT): Höchstgeschwindigkeit mit vier Luft-Luft-Lenkwaffen 2445 km/h auf 11000 m (Mach 2,3) oder 1500 km/h auf Meereshöhe (Mach 1,3); max. Anfangssteiggeschwindigkeit 330 m/Sek; Dienstgipfelhöhe 17700 m; Einsatzradius (mit 1500-l-Zusatztanks und vier Luft-Luft-Lenkwaffen) 1015 km; max. Reichweite mit Zusatztanks 3500 km.
Gewichte (-29SMT): max. Startgewicht 20300 kg.
Bewaffnung: Eine 30-mm-Revolverkanone GSh-301 und eine maximale Waffenlast von 5000 kg an zehn Aussenstationen. Acht verschiedene Luft-Luft- bzw. 25 Luft-Boden-Lenkwaffen-Typen können mitgeführt werden wie auch Anti-Radar-Lenkwaffen sowie TV-gelenkte Gleitbomben.
Entwicklungsstand: Die Umbauversion MiG-29SMT fliegt seit 20. April 1998. 200 ältere Versionen der russischen Luftwaffe sollen entsprechend modifiziert werden. Die MiG-35 wurde erstmals im August 2005 vorgestellt. Rund 1200 MiG-29 aller Versionen sind für etwa 31 Luftwaffen hergestellt worden. Die Produktion läuft in begrenzter Zahl weiter. Jüngste Bestellung: Indische Marine 16+ MiG-29K/KUB + 30 Optionen.
Bemerkungen: Merkmale der MiG-29SMT sind u.a.: Neues Kampfradar N-019, Head-Up-Display, MIL-STD-1553 Databus sowie Cockpit mit multifunktionalen Flachbildschirmen. Ein Statteltank hinter dem Cockpit ermöglicht zudem bessere Reichweitenleistungen. Die Trägerversion MiG-29K (siehe Dreiseitenriss) basiert auf der MiG-29SMT, ist aber u.a. mit vergrösserten Faltflügeln und verstärktem Fahrwerk ausgerüstet. Die Steuerung erfolgt via digitalem Dreifach-Fly-by-Wire-System. Die jüngste Ausführung heisst MiG-35 (siehe Foto), früher als MiG-29OVT bezeichnet. Sie hat neue RD33-Triebwerke mit Vektor-Steuerung, welche dieser Version eine aussergewöhnliche Manövrierfähigkeit bescheren. Dazu kommt noch ein modifiziertes Fly-by-Wire-Steuersystem und ein elektronisch scannendes Bordradar Tikhomirov NIIP Bars-29.
Hersteller: Russian Aircraft Corp. MiG/MAPO, Moskau, Russland.

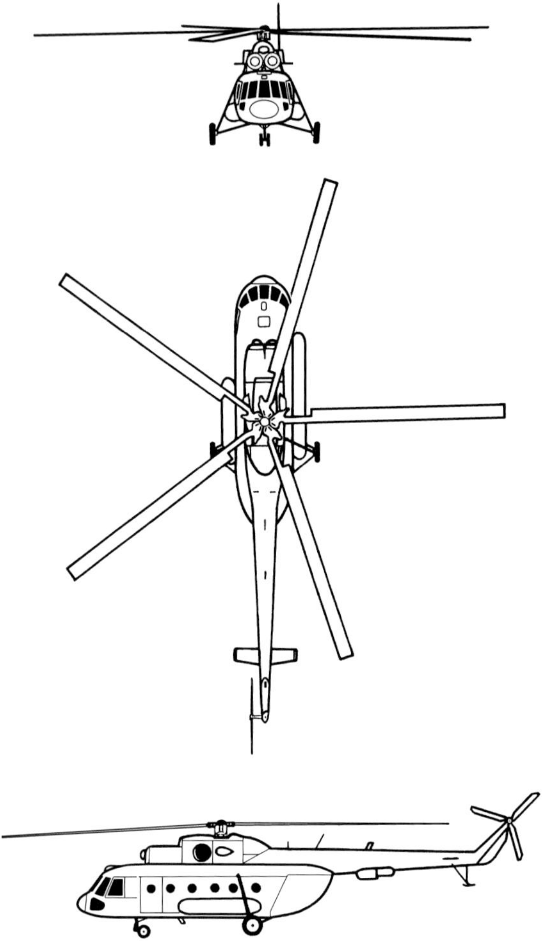

Abmessungen:
Rotordurchmesser 21,29 m
Rumpflänge ohne rotierenden Heckrotor 18,50 m
Höhe inkl. Rotorkopf 4,75 m

MIL/KAZAN MI-17M/MD

Ursprungsland: Russland.
Kategorie: Mittelschwerer militärischer und ziviler Mehrzweckhubschrauber.
Triebwerke: Zwei Gasturbinen Klimow TV3-117VM von je 2200 WPS (1620 kW) Leistung.
Leistungen: Höchstgeschwindigkeit in 1000 m 250 km/h; bei max. Startgewicht 230 km/h; Reisegeschwindigkeit 220 km/h; Dienstgipfelhöhe 6000 m; Schwebehöhe mit Bodeneffekt 4000 m, ohne Bodeneffekt 1760 m; Reichweite mit normaler Zuladung 500 km, mit vier externen Zusatztanks bis zu 1600 km.
Gewichte: Rüstgewicht 7100 kg; normales Startgewicht 11000 kg, maximal 13000 kg.
Zuladung: Zwei Piloten im Cockpit und bis zu 36 Soldaten bzw. 40 Passagiere; max. Nutzlast intern 4000 kg, extern 5000 kg.
Entwicklungsstand: Ein Prototyp der Version MD fliegt seit 1995. Die Mi-17 in ihren mehreren Ausführungen erfreut sich weiterhin grosser Nachfrage. So sind 2005 folgende (Nach)-Bestellungen eingegangen: Kroatien 15, div. zivile Nutzer. Rund 40 Länder sowie zahlreiche Privatfirmen setzen sie ein. Von allen Ausführungen der Mi-8/-17-Familie sind mittlerweile rund 18500 Exemplare gebaut worden.
Bemerkungen: Als vorläufig letzte Ausführung wird die Mi-17MD bzw. Mi-171 vom Werk Kazan angeboten. Äusserlich unterscheidet sie sich durch eine neue Buggestaltung mit Farb-Wetterradar. Weitere Merkmale: Notschwimmausrüstung mit aufblasbaren Ballonen, grössere Schiebetüren auf beiden Seiten, mechanische Frachttransportausrüstung im Heck, Platz für vier zusätzliche Passagiere. Als Option kann eine Rettungswinde mit einer Tragkraft von 300 kg installiert werden. Unter der Bezeichnung Mi-172 fliegt eine Ausführung mit Honeywell Glas-Cockpit, 1553-Databus, Multi-Sensor-Optiksystem und Missionssystem von BAE als Option. Weitere verbesserte Varianten befinden sich in Prüfung. Die russische Armee modernisiert derzeit 40 ihrer zahlreichen Mi-8 mit stärkeren Triebwerken, neuem Rotorsystem und aktualisierter Avionik ähnlich der Mi-17. Neuesten Plänen zufolge sollen die verschiedenen Varianten der Mi-17 inskünftig in einem Werk hergestellt werden. Heute sind es noch drei separate Firmen bzw. Werke (Kazan, Ulan-Ude und Rostvertol).
Hersteller: Mil/Kazan Helicopters, Moskau/Kazan, Russland.

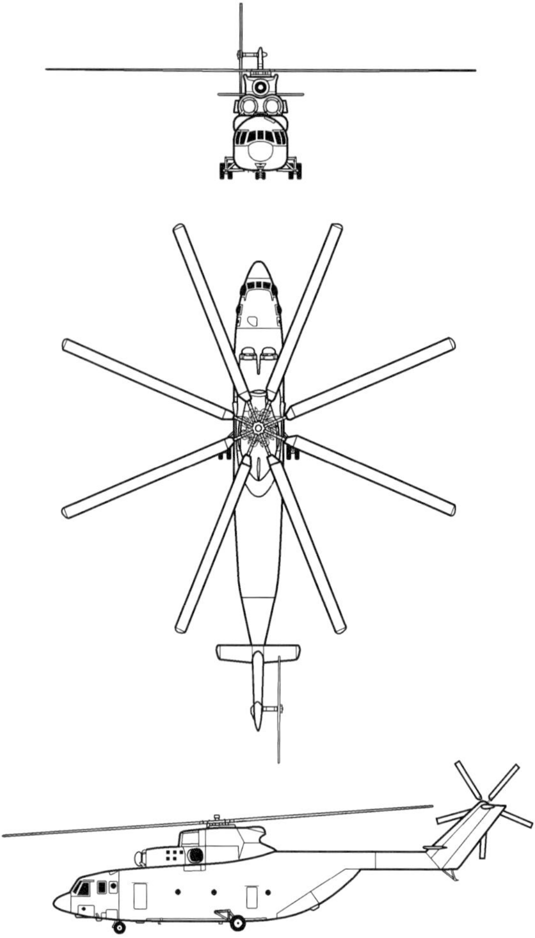

Abmessungen:
Rotordurchmesser 32,00 m
Rumpflänge ohne rotierenden Heckrotor 33,73 m
Höhe inkl. Rotorkopf 8,15 m

MIL/ROSTVERTOL MI-26T

Ursprungsland: Russland.
Kategorie: Schwerer militärischer und ziviler Transporthubschrauber.
Triebwerke: Zwei Gasturbinen ZMKB Progress (Lotarew) D-136 von je 11240 WPS (8383 kW) Leistung.
Leistungen: Höchstgeschwindigkeit 295 km/h; norm. Reisegeschwindigkeit 255 km/h; Dienstgipfelhöhe 4600 m; Schwebehöhe mit Bodeneffekt 4500 m, ohne Bodeneffekt 1800 m; Reichweite 800 km, mit vier Zusatztanks 1920 km.
Gewichte: Leergewicht 28200 kg; max. Startgewicht 56000 kg.
Zuladung: Fünf Mann Besatzung und als Militärtransporter bis zu 100 Soldaten oder 20000 kg Fracht bzw. bei Ambulanzeinsätzen bis zu 32 liegende Patienten.
Entwicklungsstand: Der immer noch schwerste und stärkste Serienhubschrauber der Welt fliegt seit dem 14. September 1977. Nach diversen Unterbrüchen werden immer wieder einige Exemplare gebaut, vor allen für zivile Zwecke. Kürzlich hat die kongolesische Luftwaffe drei Exemplare erworben. Insgesamt sind bisher eine recht grosse Zahl von Mi-26 (unbestätigte Quellen sprechen von bis zu 540) gebaut worden. Hauptnutzer sind die Luftwaffen Russlands (ca. 60) und Indien (10).
Bemerkungen: Verschiedene Ausführungen sind gebaut worden: Der Frachter Mi-26T, die Passagierausführung Mi-26P sowie die Ambulanzvariante Mi-26MS. Die Mi-26TM stellt eine Weiterentwicklung dar, mit stärkeren Triebwerken und Rotorblättern aus Kunststoff. Dadurch steigt die max. Nutzlast auf 22000 kg. Allen gemeinsam ist der achtblättrige Rotorkopf und ein Frachtraum, der beispielsweise grösser ist als jener der Antonow An-12. Einige als Firebuster bezeichnete Exemplare werden europaweit als Feuerlöscher eingesetzt, u.a. durch die belgische Skytech. Sie können bei einem einzigen Einsatz vier Behälter Wasser von 15,0 m^3 mitführen.
Hersteller: Mil/Rostvertol, Werk Arseneyew, Moskau, Russland.

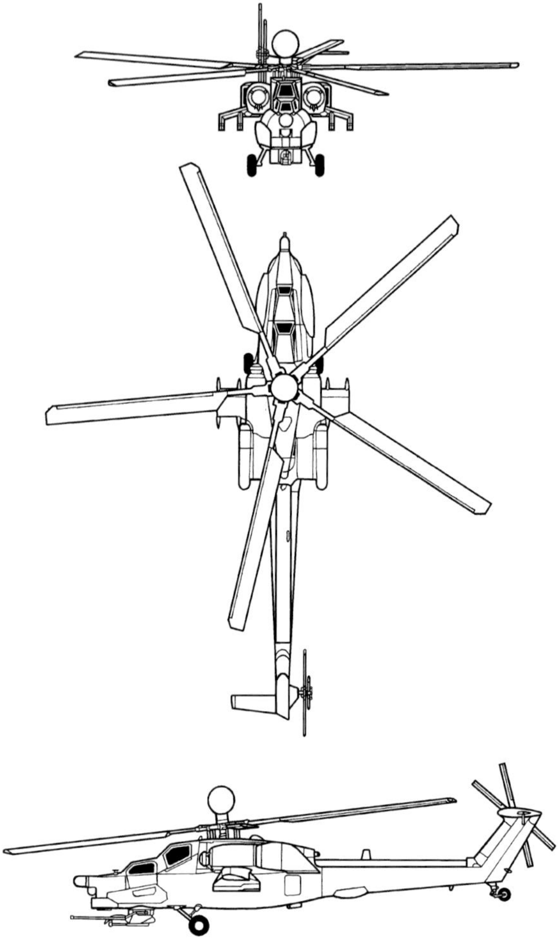

Abmessungen:
Rotordurchmesser 17,30 m
Rumpflänge 16,85 m
Höhe inkl. Rotorkopf 4,86 m

MIL/ROSTVERTOL MI-28N

Ursprungsland: Russland.
Kategorie: Zweisitziger Kampfhubschrauber.
Triebwerke: Zwei Gasturbinen Klimow (Isotow) TV3-117 von je 2200 WPS (1640 kW) Leistung.
Leistungen: Höchstgeschwindigkeit 320 km/h; max. Reisegeschwindigkeit 270 km/h; max. Schrägsteiggeschwindigkeit 14 m/Sek; Dienstgipfelhöhe 5800 m; Schwebehöhe ohne Bodeneffekt 3600 m; Reichweite mit max. Treibstoffzuladung 470 km; Flugdauer 2 Std.
Gewichte: Leergewicht 7000 kg; norm. Startgewicht 10700 kg; max. Startgewicht 12100 kg.
Bewaffnung: Eine 30-mm-2A42-Kanone in einem Turm unter der Rumpfnase und je zwei Waffenstationen mit einer Tragkraft von 480 kg an beiden Stummelflügeln. Typische Bewaffnung: Panzerabwehrlenkwaffen 9M114 «Shturm» und Luft-Luft-Lenkwaffen 9M39 «Igla»; max. Nutzlast 2000 kg.
Entwicklungsstand: Der Prototyp der Weiterentwicklung Mi-28N nahm am 14. November 1996 die Flugerprobung auf. Derzeit sollen vier Maschinen fliegen. Aktueller Planung zufolge erhält die russische Luftwaffe ab 2006 vorläufig 50 Einheiten.
Bemerkungen: Die Mi-28N ist der zurzeit kampfstärkste Hubschrauber dieser Klasse. Sie verfügt über Panzerung aus Titan und Verbundwerkstoffen, um die Piloten, die Rumpftanks sowie weitere lebenswichtige Systeme zu schützen. Ähnlich wie die AH-64D (siehe Seiten 92/93) ist die Mi-28N mit einem im Mastvisier eingebauten 360°-Millimeter-Wellenradar ausgerüstet. Dank der hoch entwickelten elektronischen Kampfausrüstung ist sie allwetter- und nachtkampftauglich. Die Serienausführung erhält neue Kunststoff-Rotorblätter mit nach hinten gepfeilten Spitzen.
Hersteller: Mil/Rostvertol, Werk Rostow, Moskau, Russland.

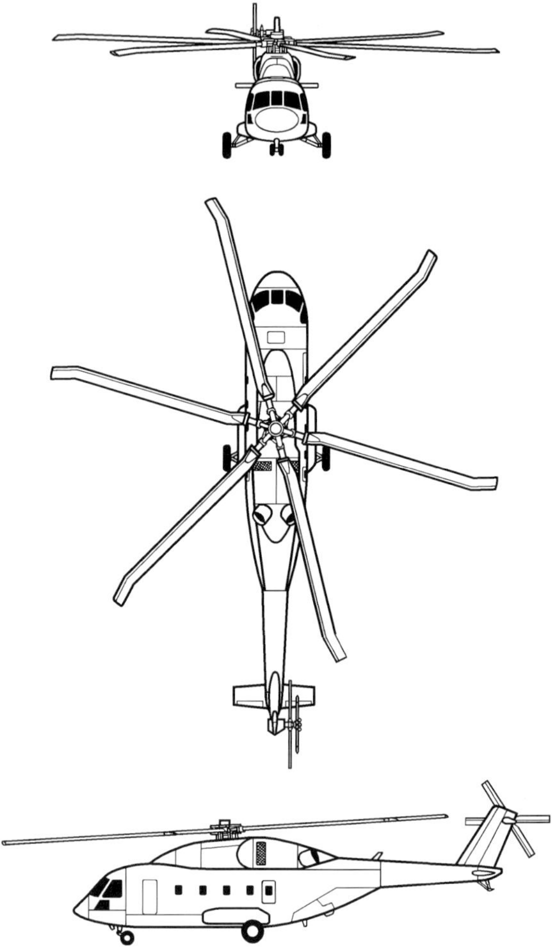

Abmessungen:
Rotordurchmesser 21,10 m
Rumpflänge 19,95 m
Höhe inkl. Rotor 5,20 m

Mil/Kazan Mi-38

Ursprungsland: Russland.
Kategorie: Mittelschwerer militärischer und ziviler Mehrzweckhubschrauber.
Triebwerke: Zwei Gasturbinen (Prototyp) Pratt & Whitney Canada PW127T/S von je 2500 WPS (1865 kW), (Serie) Klimow VK-3000/127 von je auf 2465 WPS (1838 kW) reduzierter Leistung.
Leistungen (nach Angaben des Herstellers): Höchstgeschwindigkeit 275 km/h; Reisegeschwindigkeit 250 km/h; Dienstgipfelhöhe 6500 m; Schwebehöhe ohne Bodeneffekt 2500 m; Reichweite mit einer Nutzlast von 3500 kg 800 km, mit Zusatztanks maximal 1300 km.
Gewichte: Max. Startgewicht 15600 kg.
Zuladung: Zwei Piloten und 30 bis zu 44 Passagiere. Max. Nutzlast intern 5000 bis 6000 kg, extern 7000 kg.
Entwicklungsstand: Nach jahrelangen Verzögerungen nahm der Prototyp Mi-38 die Flugerprobung am 22. Dezember 2003 auf. Drei Erprobungsmuster werden gebaut. Die bisherigen Tests erforderten einige Modifikationen, was eine weitere Verschiebung des Programms nach sich zieht. Euromil rechnet nun mit dem Start der Serienproduktion im 2008. Bisher sind jedoch noch keine Bestellungen eingegangen.
Bemerkungen: Die Mi-38 soll die grosse Zahl von Mi-8-Helikoptern ersetzen. Zwei Versionen sind geplant: Die militärische Mi-383 mit einer Frachtkapazität von 6000 kg sowie die zivile Mi-382 in Passagierkonfiguration. In Konzeption und Auslegung gleicht die Mi-38 sehr der EH 101 (siehe Seiten 22/23). Sie weist den gleichen sechsblättrigen Hauptrotor aus Verbundwerkstoffen und elastomeren Gelenken der Mi-28 (siehe Seiten 244/245) auf. Der Heckrotor besteht aus zwei unabhängigen zweiblättrigen Rotoren in einer X-Anordnung. Das Fahrwerk ist einziehbar. Die Kabine weist folgende Innenmasse auf: Länge 6,80 m, Breite 2,20 m, Höhe 1,80 m. Zur Erleichterung des Ladevorganges ist eine grosse Heckladeklappe vorhanden. Die gesamte Flugsteuerung erfolgt durch ein Fly-by-wire-System. Zur Entwicklung und zum Vertrieb ist Mil mit Eurocopter eine Beteiligung unter dem Namen Euromil eingegangen. Der Verkaufspreis soll zwischen US$ 12 und 15 Mio. liegen.
Hersteller: Mil/Kazan (Euromil) Helicopters, Moskau/Kazan, Russland.

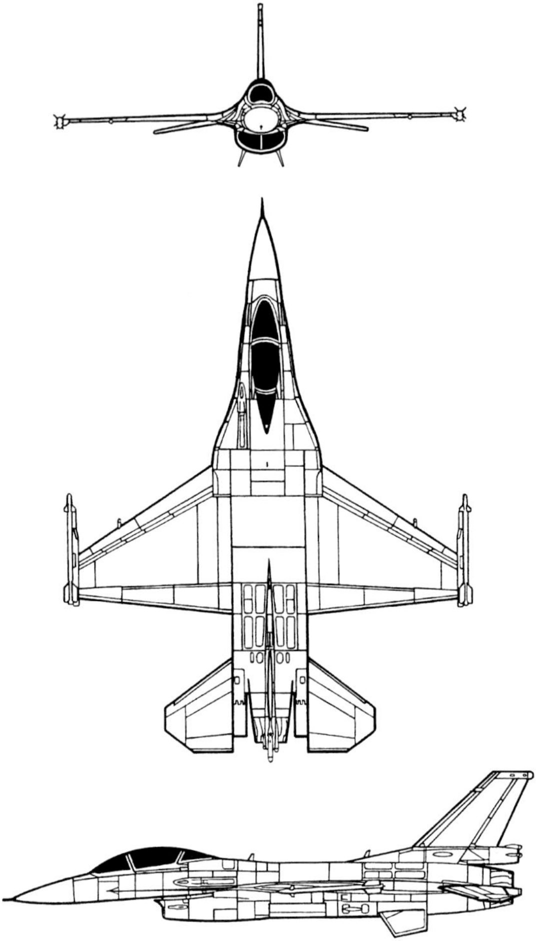

Abmessungen:
Spannweite 11,13 m
Länge 15,52 m
Höhe 4,96 m
Flügelfläche 34,84 m^2

MITSUBISHI F-2

Ursprungsland: Japan (USA).
Kategorie: (F-2A) Einsitziger bzw. (F-2B) doppelsitziger Mehrzweckjäger.
Triebwerke: Ein Mantelstromtriebwerk General Electric F110-GE-129 von 7711 kp (75,5 kN) Standschub ohne und 13880 kp (131,7 kN) mit Nachverbrennung.
Leistungen (Schätzungen): Höchstgeschwindigkeit in grossen Höhen Mach 2,0, in Bodennähe mehr als Mach 1,0; Anfangssteiggeschwindigkeit 255 m/Sek; Dienstgipfelhöhe 17900 m; Einsatzradius mit Antischiffs-Lenkwaffen > 830 km; Überführungsreichweite 3500 km.
Gewichte: Leergewicht 9527 kg; norm. Startgewicht 18500 kg, max. 22000 kg.
Bewaffnung: Die max. Waffenlast soll 9000 kg betragen, u.a. die japanischen Eigenentwicklungen Mitsubishi AAM-3-Luft-Luft- sowie die XASM-2-Anti-Schiffs-Lenkwaffen umfassen.
Entwicklungsstand: Erstflug des ersten von vier Prototypen FS-X am 7. Oktober 1995, des letzten am 24. Mai 1996. Die Ablieferungen an die japanischen Luftstreitkräfte begannen im September 2000. Bisher sind 76 Einheiten bestellt und etwa 60 abgeliefert. Die erste Staffel war im Jahr 2001 einsatzbereit. Eventuell erfährt die bisher geplante Beschaffung von insgesamt 130 F-2 (einschliesslich 47 Doppelsitzer) Kürzungen aus Budgetgründen.
Bemerkungen: Die F-2 ist von der Lockheed F-16 abgeleitet. Im Laufe der Entwicklung hat sie sich technisch vom Ausgangsmuster immer weiter entfernt, so dass heute fast von einem vollständig neu entwickelten Typ gesprochen werden kann. Vorderrumpf und Heck sind leicht länger und der Flügel aus Kunststoff ist eine völlige Neuentwicklung. In amerikanisch-japanischer Zusammenarbeit wurde auch ein neuartiges Mehrzweck-Bordradar mit Aktiv-Steuerung und einer Reichweite bis zu 190 km konstruiert, welches gleichzeitig zehn Ziele verfolgen kann. Die übrige Elektronik stammt vollständig aus japanischer Entwicklung, wie das Weitwinkel-Head-up-Display, die fünf Flüssigkristallanzeigen im Cockpit sowie ein umfangreiches integriertes System für die elektronische Kampfführung. Diverse Teile des Rumpfes sind mit Radar-absorbierendem Material ausgestattet.
Hersteller: Mitsubishi Heavy Industries Ltd., Werk Nagoya, Tokio, Japan.

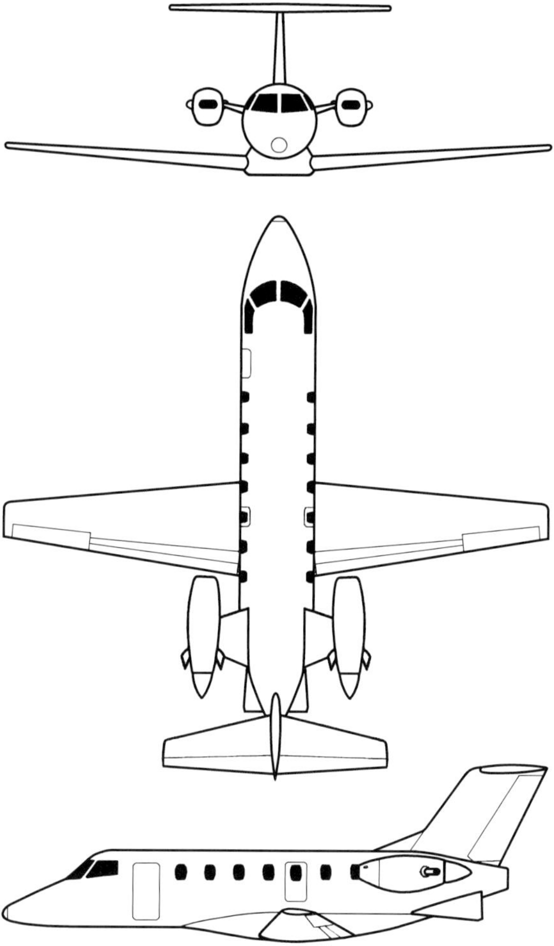

Abmessungen:
Spannweite 14,07 m
Länge 15,02 m
Höhe 5,17 m
Flügelfläche 25,70 m²

NAL SARAS

Ursprungsland: Indien (Russland).
Kategorie: Kurzstrecken-Verkehrsflugzeug.
Triebwerke: Zwei Propellerturbinen Pratt & Whitney PT6A-66 von je 840 WPS (625 kW) Leistung.
Leistungen (nach Angaben des Herstellers): Max. Reisegeschwindigkeit 625 km/h; normale Reisegeschwindigkeit 520 km/h; Dienstgipfelhöhe 9000 m; Reichweite mit max. Nutzlast 1200 km; max. Flugdauer 6 Std.
Gewichte: Leergewicht 4116 kg; max. Startgewicht 6100 kg.
Zuladung: Zwei Mann Cockpitbesatzung und 15 Passagiere; max. Nutzlast 1232 kg.
Entwicklungsstand: Nach langen Verzögerungen startete der erste von zwei Prototypen am 29. Mai 2004 zum Jungfernflug. Sechs Maschinen hat die indische Luftwaffe bestellt. Die ersten Exemplare sollen 2007 abgeliefert werden.
Bemerkungen: Die Saras ist eigentlich eine russische Entwicklung des Konstruktionsbüros Myasischew und dauerte über 14 Jahre. Aus Finanzmangel konnte das Projekt durch Russland alleine aber nicht fertig gestellt werden. Die indische NAL hat sich nun zum Ziel gesetzt, die Saras zur Serienreife zu führen. Noch kämpft das Projekt mit grossen Gewichtsproblemen. Der Prototyp wiegt rund 20 % mehr als geplant. Speziell an diesem Muster sind die an Pylonen hinten neben dem Rumpf angebrachten Triebwerke mit Propellern als sog. «Pusher» ausgelegt. Dies reduziere den Lärm in der Kabine erheblich. Mehrere Aufgaben sind vorgesehen: Commutertransporte, Fliegende Ambulanz, Überwachungsaufgaben usw. Das Muster soll gut geeignet sein, ab hoch gelegenen und heissen Flugplätzen zu operieren, welche keine befestigte Piste aufweisen. In den Serienmustern sollen PT6-67-Triebwerke eingebaut werden, welche 15 % mehr Leistung erbringen. Diese Triebwerke sind auch für die geplante gestreckte Variante für 19 Passagiere vorgesehen.
Hersteller: Entwickler: National Aerospace Laboratory (NAL), Hersteller: Hindustan Aeronautics Ltd., Bangalore, Indien.

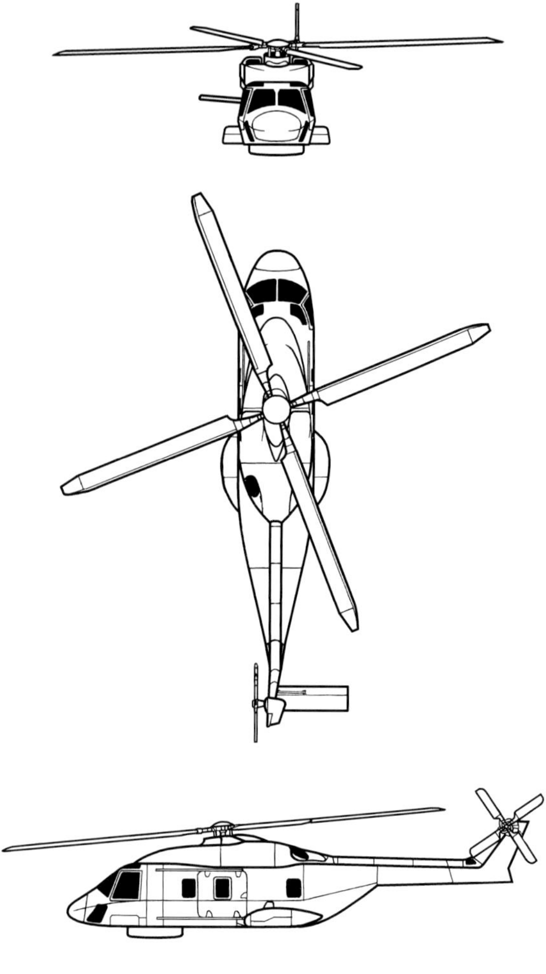

Abmessungen:
Rotordurchmesser 16,30 m
Rumpflänge 15,88 m
Höhe über Heckrotor 5,44 m

NH INDUSTRIES NH90

Ursprungsland: Deutschland, Frankreich, Italien, Niederlande.
Kategorie: Mittelschwerer militärischer Mehrzweck- (TTH) und bordgestützter U-Bootjagdhubschrauber (NFH).
Triebwerke: Zwei Gasturbinen Rolls-Royce-Turboméca RTM322-01/9 bzw. General Electric T700-T6E von je 1680 WPS (1253 kW) Leistung.
Leistungen: Höchstgeschwindigkeit fast 300 km/h; normale Reisegeschwindigkeit 260 km/h; Dienstgipfelhöhe 6000 m; Schrägsteiggeschwindigkeit 11 m/Sek; Schwebehöhe mit Bodeneffekt 3500 m, ohne Bodeneffekt 2900 m; Einsatzradius mit 2000 kg Nutzlast 250 km; Überführungsreichweite > 1200 km; Einsatzdauer 4 Std.
Gewichte: Leer zwischen 5400 und 6400 kg; normales Startgewicht 8700 bis 9300 kg, max. 10000 kg.
Zuladung (TTH): Zwei Piloten und 20 Soldaten bzw. 12 Verwundete; Nutzlast 2500 kg; (NFH): Zwei Piloten und bis vier Systemoperateure.
Bewaffnung (NFH): Je zwei Torpedos oder Anti-Schiffslenkwaffen an Trägern seitlich am Rumpf.
Entwicklungsstand: Der erste von fünf Erprobungsmustern (vier TTH, ein NFH) fliegt seit dem 18. Dezember 1995, die ersten Serienmuster seit Mitte 2004. Geplante Beschaffungen: Deutschland total 215, Frankreich 133/27, Italien 150/46, Niederlande 0/20. Bisher sind 325 Hubschrauber beider Versionen fest bestellt; Ablieferungen ab 2004. Weitere Besteller: Australien 12 TTH, Finnland 20 TTH, Griechenland 20 TTH (+ 14 Optionen), Neuseeland, Norwegen 14 NFH, Oman 20 TTH, Portugal 10 TTH, Schweden 18 TTH + NFH, Spanien 45 TTH.
Bemerkungen: Zwei in ihrer Grundkonzeption weitgehend gleiche Ausführungen werden angeboten: Die für taktische Aufgaben konzipierte TTH mit einer Heckladerampe sowie die Marineausführung NFH. Letztere verzichtet auf die Rampe, besitzt dafür faltbare Rotoren, ein beiklappbares Rumpfheck und zwei Schwimmer. Die Bordavionik umfasst u.a. taktisches Radar, FLIR, Sonar sowie zahlreiche weitere Sensorsysteme. Im Hinterrumpf befindet sich ein Ausstoss-System für Düppel, Infrarotfackeln und Sonarbojen. Die NH90 verfügt über eine weitgehend aus Verbundstoff bestehende Zelle und eine Fly-by-Wire-Steuerung.
Hersteller: NH Industries, Aix-en-Provence, Frankreich.

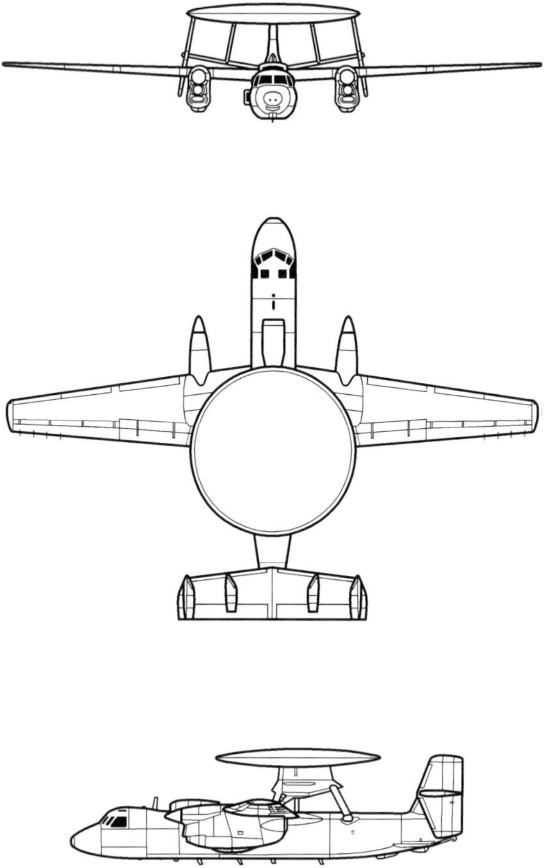

Abmessungen:
Spannweite 24,56 m
Länge 17,55 m
Höhe 5,69 m
Flügelfläche 65,03 m²

NORTHROP GRUMMAN E-2C/D HAWKEYE

Ursprungsland: USA.
Kategorie: Bordgestütztes Frühwarn- und Überwachungsflugzeug sowie fliegende Kommandozentrale.
Triebwerke: Zwei Propellerturbinen Rolls-Royce (Allison) T56-A-427 von je 5250 WPS (3917 kW) Leistung.
Leistungen: Höchstgeschwindigkeit 598 km/h; max. Reisegeschwindigkeit 576 km/h; Anfangssteiggeschwindigkeit 12,8 m/Sek; Dienstgipfelhöhe 9390 m; Einsatzdauer 4 Std. bei einem Aktionsradius von 370 km; max. Flugdauer 6,1 Std; Überführungsreichweite 2580 km.
Gewichte: Leer 17265 kg; max. Startgewicht 24494 kg.
Zuladung: Fünf Mann Besatzung, bestehend aus zwei Piloten und drei Ingenieuren im zentralen Einsatzraum.
Entwicklungsstand: Die derzeit aktuellste als Hawkeye 2000 bezeichnete Ausführung, nahm die Flugerprobung am 11. April 1998 auf. 26 neue Einheiten erhält die USN ab 2001. Maximal weitere 54 Maschinen werden bis zum Jahr 2010 in diese Ausführung umgebaut. Jährlich liefert Gruman drei bis vier E-2C aus. Die Hawkeye in verschiedenen Versionen ist ferner im Einsatz: Ägypten 6, Frankreich 3, Israel 4, Japan 13, Mexico 3 (ex. Israel), Singapur 4 und Taiwan neu 6. Die US Küstenwache setzt vier, die US Zollbehörde eine von der US Navy gemietete E-2C zur Drogenbekämpfung ein. Die Flugerprobung der E-2D beginnt im 2007.
Bemerkungen: Gegenüber der E-2C Group 2-Standard (siehe Ausgabe 1998) unterscheidet sich die Hawkeye 2000 wie folgt: Neuer Zentralrechner mit sog. «offener IT-Architektur», welche nachträgliche Aufdatierungen wesentlich erleichtert, neue bedienungsfreundlichere Workstations, Satellitenkommunikation, bessere Navigationssysteme, Luftbetankungsmöglichkeit und ein Infrarotsensor für die passive Überwachung. Alle Hawkeye 2000 erhalten auch neue Achtblatt-Propeller. Im 2003 wurde die Entwicklung einer weiteren Ausführung «Advanced Hawkeye» mit neuem Radar ADS-18 freigegeben. Ab 2010 will die USN 75 Einheiten als E-2D beschaffen.
Hersteller: Northrop Grumman Corporation, Werk St. Augustine, Florida, Los Angeles, Kalifornien, USA.

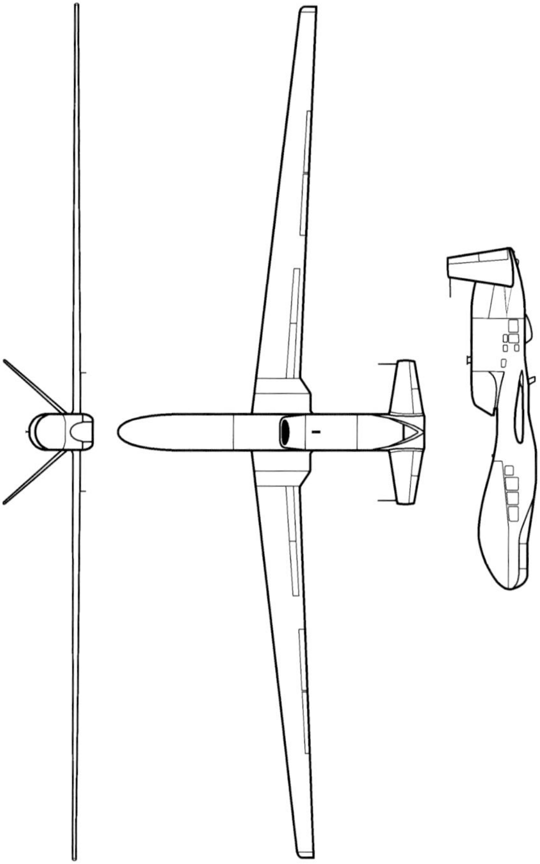

Abmessungen:
Spannweite (RQ-4A) 35,42 m, (RQ-4B) 39,89 m
Länge (RQ-4A) 13,53 m, (RQ-4B) 14,50 m
Höhe 4,63 m
Flügelfläche (RQ-4A) 50,1 m²

NORTHROP GRUMMAN RQ-4A/B GLOBAL HAWK

Ursprungsland: USA.
Kategorie: Unbemannter hochfliegender Langstreckenaufklärer.
Triebwerke: Ein Mantelstromtriebwerk Rolls-Royce Allison AE3007H von 2900 kp (28,5 kN) Standschub.
Leistungen: Höchstgeschwindigkeit ca. Mach 0,60, Patrouillengeschwindigkeit 635 km/h; Dienstgipfelhöhe 19800 m; max. Flugdauer 36 Std; Aktionsradius mit einer Aufenthaltsdauer von 24 Std. am Zielort 5500 km, Reichweite bis zu (RQ-4A) 25015 km, (RQ-4B) 22780 km.
Gewichte: Leergewicht 4173 kg; max. Startgewicht (RQ-4A) 11612 kg, (RQ-4B) 14640 kg.
Zuladung: Aufklärungssysteme im Gesamtgewicht von (RQ-4A) 907 kg, (RQ-4B) 1360 kg.
Entwicklungsstand: Der erste Prototyp nahm die Flugerprobung am 28. Februar 1998 auf. 15 Prototypen bzw. RQ-4A werden für die USAF und die USN (2) gebaut. Ab dem neunten Serienexemplar wird auf die leistungsfähigere RQ-4B gewechselt (Erstflug 2006). Bei einem Bedarf von 33 Einheiten, gab die USAF bisher 20 Systeme in Auftrag.
Bemerkungen: Die Global Hawk kann unbemannt aus 20 km Höhe in 24 Std. ein Gebiet der Grösse Griechenlands flächendeckend aufklären und die gewonnenen Daten via Satellit weltweit online übertragen. Zur Erfüllung dieser Aufgaben ist die RQ-4A mit modernsten Systemen ausgerüstet, u.a. allwettertaugliches Seitensichtradar, CCD-Kamera für hochauflösende Bilder, Wärmebildsensoren usw. Während der Rumpf konventionell aus Aluminium besteht, sind die Flügel vollständig aus Kohlefasern hergestellt und trotz grosser Spannweite äusserst steif ausgelegt. Sie biegen sich bei Belastung um nur max. 60 cm durch. Auch das gesamte Leitwerk ist aus Verbundwerkstoffen. Um ein hohes Mass an Ausfallsicherheit zu erreichen, ist die gesamte Flugsteuerung doppelt vorhanden, das gleiche gilt auch für die meisten Computer. Ab 2005 wird die grössere RQ-4B gebaut. Sie unterscheidet sich hauptsächlich durch die etwas grösseren Abmessungen und die höhere Nutzlast. Das Fahrwerk ist neu positioniert, um mehr Raum für Nutzlasten zu schaffen. Eine als EuroHawk bezeichnete ELINT-Variante der RQ-4B wird derzeit als Ersatz der deutschen Breguet Atlantic ELINT sowie für die NATO geprüft.
Hersteller: Northrop Grumman Corp., Werk San Diego, Kalifornien, USA.

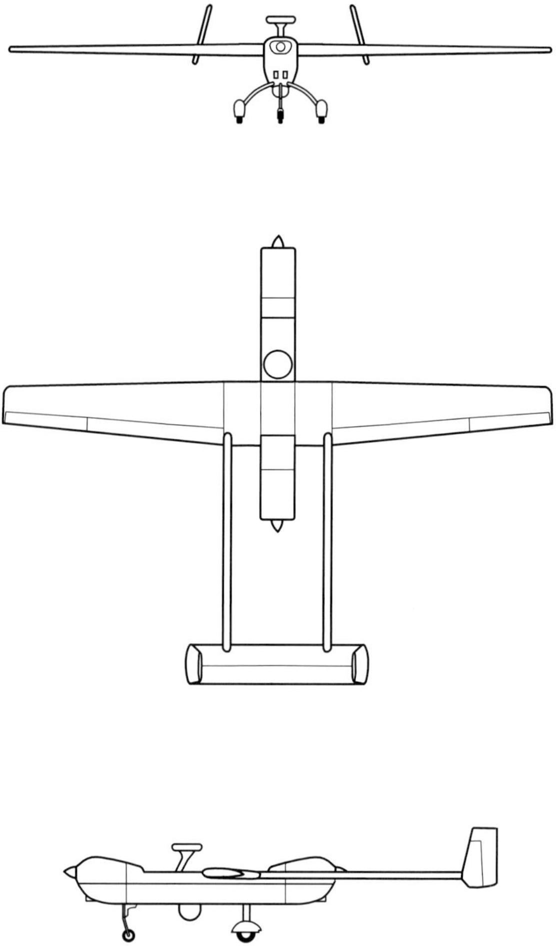

Abmessungen:
Spannweite (RQ-5A/B) 10,44/8,90 m
Länge (RQ-5A/B) 6,95/7,01 m
Höhe 1,65 m

NORTHROP GRUMMAN RQ-5B HUNTER

Ursprungsland: USA.
Kategorie: Unbemanntes taktisches Aufklärungssystem für mittlere Höhen.
Triebwerke: Zwei Dieselmotoren Mercedes Benz unbekannter Leistung vorne und hinten am Rumpf.
Leistungen: Höchstgeschwindigkeit 196 km/h; Patrouillengeschwindigkeit rund 138 km/h; Dienstgipfelhöhe (RQ-5A/B) 4570/5490 m; Einsatzdauer bis zu (RQ-5A/B) 12/18 Std.
Gewichte: Max. Startgewicht (RQ-5A/B) 725/820 kg.
Zuladung: Aufklärungssysteme im Gesamtgewicht von 60 kg.
Entwicklungsstand: Die Ursprungsausführung RQ-5A Hunter fliegt bereits seit 1991. Eine als E-Hunter (siehe Foto) bezeichnete Weiterentwicklung nahm die Flugerprobung am 17. März 2005 auf. Die US Army wird voraussichtlich rund 50 frühere Hunter in die E-Hunter umbauen.
Bemerkungen: Seit mehreren Jahren setzt die US Army die RQ-5A Hunter mit grossem Erfolg ein, u.a. im Irak-Konflikt. Diese wird laufend aufdatiert, um beispielsweise neue Systeme mitzuführen und grössere Reichweiten zu erzielen. Eine als RQ-5B oder MQ-5B E-Hunter bzw. Enhanced-Hunter bezeichnete Weiterentwicklung verfügt über einen durch ein neues Mittelstück vergrösserten Flügel und kann daher längere Zeit in der Luft bleiben. Sie ist auch in der Lage, leichte Waffen mitzuführen. Northrop Grumman entwickelt auch eine als Hunter II bezeichnete Ausführung. Zusammen mit der EADS Eagle 1 (siehe Seiten 146/147) hat sie ihren Ursprung in der IAI Heron (siehe Seiten 206/207) und beteiligen sich an der Ausschreibung für eine neue Drone für die USA. Sie wurde jedoch aufgrund der spezifischen Anforderungen weiter entwickelt. Diesen Wettbewerb hat man zwar kürzlich an die General Atomics Warrior (siehe Seiten 180/181) verloren. Northrop Grumman will das System trotzdem weiter vertreiben. Analog mit ihren Schwesterausführungen verfügt auch die Hunter II über modular austauschbare Systeme wie ein SAR-Radar, Aufklärungs- und Zielerfassungs-/bzw. leit-Instrumente.
Hersteller: Northrop Grumman Integrated Systems, Unmanned Systems, San Diego, Kalifornien, USA.

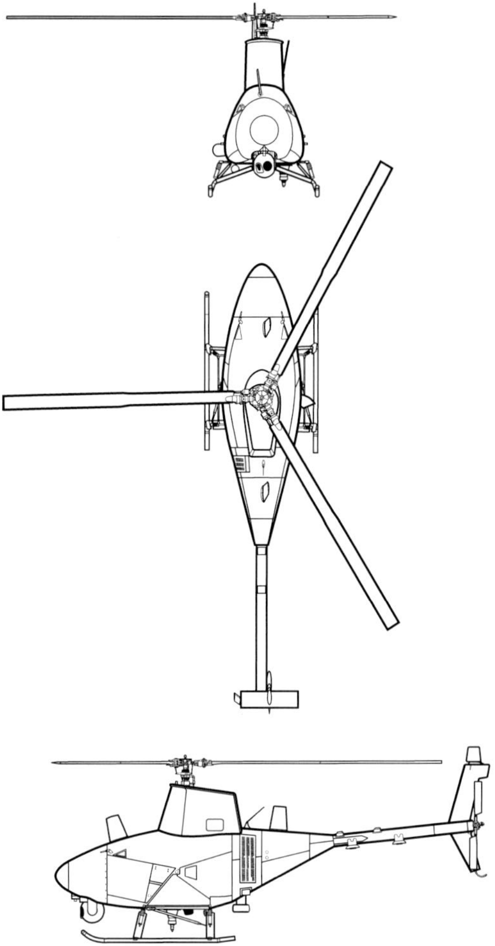

Abmessungen:
Rotordurchmesser 8,38 m
Rumpflänge 7,01 m
Höhe 2,87 m

NORTHROP GRUMMAN RQ-8A/MQ-8B FIRE SCOUT

Ursprungsland: USA.
Kategorie: Unbemannter Überwachungs- und Aufklärungshubschrauber.
Triebwerke: Eine Gasturbine Rolls-Royce 250-C20W von 420 WPS, reduziert auf 250 WPS (186,3 kW) Leistung.
Leistungen: Höchstgeschwindigkeit 230 km/h; Dienstgipfelhöhe 6100 m; Aufenthaltsdauer max. 6 Std, 200 km vom Mutterschiff entfernt 4 Std.
Gewichte (RQ-5A/MQ-5B): Startgewicht 1200/1425 kg.
Zuladung: Aufklärungsmittel, Elektronik- und Sensorenausrüstung von max. (RQ-8A) 57 kg, (MQ-8B) 272 kg.
Entwicklungsstand: Ein firmeneigener Prototyp begann die Erprobung am 19. Mai 2002. Derzeit befinden sich drei in der Flugversuchsphase. Die Weiterentwicklung MQ-8B der Fire Scout gelangt bei der US Army auf Brigadeebene zum Einsatz. Sieben Prototypen werden gebaut. Daneben hat die US Navy vorerst zwei, die US Army acht Seriensysteme bestellt, welche ab 2006 zur Ablieferung gelangen.
Bemerkungen: Der unbemannte Drehflügler RQ-8A ist eine Ableitung des Leichthubschraubers Schweizer 333 (siehe Ausgabe 2004). Sein Aufgabengebiet umfasst Real-Time-Aufklärungs- und Überwachungseinsätze sowie Zieldarstellungen ab kleinen Schiffen in einem Radius von etwa 200 km. Dazu verfügt er über elektro-optische Sensoren, Infrarotausrüstung und einen Laser-Zielzuweiser. Zum gesamten Integral-System gehört nebst dem Fluggerät auch eine containerisierte Boden- bzw. Schiffstation S-280 zur Lenkung der Einsätze und zum Empfang der Informationen. Hubschrauber und Empfangsstation lassen sich schnell mit einem Transporter C-17 verlegen. Später sind auch leichte Waffeneinsätze denkbar. Es sind daher Versuche mit der Luft-Boden-Lenkwaffe AGM-114 Hellfire durchgeführt worden. Die Serienausführung heisst MQ-8B und umfasst einen Vierblattrotor, grössere Treibstoffkapazität und erlaubt ein höheres Startgewicht. Auch die USN beschafft anstelle der RQ-8A diese Variante.
Hersteller: Northrop Grumman Corp., Los Angeles, Kalifornien, USA.

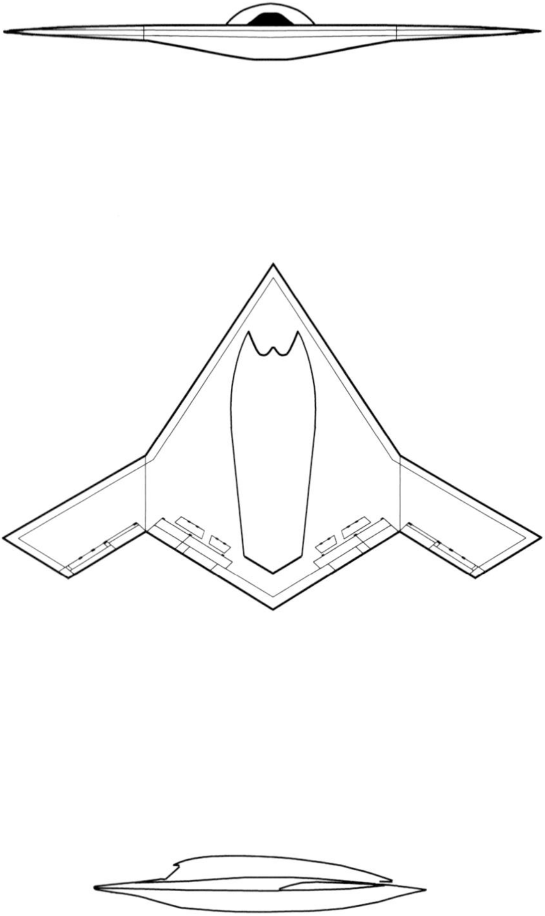

Abmessungen:
Spannweite 18,93 m
Länge 11,63 m
Höhe 3,10 m

NORTHROP GRUMMAN X-47B PEGASUS

Ursprungsland: USA.
Kategorie: Unbemanntes land- und bordgestütztes Kampfflugzeug.
Triebwerke: Ein Mantelstromtriebwerk Pratt & Whitney F100-220 von 10780 kp (105,7 kN) Standschub.
Leistungen (sehr provisorische Angaben): Einsatzgeschwindigkeit im hohen Unterschallbereich; Dienstgipfelhöhe 12190 m; Einsatzradius 1280 km; Überführungsreichweite 6500 km.
Gewichte: Max. Startgewicht bis zu 21790 kg.
Bewaffnung: Eine Waffenlast von rund 2040 kg.
Entwicklungsstand: Die Weiterentwicklung X-47B soll Ende 2006 erstmals fliegen. Vorerst werden zwei Prototypen für die USN hergestellt. Der auf eigenes Risiko der Herstellerin gebaute Erprobungsträger X-47A nahm die Flugerprobung am 23. Februar 2003 auf. Es wurde nur ein Prototyp gebaut.
Bemerkungen: Von der X-47A abgeleitet wird ein wesentlich vergrössertes Muster X-47B gebaut. Diese Ausführung ist für Aufklärungs- und Kampfeinsätze «der ersten Stunde» gedacht, d.h. für besonders gefährliche Missionen, wie sie oft bei Beginn von Konflikten vorkommen. Sie soll Waffeneinsätze von bis zu 12 Std. fliegen können. Ein integriertes Waffensystem mit einem «Synthetic Aperture Radar» (= Radar mit synthetischer Blendenöffnung) ist dafür vorgesehen. Weitgehend aus Verbundwerkstoffen gebaut, verfügt die X-47B über ausgezeichnete «Stealth»-Eigenschaften. Die als offenes System konzipierte Elektronik von BAE Systems erlaubt u.a. sehr präzise Landungen auf Flugzeugträgern. Es wird aber auch eine Landversion für die USAF geprüft, welche in Konkurrenz zur Boeing X-45C steht (siehe Seiten 88/89). Die Siegerin des sog. J-UCAS-Wettbewerbs (Joint Unmanned Combat Air Systems) von USAF und USN soll anschliessend beschafft werden.
Hersteller: Northrop Grumman Corporation, Werk San Diego und Scaled Composites Corp., Mojave, Kalifornien, USA.

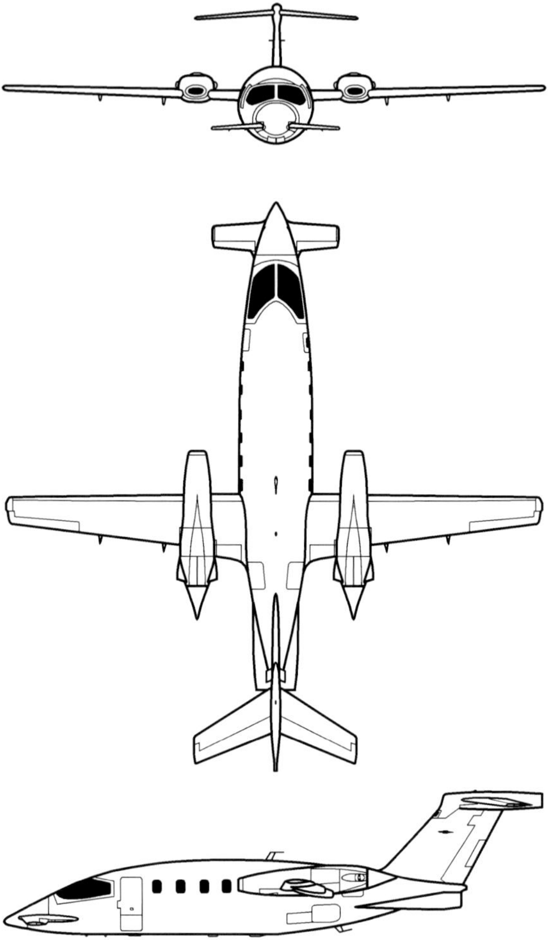

Abmessungen:
Spannweite 14,03 m
Länge 14,41 m
Höhe 3,98 m
Flügelfläche 16,00 m²

PIAGGIO P180 AVANTI

Ursprungsland: Italien.
Kategorie: Firmenflugzeug und militärisches Mehrzweckflugzeug.
Triebwerke: Zwei Propellerturbinen Pratt & Whitney Canada PT6A-66 von je auf 850 WPS (634 kW) reduzierter Leistung.
Leistungen: Höchstgeschwindigkeit 732 km/h auf 8625 m; max. Dauergeschwindigkeit 644 km/h auf 11885 m; Anfangssteiggeschwindigkeit 15,0 m/Sek; Dienstgipfelhöhe 11890 m, Reichweite mit einer Nutzlast von sechs Personen und IFR-Reserven 2637 km; max. Reichweite mit VFR-Reserven 3148 km.
Gewichte: Rüstgewicht 3402 kg; max. Startgewicht 5245 kg, (Avanti II) 5470 kg.
Zuladung: Ein oder zwei Piloten und sieben bis acht Passagiere bei Standard-Innenausstattung. Für EMS-Einsätze zwei liegende Verwundete.
Entwicklungsstand: Erstflug des ersten von zwei Prototypen am 23. September 1986, das erste Serienflugzeug folgte am 29. Januar 1990. Mitte 2005 lieferte Piaggio die 100. Avanti ab. Ab dem 105. Exemplar wurde die Produktion auf die Avanti II umgestellt. Bei einem Bestellungsstand von weiteren 110 Einheiten ist geplant, jährlich 22 Maschinen zu bauen.
Bemerkungen: Die Avanti basiert mit ihrem futuristischen Aussehen auf dem sog. «Drei-Flächen-Konzept», wobei der vorn platzierte kleine Stützflügel das Flugzeug in allen Flugphasen ausbalanciert und das Höhenleitwerk nur für die Richtungsänderungen benötigt wird. Der Flügel besitzt ein Laminarprofil und eine hohe Streckungbei vergleichsweise geringer Fläche. Die Avanti besteht zum grossen Teil aus Leichtmetall, doch sind Kunststoffteile am Leitwerk, den Triebwerkverkleidungen, an der Rumpfspitze, dem Stützflügel und dem Hauptflügel eingesetzt. Die unkonventionelle Form beschert der Avanti eine der grössten Kabinen ihrer Klasse (Länge 4,55 m, Breite 1,85 m, Höhe 1,75 m). Daher eignet sie sich besonders gut für Ambulanzeinsätze. Die 2005 neu lancierte Avanti II verfügt über das Avionik-Set Pro Line 21 von Rockwell Collins. Leistungsstärkere Triebwerke PT6A-66B und ein erhöhtes Abfluggewicht verbessern insbesondere das Nutzlast-/Reichweiteverhältnis.
Hersteller: Rinaldo Piaggio S.p.A., Genua-Sestri, Italien.

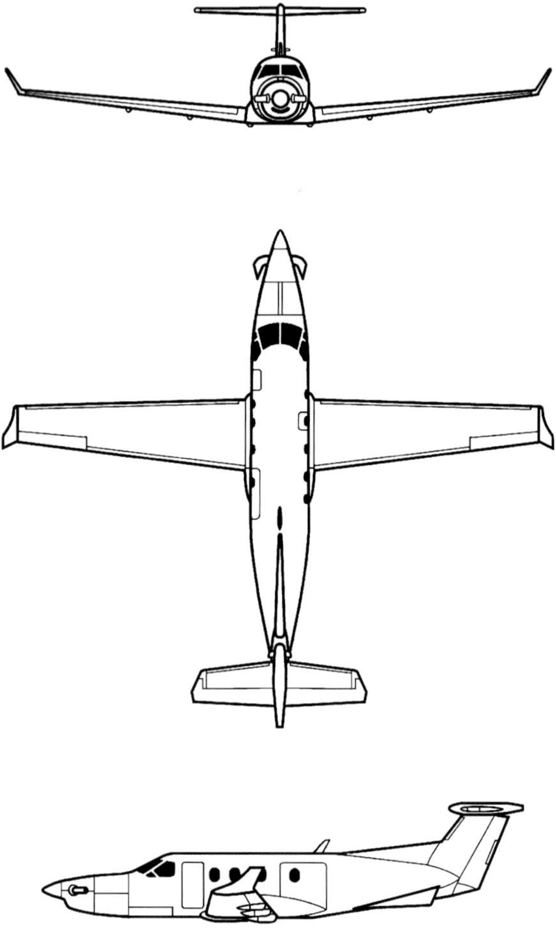

Abmessungen:
Spannweite 16,23 m
Länge 14,40 m
Höhe 4,26 m
Flügelfläche 25,81 m²

PILATUS PC-12/45

Ursprungsland: Schweiz.
Kategorie: Leichtes Mehrzweck- und Firmenflugzeug.
Triebwerke: Eine Propellerturbine Pratt & Whitney Canada PT6A-67B mit einer von 1605 WPS auf 1200 WPS (895 kW) reduzierten Leistung.
Leistungen: Max. Reisegeschwindigkeit 498 km/h auf 7620 m; Anfangssteiggeschwindigkeit 8,50 m/Sek; Dienstgipfelhöhe 9150 m; Reichweite auf 9150 m 4260 km, mit neun Passagieren 3020 km.
Gewichte: Leergewicht Frachter 2484 kg, mit Passagiereinrichtung 2600 kg; max. Startgewicht 4500 kg.
Zuladung: Pilot und Copilot/Passagier im Cockpit und bis zu neun Passagiere in Einzelsitzen; als Firmenflugzeug sechs bis acht Passagiere. Zuladung mit vollen Treibstofftanks bis zu 800 kg, max. Zuladung 1410 kg.
Entwicklungsstand: Der erste von zwei Prototypen startete am 31. Mai 1991 zum Erstflug. Im Mai 1994 begannen die Kundenauslieferungen. Bis Ende 2005 waren über 550 Maschinen gebaut.
Bemerkungen: Das Mehrzweckflugzeug ist für den Einsatz in der Geschäftsfliegerei bis hin zum Transporter für Fracht geeignet. Die Zelle der einmotorigen PC-12 ist länger und breiter als beispielsweise jene der zweimotorigen Beech King Air 200 und vermag Fracht bis zu 9,34 m^3 zu laden. Eine kombinierte Variante für vier Passagiere und 5,95 m^3 Fracht wird ebenfalls angeboten. Dank einer Passagiertüre vorn und eine grosse Frachttüre hinten wird der Ladevorgang erleichtert. Die PC-12 ist mit einer umfangreichen Avionik von AlliedSignal Bendix/King ausgerüstet. Die derzeit produzierte Ausführung PC-12/45 verfügt über ein verstärktes Fahrwerk mit grösseren Rädern. 2003 wurde unter der Bezeichnung PC-12 Spectre eine Variante für Spezialmissionen vorgestellt, u.a. ausgerüstet mit einer einziehbaren Sensorenplattform unter dem Rumpf. Vorläufig zwei wurden durch das Department of Homeland Security der USA beschafft. Sechs weitere erwarb die USAF als U-28A für Spezialeinsätze.
Hersteller: Pilatus Flugzeugwerke AG, Stans, Schweiz.

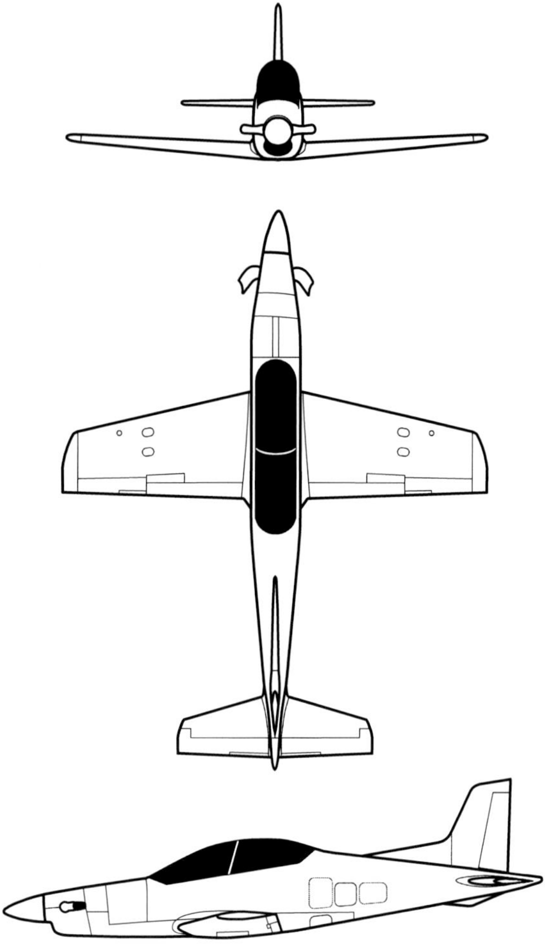

Abmessungen:
Spannweite 9,11 m
Länge 11,19 m
Höhe 3,91 m
Flügelfläche 14,90 m²

PILATUS PC-21

Ursprungsland: Schweiz.
Kategorie: Zweisitziges Trainingsflugzeug für Basic-, Advanced- und Fighter-Lead-In-Training.
Triebwerke: Eine Propellerturbine Pratt & Whitney Canada PT6A-68B mit auf 1609 WPS (1200 kW) reduzierter Leistung.
Leistungen: Reisegeschwindigkeit 685 km/h; Anfangssteiggeschwindigkeit 22 m/Sek; Dienstgipfelhöhe 11400 m; Reichweite 1200 km.
Gewichte: Leergewicht 2270 kg; Startgewicht für Akrobatik-Einsätze 3100 kg; max. Startgewicht 4250 kg.
Entwicklungsstand: Ein Erprobungsträger fliegt seit Mai 2001, der eigentliche Prototyp nahm die Flugerprobung am 1. Juli 2002 auf. Ein zweiter folgte am 7. Juni 2004. Acht weitere Vorserienflugzeuge sollen gebaut werden, das erste fliegt seit 29. August 2005. Bisher sind noch keine Bestellungen eingegangen.
Bemerkungen: Unter der Bezeichnung PC-21 entwickelte Pilatus ein vollständig neues Flugzeug als Nachfolge der PC-7/9 (siehe Ausgabe 2005). Die Besonderheit des integrierten, flexiblen PC-21-Trainingssystems besteht darin, dass man das ganze Spektrum vom Anfangstraining bis hin zur Fortgeschrittenenschulung mit einem einzigen Muster abdeckt. Die Einsatz-Software wird so programmiert, dass verschiedene Kategorien von Flugzeugtypen realistisch dargestellt und geübt werden können. Jedes Cockpit mit drei EFIS-Hauptbildschirmen ist voll digitalisiert und NVG-kompatibel. Im vorderen Cockpit ist ein HUD installiert. Die Systemeingaben erfolgen u.a. über das HOTAS. Gegenüber der PC-9 unterscheidet sich die PC-21 nebst neuer Flugzeugstruktur durch ein leistungsstärkeres Triebwerk mit elektronischer Leistungsregelung, Fünfblattpropeller, Hochleistungs-Pfeilflügel mit Spoilern, Druckkabine mit automatischer Klimaanlage und Anit-g-System. Eingebaut ist auch das neueste Modell des Mk.16L-Schleudersitzes von Martin Baker mit Zero-Zero-Ausschussleistung.
Hersteller: Pilatus Flugzeugwerke AG, Stans, Schweiz.

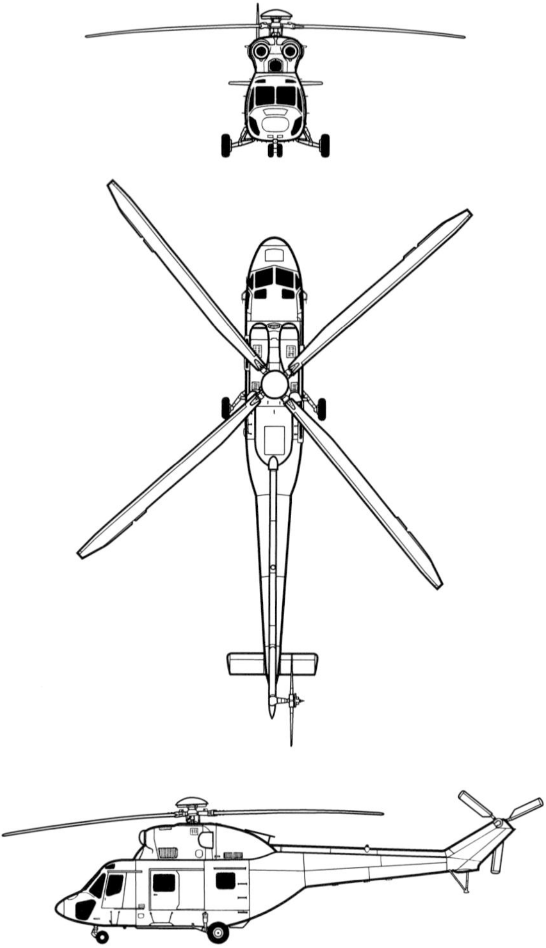

Abmessungen:
Rotordurchmesser 15,7 m
Rumpflänge 14,22 m
Höhe inkl. Rotorkopf 4,20 m

PZL SWIDNIK W-3 SOKOL

Ursprungsland: Polen.
Kategorie: Mittelschwerer Transport- und Mehrzweckhubschrauber.
Triebwerke: Zwei Gasturbinen WSK-PZL Rzeszow TWD-10W von je 888 WPS (662 kW) Leistung.
Leistungen: Höchstgeschwindigkeit 270 km/h; max. Reisegeschwindigkeit 235 km/h; ökonom. Reisegeschwindigkeit 220 km/h; max. Schrägsteiggeschwindigkeit 8,5 m/Sek; Schwebehöhe mit Bodeneffekt 3000 m, ohne Bodeneffekt 2100 m; Reichweite mit Standard-Treibstoffzuladung und 5 % Reserven 680 km, mit Zusatztanks 1160 km.
Gewichte: Leer 3630 kg; normales Startgewicht 6100 kg; max. Startgewicht 6400 kg.
Zuladung: Zwei Piloten und bis zu 12 Passagiere, vier liegende Patienten plus Pfleger oder 2100 kg Fracht intern oder extern.
Bewaffnung (W-3W Huzar): Eine doppelläufige GSh-23-mm-Kanone seitlich am Rumpf sowie an vier Pylonen beispielsweise Luft-Luft-Lenkwaffen Gad, Behälter für 16 ungelenkte 57-mm-Raketen oder Panzerabwehrlenkwaffen AT-6 Spiral.
Entwicklungsstand: Der Erstflug erfolgte bereits am 16. November 1979. Die Zulassung liess mehr als 10 Jahre auf sich warten und wurde am 10. April 1990 erteilt. PZL hat bisher über 100 W-3 hergestellt. Russland und die Luftwaffe von Burma (Myanmar) betreiben 20 bzw. 12. Korea erhielt 35, Tschechien deren elf, vier davon in SAR-Konfiguration. Der Rest ist in mehreren Ausführungen bei diversen polnischen zivilen und militärischen Stellen im Einsatz, z.B. als Standardtransporter W-3 und W-3RM bzw. W-3SP «Anakonda»-SAR-Hubschrauber. Zehn als W-3W bezeichnete «Huzar» sind von der polnischen Armee bei einem Bedarf von 100 Einheiten für Kampfzoneneinsätze beschafft worden. Neueste Bestellung: Irak 20 Sokol in drei verschiedenen Ausführungen.
Bemerkungen: Die W-3W der polnischen Armee ist eine vereinfachte Version der -K. Weiterhin offen ist ein möglicher Lizenzbau mit Korea. Als neueste Ausführung fliegt seit 2003 die Version W-3A2 mit neuem Vierachsen-Autopiloten.
Hersteller: PZL-Swidnik, Swidnik, Polen.

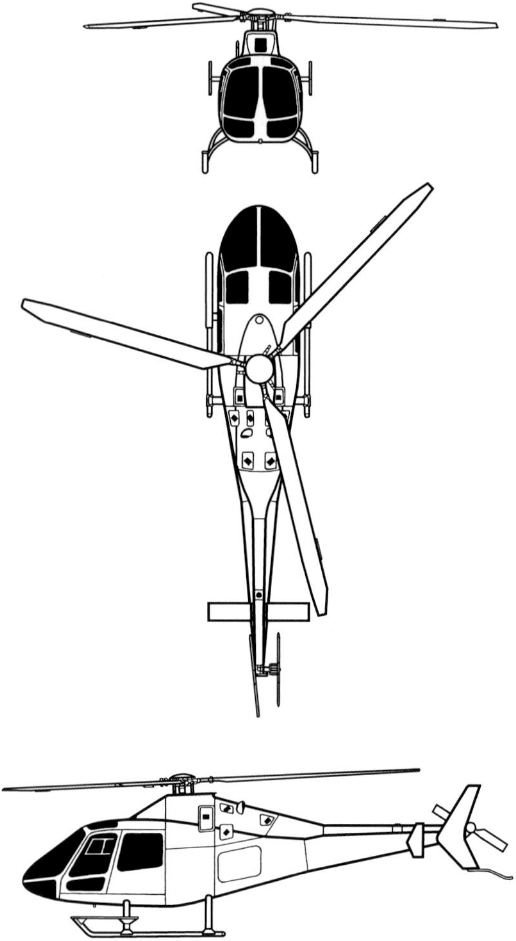

Abmessungen:
Rotordurchmesser 9,00 m
Rumpflänge inkl. Rotor 10,54 m
Höhe 2,95 m

PZL SWIDNIK SW-4

Ursprungsland: Polen.
Kategorie: Leichter Mehrzweckhubschrauber.
Triebwerke: Eine Gasturbine Rolls-Royce 250-C20R von 475 WPS (354 kW) Leistung.
Leistungen: Höchstgeschwindigkeit 288 km/h; normale Reisegeschwindigkeit 230 km/h; max. Schrägsteiggeschwindigkeit 11 m/Sek; Dienstgipfelhöhe 7000 m; Schwebehöhe mit Bodeneffekt 3500 m, Reichweite mit max. interner Treibstoffzuladung rund 760 km; Flugdauer 5,5 Std.
Gewichte: Leergewicht 850 kg; max. Startgewicht 1700 kg.
Zuladung: Ein Pilot und vier Passagiere; Nutzlast intern 400 kg, extern 600 kg.
Entwicklungsstand: Der erste von zwei Prototypen hat nach längerer technisch bedingter Verzögerung am 26. Oktober 1996 die Flugerprobung aufgenommen. Im November 2002 erfolgte die Zulassung. Ende 2004 begannen die Auslieferungen an die polnische Luftwaffe, welche bis 2010 zwischen 30 und 47 SW-4 als Trainingshubschrauber beschaffen will. Die ersten zivilen Modelle gelangen ab 2006 zur Ablieferung.
Bemerkungen: Mit der SW-4 bietet PZL eine kostengünstige Alternative zu den bereits gut eingeführten Konkurrenzmodellen an. Der Anschaffungspreis beträgt etwa US$ 750000.– und ist gegenüber Vergleichsmodellen rund ein Viertel günstiger. Das Rotorsystem ist von klassischer Bauart mit einem konventionellen Dreiblattrotor aus Glasfiber/Epoxyharz. Der Rumpf besteht zu 20 % aus Verbundwerkstoffen (Glasfiber und Karbon). Der Hubschrauber ist mit einer AlliedSignal Bendix/King-Avionik ausgerüstet und kann dadurch unter IFR-Regeln geflogen werden. Nebst eigentlichen Verbindungsaufgaben soll die SW-4 auch für EMS- und Patrouilleneinsätze geeignet sein. Als Option ist dieser Typ auch mit einer Gasturbine Pratt & Whitney Canada PW206 von 615 WPS (459 kW) erhältlich, welche in Polen in Lizenz gebaut wird. PZL prüft eine verlängerte Ausführung mit zwei Triebwerken Rolls-Royce 250-C30 von je 650 WPS (485 kW).
Hersteller: PZL Swidnik, Swidnik, Polen.

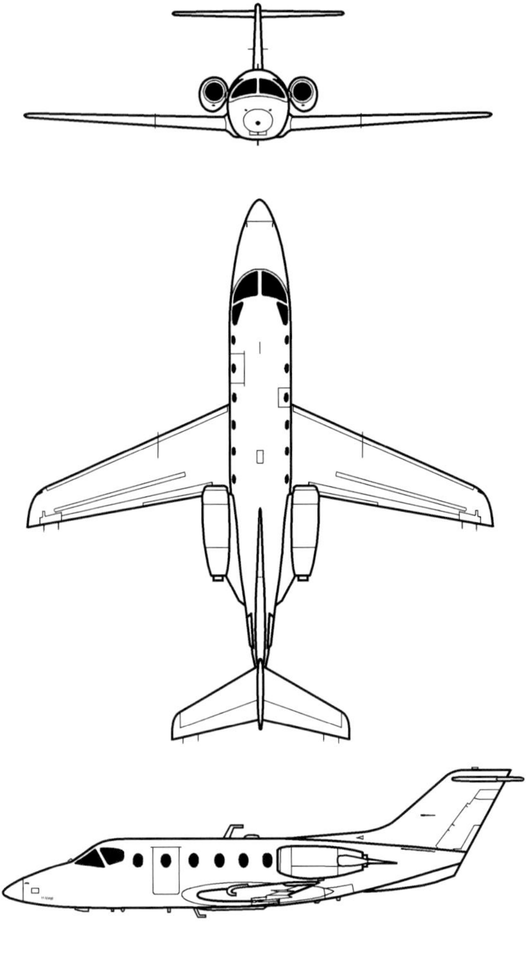

Abmessungen:
Spannweite 13,26 m
Länge 14,76 m
Höhe 4,24 m
Flügelfläche 22,43 m²

RAYTHEON HAWKER 400XP

Ursprungsland: USA.
Kategorie: Firmenflugzeug.
Triebwerke: Zwei Mantelstromtriebwerke Pratt & Whitney Canada JT15D-5B von je 1345 kp (13,19 kN) Standschub.
Leistungen: Höchstgeschwindigkeit 865 km/h auf 12495 m (Mach 0,78); ökonomische Reisegeschwindigkeit 767 km/h auf 12495 m; Anfangssteiggeschwindigkeit 20,12 m/Sek; Dienstgipfelhöhe 13715 m; Reichweite mit max. Nutzlast 1619 km, max. Reichweite 3125 km.
Gewichte: Rüstgewicht 4886 kg; max. Startgewicht 7394 kg.
Zuladung: Zwei Mann Cockpitbesatzung und normal vier, max. neun Passagiere; max. Nutzlast 930 kg.
Entwicklungsstand: Erstflug der Ursprungsausführung 400A am 22. September 1989, der 400XP anfangs 2003. Über 400 Maschinen wurden für zivile wie auch militärische Aufgaben gebaut. Mit den Auslieferungen der neuen Variante begann man im Laufe des Jahres 2003. Insgesamt 70 Einheiten (+ Optionen) bestellte die NetJet. Jährlich werden etwa 40 Einheiten gebaut.
Bemerkungen: Das ursprünglich von Mitsubishi lancierte und während einiger Jahre selber gebaute Muster wurde kontinuierlich weiterentwickelt. Nachdem Beechcraft, später Raytheon die Produktion übernommen haben, entstand daraus die Beechjet 400 bzw. 400A (siehe Ausgabe 1998). Als vorläufig letzte Variante in dieser Reihe ist die neu als Hawker 400XP (= e**X**tra **P**ayload) bezeichnete Variante lanciert worden. Gegenüber der Vorläuferin weist sie ein um 90 kg höheres Abfluggewicht auf, welches entweder grössere Reichweite oder einen zusätzlichen Passagier erlaubt. Zudem sind einige früher als Option angebotene Avioniksysteme nun serienmässig eingebaut. Die 400XP ist mit Schubumkehr ausgerüstet. Seit 2004 wird eine überarbeitete Kabine mit umfangreichem Unterhaltungssystem angeboten.
Hersteller: Raytheon Aircraft, Beech Aircraft Division, Wichita, Kansas, USA.

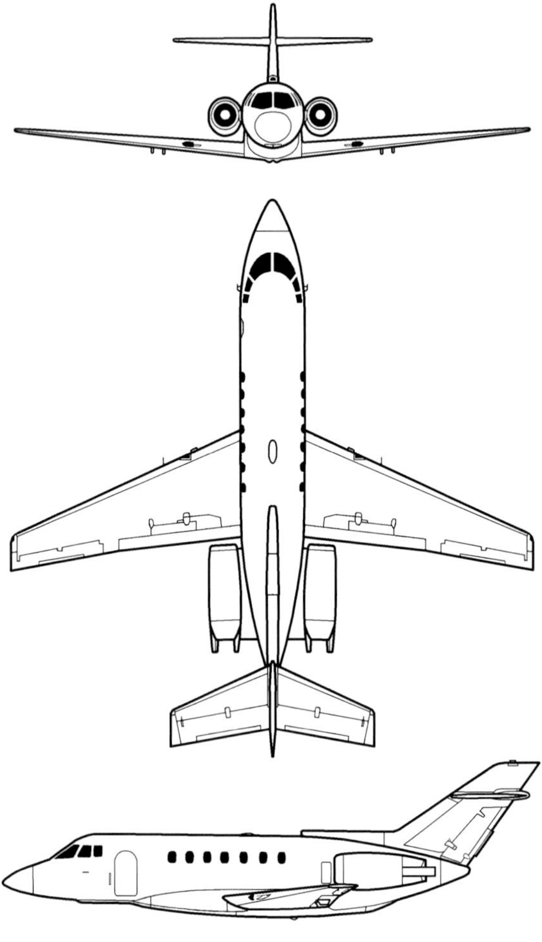

Abmessungen:
Spannweite mit Winglets 16,56 m
Länge 15,60 m
Höhe 5,51 m
Flügelfläche 34,75 m²

RAYTHEON HAWKER 800XPi/850XP

Ursprungsland: Grossbritannien/USA.
Kategorie: Firmenflugzeug.
Triebwerke: Zwei Mantelstromtriebwerke AlliedSignal TFE731-5BR von je 2113 kp (20,73 kN) Standschub.
Leistungen (850 XP): Max. Reisegeschwindigkeit 830 km/h auf 11270 m; norm. Reisegeschwindigkeit 793 km/h; Langstreckenreisegeschwindigkeit 745 km/h; Anfangssteiggeschwindigkeit 15,75 m/Sek; Dienstgipfelhöhe 15497 m; Reichweite mit max. Nutzlast 4430 km, mit max. Treibstoffzuladung und VFR-Reserven (800 XPi) 4950 km (850 XP) 5058 km.
Gewichte (850 XP): Leergewicht 7108 kg; max. Startgewicht 12701 kg.
Zuladung: Zwei Piloten und normalerweise acht Passagiere in Einzelsitzen, bzw. bis zu 14 Passagiere in enger Bestuhlung. Nutzlast mit vollen Treibstofftanks 812 kg, maximal 962 kg.
Entwicklungsstand: Erstflug des Prototyps der Ausführung 800XP im Juni 1995. Die aus der Serie 800 abgeleitete SAR-Version U-125A ist für die japanische Luftwaffe bestimmt, welche einen Gesamtbedarf von 27 Maschinen hat. Die meisten wurden bereits abgeliefert. Von allen Varianten sind bis heute über 1150 Einheiten hergestellt worden, womit dieses Modell weltweit zum erfolgreichsten Firmenflugzeug dieser Klasse geworden ist. Jährlich werden rund 50 Einheiten gebaut. Die neueste Ausführung 850 XP fliegt seit Ende 2005.
Bemerkungen: Die Serie 800 XP (siehe Dreiseitenriss) verkauft sich weiterhin gut. Alle seit 2005 produzierten, neu als 800 XPi bezeichneten Maschinen, erhalten eine aktualisierte und umfangreichere Ausführung der Avionik Pro Line 21 von Rockwell Collins sowie eine überarbeitete Inneneinrichtung mit grösserer Gepäckablage. Auf Wunsch können Winglets angebracht werden. Ende 2005 stellte Raytheon die Hawker 850 XP (siehe Foto) vor. Dank des leicht überarbeiteten Flügels mit Winglets erzielt diese Variante eine leicht grössere Reichweite. Zudem sind die Steigleistungen verbessert und es wurden weitere kleinere Modifikationen vorgenommen.
Hersteller: Raytheon Corporate Jets, Hawker Division, Wichita, Kansas, USA.

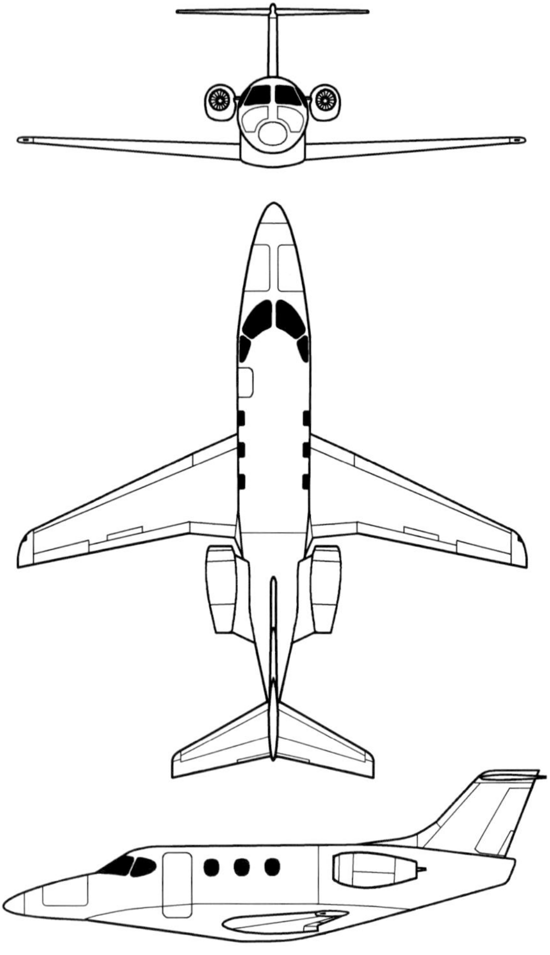

Abmessungen:
Spannweite 13,56 m
Länge 14,02 m
Höhe 4,67 m
Flügelfläche 20,90 m^2

RAYTHEON BEECHCRAFT 300 PREMIER IA

Ursprungsland: USA.
Kategorie: Firmenflugzeug.
Triebwerke: Zwei Mantelstromtriebwerke Williams/Rolls-Royce FJ44-2A von je 1050 kp (10,23 kN) Standschub.
Leistungen: Max. Reisegeschwindigkeit 835 km/h; normale Langstrekkenreisegeschwindigkeit 695 km/h; Zeit um 11250 m zu erreichen 17 Min; Dienstgipfelhöhe 12500 m; Reichweite mit vier Passagieren und IFR-Reserven 2389 km.
Gewichte: Rüstgewicht 3740 kg; max. Startgewicht 5670 kg.
Zuladung: Ein bis zwei Piloten und bis zu sechs Passagiere in der Standard-Clubausführung; Nutzlast bei max. Treibstoffzuladung 365 kg, max. 724 kg.
Entwicklungsstand: Das erste von vier Erprobungsmustern startete am 22. Dezember 1998 zum Erstflug. Bisher sind Bestellungen für über 300 Einheiten eingegangen. Die Auslieferungen begannen nach längeren technischen Verzögerungen im Juni 2001 und bis Ende 2005 waren etwa 170 Premier I hergestellt. Jährlich werden nun rund 30 Maschinen gebaut. Die neueste Ausführung Premier IA erhielt Ende 2005 die Zulassung.
Bemerkungen: Der gesamte Rumpf besteht aus Verbundwerkstoffen (Kombination von Nomex-Wabenstruktur und Karbonfiber), der Flügel mit Pfeilung hingegen weiterhin aus Aluminium. Aufgrund neuer Berechnungen muss dieser umgezeichnet werden, um die garantierten Flugleistungen zu erreichen. Die Konstruktion des ganzen Flugzeugs ist bewusst sehr einfach gehalten, so dass eine weitgehende Automatisierung in der Herstellung erreicht wird. Dadurch und dank neuer Produktionstechnologien kann die Premier I zum günstigen Preis ab rund US$ 5,26 Mio. angeboten werden. Im Verhältnis zu den Konkurrenzmustern ist das Innenvolumen der Kabine deutlich grösser (Länge 4,10 m, Breite 1,70 m, Höhe 1,65 m). Das Cockpit ist für Ein-Piloten-Betrieb ausgelegt. Die Premier IA hat ein überarbeitetes Interieur, umfangreichere Avionik Collins Pro Line 21 und ein verbessertes Bremssystem.
Hersteller: Raytheon Aircraft, Beechcraft Division, Wichita, Kansas, USA.

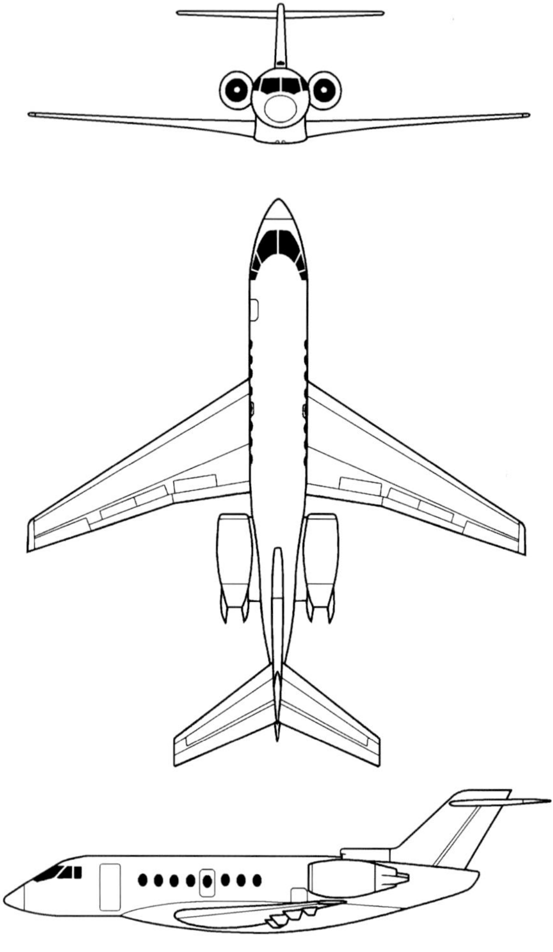

Abmessungen:
Spannweite 18,82 m
Länge 21,08 m
Höhe 5,97 m
Flügelfläche 49,33 m²

RAYTHEON HAWKER 4000

Ursprungsland: USA.
Kategorie: Firmenflugzeug.
Triebwerke: Zwei Mantelstromtriebwerke Pratt & Whitney PW308A von je 3129 kp (30,7 kN) Standschub.
Leistungen: Höchstgeschwindigkeit Mach 0,84; max. Reisegeschwindigkeit 870 km/h (Mach 0,82); Langstreckenreisegeschwindigkeit 796 km/h; Dienstgipfelhöhe 13716 m; Reichweite mit IFR-Reserven 5139 km, maximal 6297 km.
Gewichte: Rüstgewicht 9877 kg; max. Startgewicht 17010 kg.
Zuladung: Zwei Piloten und normalerweise acht Passagiere in Klubbestuhlung, maximal jedoch 12 Personen; Nutzlast mit max. Treibstoffzuladung 283 kg, max. 1145 kg.
Entwicklungsstand: Mit der Erprobung konnte am 11. August 2001 begonnen werden. Ein zweiter Prototyp fliegt seit 10. Mai 2002. Derzeit sind rund 85 Einheiten bestellt, darunter 50 von NetJets. Die Ablieferung der ersten Exemplare ist nach erneuten Verzögerungen Ende 2005 erfolgt. Monatlich sollen drei Einheiten hergestellt werden.
Bemerkungen: Obwohl gewisse Ähnlichkeiten zur Hawker 800XP bestehen (siehe Seiten 276/277), handelt es sich bei der 4000 (bisher als Horizon bezeichnet) um eine völlige Neukonstruktion. Mit diesem Muster wollte Raytheon einen neuen Komfortstandard im Mittelsegment der Firmenflugzeuge setzen. So ist die Kabine für diese Klasse ausgesprochen grossräumig (Länge 7,62 m, Breite 1,92 m, Höhe 1,83 m). Das Flügelmittelstück verläuft vollständig unter dem Rumpf, so dass der Passagierraum in keinem Bereich dadurch eingeschränkt ist. Wie die Premier I ist auch bei der Horizon der Rumpf völlig aus Verbundwerkstoffen hergestellt, während der Flügel aus Aluminium besteht und zum grössten Teil aus einem Werkstück herausgefräst wird. Im Cockpit sind fünf grosse LCD-Flachbildschirme vorhanden, das Flugmanagementsystem Honeywell Primus Epic wird erstmals in einem Flugzeug eingebaut. Die gesamte Avionik ist hinter dem Cockpit platziert und entsprechend gut zugänglich. Der Basispreis beträgt US$ 18,2 Mio.
Hersteller: Raytheon Corporate Jets, Hawker Division, Wichita, Kansas, USA.

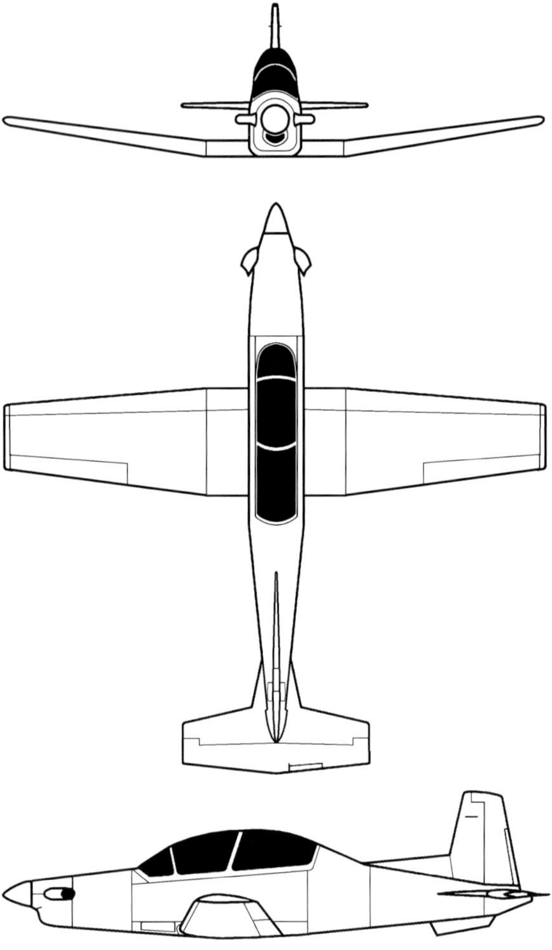

Abmessungen:
Spannweite 10,15 m
Länge 10,14 m
Höhe 3,26 m
Flügelfläche 16,29 m²

RAYTHEON BEECHCRAFT T-6A TEXAN II

Ursprungsland: USA/Schweiz.
Kategorie: Zweisitziger Basis- und Fortgeschrittenentrainer.
Triebwerke: Eine Propellerturbine Pratt & Whitney Canada PT6A-68 von 1708 WPS (1275 kW) Leistung, reduziert auf 1100 WPS (820 kW).
Leistungen: Höchstgeschwindigkeit in grossen Höhen 575 km/h, auf Meereshöhe 500 km/h, Reisegeschwindigkeit auf 2285 m 426 km/h; Anfangssteiggeschwindigkeit 20,3 m/Sek; Dienstgipfelhöhe 10670 m; Reichweite 1574 km; max. Flugdauer 3 Std.
Gewichte: Leergewicht 2087 kg; max. Startgewicht 2857 kg.
Bewaffnung (T-6B): Sechs Stationen unter den Flügeln für eine Waffenlast von 680 kg.
Entwicklungsstand: Der erste Erprobungsträger (eine umgebaute PC-9) flog erstmals im September 1992. Darauf stellte Beech zwei weitere Produktionsprototypen her (Erstflug 23. Dezember 1993), gefolgt vom ersten Serienflugzeug am 15. Juli 1998. Vorgesehen ist, für die amerikanischen Streitkräfte insgesamt 782 Maschinen zu beschaffen: USAF 454, USN 328. Bisher sind 360 Einheiten bestellt (USAF 200, USN 30). Die Ablieferungen begannen 1999 an die USAF, ab 2003 folgten jene für die USN. Weitere Besteller: Griechenland 45, NATO Flying Training (NFTC) 24. Bisher sind über 250 gebaut worden.
Bemerkungen: Obwohl der PC-9 (siehe Ausgabe 2005) sehr ähnlich, wurde rund 70 % der Konstruktion neu definiert. Die wesentlichen Unterschiede sind: Verstärkte Rumpfstruktur und Cockpithaube, Druckkabine, Null-Null-Schleudersitze, neue digitale Elektronik (GPS, MLS, Antikollisionsanzeige, HUD), Einpunktbetankung. Die T-6A ist Bestandteil eines integrierten Trainingssystems, welches auch Simulatoren und übrige Logistik umfasst. Unter der Bezeichnung T-6B fliegt seit 2004 eine Ausführung für leichte Erdkampfaufgaben mit HUD, Cockpit von CMC-Electronics FV-4000 und Waffenstationen unter den Flügeln. 20 der 45 von Griechenland beschafften Texan II werden so geliefert.
Hersteller: Raytheon Aircraft/Beech Airc. Dir., Wichita, Kansas, USA.

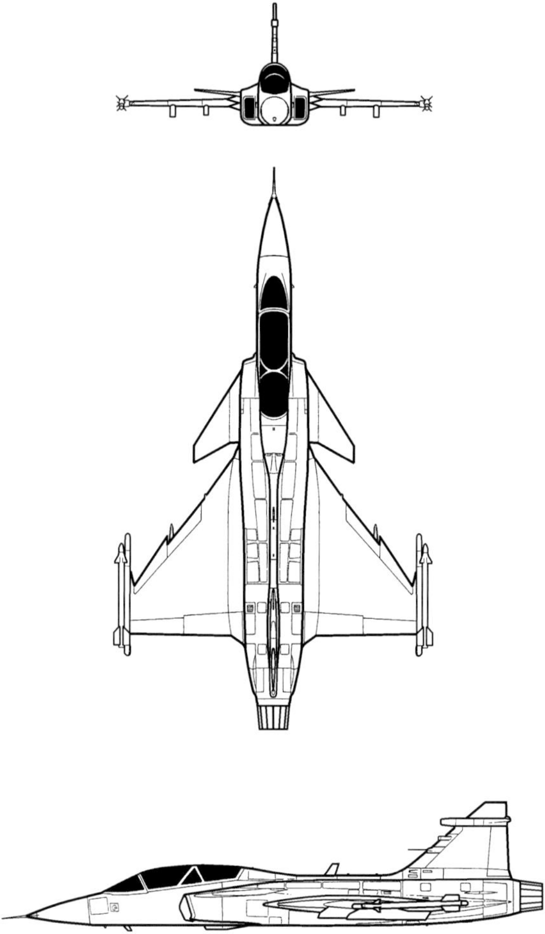

Abmessungen:
Spannweite 8,40 m
Länge (Einsitzer) 14,10 m, (Doppelsitzer) 14,80 m
Höhe 4,50 m
Flügelfläche 30 m^2

SAAB JAS 39C/D GRIPEN

Ursprungsland: Schweden.
Kategorie: Ein- oder zweisitziger Mehrzweckjäger.
Triebwerke: Ein Mantelstromtriebwerk General Electric/Volvo Flygmotor RM12 von 5510 kp (54 kN) Standschub ohne und 8210 kp (80,5 kN) mit Nachbrenner.
Leistungen: Höchstgeschwindigkeit auf Meereshöhe 1470 km/h (Mach 1,2) bzw. Mach 2,0 auf 11000 m; Dienstgipfelhöhe 20000 m; Einsatzradius als Abfangjäger mit zwei Rb24 Sidewinder und Rb72 Sky Flash 800 km; Überführungsreichweite 3000 km.
Gewichte: Rüstgewicht 6622 kg; max. Startgewicht 14000 kg.
Bewaffnung: Eine 27-mm-Kanone Mauser BK27. Sechs Flügelstationen (inkl. zwei an den Flügelspitzen) für bis zu vier Luft-Luft-Lenkwaffen AIM-120 AMRAAM und zwei Rb24 Sidewinder bzw. Rb72 Sky Flash. Unter den Flügeln lassen sich Luft-Boden- wie auch Schiffsbekämpfungslenkwaffen mitführen; max. Waffenlast 4200 kg.
Entwicklungsstand: Der erste von fünf Prototypen nahm am 9. Dezember 1988 die Flugerprobung auf. Das erste Serienflugzeug wurde der schwedischen Luftwaffe am 8. Juni 1993 übergeben. Bisher sind über 160 Einheiten abgeliefert worden. Aktueller Bestellungsstand: Schweden 204 (JAS 39A,B,C,D), Südafrika 19 JAS39C, 9 JAS 39D, Ungarn least 12 JAS 39C, 2 JAS 39D, Tschechien least 12 JAS 39C, 2 JAS 39D.
Bemerkungen: Für die Gripen oder JAS (**J**akt/**A**ttack/**S**paning = Jagd/Erdkampf/Aufklärung) 39 sind zum Erfüllen der einzelnen Aufgaben keine Spezialversionen mehr nötig. Jede Gripen führt die entsprechende Software im Bordcomputer ständig mit und die zugehörigen Ausrüstungen sind modular und leicht austauschbar gestaltet. Für die Pilotenausbildung entstand die zweisitzige Trainingsvariante JAS 39B. Das als JAS 39C bzw. Doppelsitzer JAS 39D bezeichnete dritte Los von 84 Maschinen weist einige Verbesserungen auf, u.a. FADEC-Triebwerksteuerung, farbige Multifunktionsanzeigen und optionale Luftbetankungseinrichtung. Weiterhin werden mehrere Weiterentwicklungsmöglichkeiten geprüft.
Hersteller: Saab-Scania Aktiebolag, Linköping, Schweden.

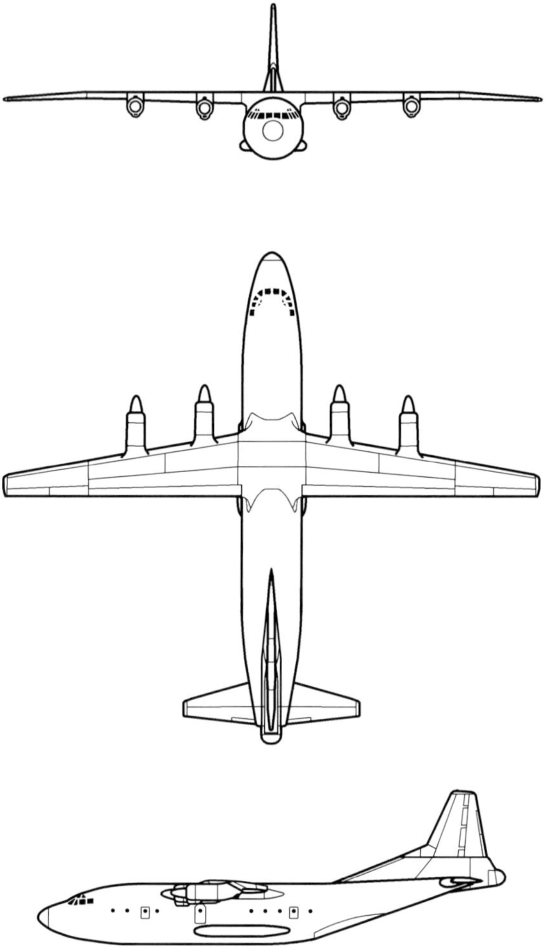

Abmessungen:
Spannweite 38,00 m
Länge 34,02 m
Höhe 11,16 m
Flügelfläche 121,86 m^2

SHAANXI AIRCRAFT Y8C-200

Ursprungsland: Volksrepublik China.
Kategorie: Mittelschwerer militärischer und ziviler Transporter, Radarfrühwarnflugzeug.
Triebwerke (Y-8F-200): Vier Propellerturbinen Zhuzhou J117-G13 von je 4277 WPS (3188 kW) Leistung.
Leistungen (Y-8F-200): Höchstgeschwindigkeit 640 km/h, Reisegeschwindigkeit 550 km/h; Anfangssteiggeschwindigkeit 7,8 m/Sek; Dienstgipfelhöhe 10050 m; Reichweite 5610 km.
Gewichte (Y-8F-200): Leergewicht 34760 kg; max. Abfluggewicht 61000 kg.
Zuladung (Y-8F-200): Fünf Mann Besatzung und bis zu 96 Soldaten bzw. 72 liegende und 20 sitzende Verletzte plus drei Pfleger; max. Nutzlast 20000 kg.
Entwicklungsstand: Die Ursprungsausführung Y-8 fliegt seit 25. Dezember 1974, während die derzeit in Produktion stehende Y-8F-200 (früher als Y8C bezeichnet) die Flugerprobung am 17. Dezember 1990 aufnahm. Bisher sind rund 90 Einheiten gebaut worden. Als derzeit neueste Variante steht die Y-8-400 seit September 2001 in Erprobung.
Bemerkungen: Die früheren Ausführungen des aus der russischen An-12 abgeleiteten Musters wurden in der Ausgabe 1998 beschrieben. Seither sind mehrere neue Varianten im Angebot bzw. in Planung. Die Y-8F-300 sowie die Y-8F-400 unterscheiden sich vorwiegend in der internen Auslegung des Passagier-/Frachtraums. Letztere ist vorwiegend für die Post Chinas bestimmt. Dank Elektronik von Honeywell reduziert sich die Besatzung auf drei Personen. 2006 soll eine Weiterentwicklung Y-8-600 erstmals fliegen. Diese erhält Pratt & Whitney PW150B-Triebwerke, Sechsblattpropeller und ein Zweimann-Cockpit. Sechs Einheiten einer AEW-Version der Y-8F-300 mit RACAL-System von Thales beschafft die chinesische Luftwaffe. Am 14. Januar 2005 flog erstmals eine Y-8 mit einem elektronisch scannenden Fixradar über dem Rumpf.
Hersteller: Shaanxi Aircraft Company, Shaanxi, VR China.

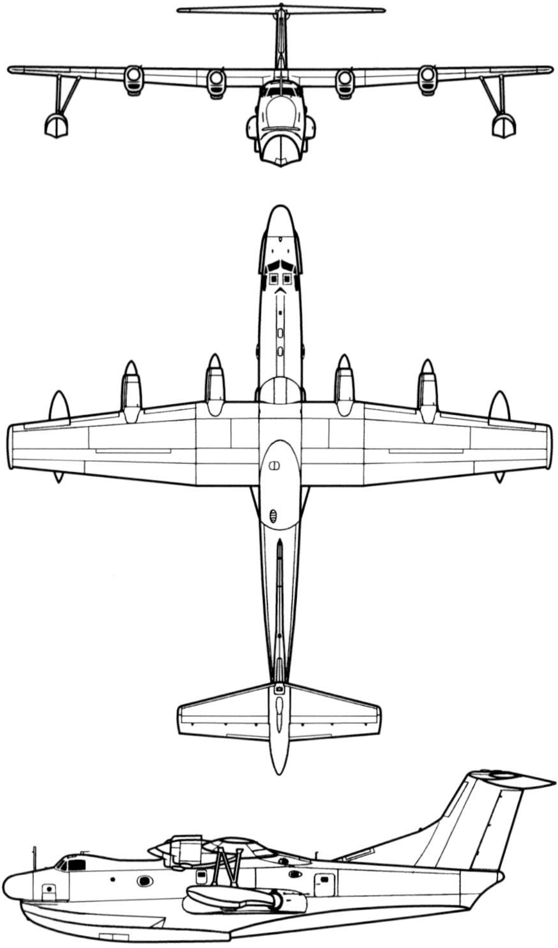

Abmessungen:
Spannweite 33,15 m
Länge 33,46 m
Höhe 9,80 m
Flügelfläche 135,82 m^2

SHIN MAYWA US-2 KAI

Ursprungsland: Japan.
Kategorie: Amphibisches SAR-Flugzeug für Langstrecken.
Triebwerke: Vier Propellerturbinen Rolls-Royce AE2100J von je 4500 WPS (3356 kW) Leistung.
Leistungen: Höchstgeschwindigkeit 555 km/h; Reisegeschwindigkeit 425 km/h; Dienstgipfelhöhe 7195 m; Reichweite bis 5000 km.
Gewichte: Rüstgewicht 25630 kg; max. Startgewicht ab Wasser 43000 kg, ab Land 45000 kg.
Zuladung: Zwei Piloten und 20 Passagiere oder 12 Bahren.
Entwicklungsstand: Der erste von zwei Prototypen dieser Weiterentwicklung der ursprünglichen US-1 nahm am 18. Dezember 2003 die Flugerprobung auf, der zweite folgte Mitte 2004. Die japanische Marine plant ab 2007 14 Maschinen zu beschaffen. Vier Serienmaschinen sind mittlerweile bestellt. Von der bisherigen Such- und Rettungsversion US-1 sind 19 gebaut worden und noch etwa 10 Einheiten befinden sich im Einsatz.
Bemerkungen: Nachdem die US-1 seit vielen Jahren im Dienst ist, soll die verbesserte Ausführung US-2 (früher als US-1A bezeichnet) die Nachfolge antreten. In wesentlichen Teilen handelt es sich dabei um eine Neukonstruktion. So werden die T64-Triebwerke von General Electric durch die wesentlich leistungsfähigeren von Rolls-Royce ersetzt, die mit sechsblättrigen Propellern aus Verbundwerkstoffen verbunden sind. Damit sind deutlich bessere Flugleistungen im gesamten Spektrum erzielbar. Die Startstrecke ab dem Wasser soll sich beispielsweise um 50 % verkürzen lassen. Um diese Werte zu erreichen, ist zusätzlich ein Triebwerk Rolls Royce Honeywell CTS800-4K eingebaut, welches für die Reduktion von Luftwirbeln Teile der Flügel anbläst. Das Triebwerk-Management übernimmt ein FADEC-System. Die Flügel werden durch solche weitgehend aus Verbundwerkstoffen ersetzt, der Rumpf ist in einzelnen Teilen druckbelüftet. Neu sind ebenfalls das Cockpit mit Flachbildschirmen und die gesamte Avionik. Die US-2 erhält auch ein neues Suchradar Ocean Master von Thales. Shin Maywa versucht, eine zivile Version als Lösch- oder Passagierflugzeug zu vermarkten. Erstere hätte eine Wasserkapazität von 12000 l.
Hersteller: Shin Maywa Industries Ltd., Werk Konan, Chiyoda-ku, Tokyo, Japan.

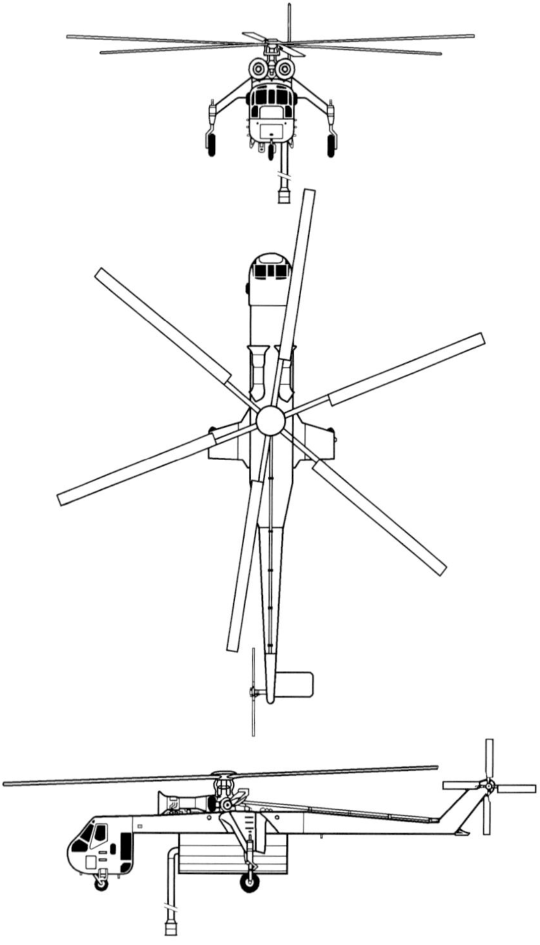

Abmessungen:
Rotordurchmesser 21,95 m
Rumpflänge 21,47 m
Höhe inkl. Heckrotor 7,75 m

SIKORSKY S-64 HELITANKER

Ursprungsland: USA.
Kategorie: Schwerer Löschhubschrauber.
Triebwerke: Zwei Gasturbinen Pratt & Whitney JFTD12-5A von je 4800 WPS (3580 kW) Leistung.
Leistungen: Höchstgeschwindigkeit 204 km/h; max. Reisegeschwindigkeit 169 km/h; Schrägsteiggeschwindigkeit 6,75 m/Sek; Dienstgipfelhöhe 2475 m; Schwebehöhe mit Bodeneffekt 3230 m, ohne Bodeneffekt 2100 m; Reichweite ohne Zusatztanks mit 10 % Reserve 370 km.
Gewichte: Rüstgewicht 8700 kg; max. Startgewicht 19050 kg.
Zuladung: Zwei Piloten, Beobachter und bis zu 10000 l Löschwasser.
Entwicklungsstand: Der erste umgebaute Helitanker fliegt in seiner definitiven Konfiguration seit Juli 1997. Erickson beispielsweise beschaffte 15 Exemplare, die italienische Protezione Civile deren vier. Die militärische Ursprungsausführung CH-54A,B nahm die Flugerprobung am 9. Mai 1962 auf. Bis 1974 lieferte Sikorsky 90 Maschinen an die US Army sowie weitere 6 S-64A und E an zivile Betreiber, welche diese hauptsächlich für Holztransporte in unwegbarem Gelände einsetzten.
Bemerkungen: Nachdem die US Army ihre CH-54 ausgemustert hatte, gingen mehrere Exemplare an zivile Käufer. Die meisten davon sind mittlerweile für Löscheinsätze umgebaut worden, in einer ersten Version ab 1992, in der hier beschriebenen Ausführung 1997. Der Betreiber revidierte Rumpf und Rotoren auf Null-Stunden und baute folgende Ausrüstung für Feuerwehreinsätze ein: Selbstentwickelter Löschtank mit einer Kapazität von 9000 l zum Einhängen unter dem Rumpf. Er kann in 45 Sek aufgefüllt werden, beispielsweise unter Verwendung einer daran befestigten Saugvorrichtung. Das Löschwasser oder der Löschschaum einschliesslich Brandverzögerer kann entweder innerhalb von 3 Sek. in einem Mal oder in mehreren Salven entladen werden. Zur genauen Positionierung ist ein GPS eingebaut.
Hersteller: Sikorsky Aircraft, Stratford, Connecticut und Erickson AirCrane, Merced, Oregon, USA.

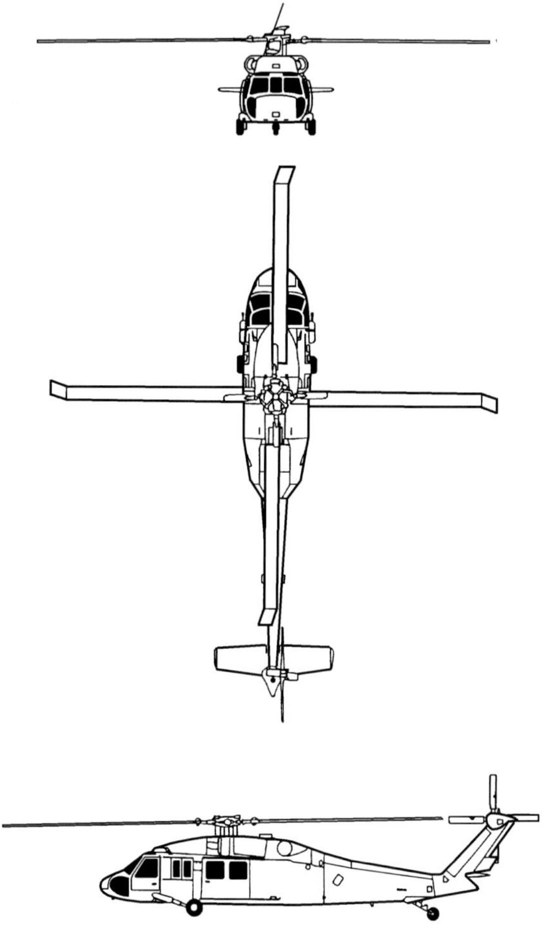

Abmessungen:
Rotordurchmesser 16,36 m
Rumpflänge 15,26 m
Höhe inkl. Rotormast 3,76 m

SIKORSKY UH-60M BLACKHAWK

Ursprungsland: USA.
Kategorie: Taktischer Transporthubschrauber.
Triebwerke: Zwei Gasturbinen General Electric T700-GE-701D von je 2215 WPS (1651 kW) Leistung.
Leistungen: Höchstgeschwindigkeit bei einem Gewicht von 7620 kg 281 km/h; vertikale Steiggeschwindigkeit 5,04 m/Sek; Dienstgipfelhöhe 5837 m; Schwebehöhe ohne Bodeneffekt 3390 m; Reichweite mit 30 Min. Reserven 637 km, mit zwei 870-l-Zusatztanks 1667 km.
Gewichte: Leer 5670 kg; max. Startgewicht 9980 kg, mit Aussenlasten 10433 kg.
Zuladung: Drei Mann Besatzung und elf vollausgerüstete Soldaten. Als Transporter bis zu 4100 kg Aussenlasten am Frachthaken.
Entwicklungsstand: Die neueste Variante der mittlerweile umfangreichen S-70/H-70-Familie, die UH-60M flog erstmals am 17. September 2003. Zwischen 1200 und 1800 neue Hubschrauber will die US Army in jährlichen Tranchen von etwa 80 Maschinen ab 2006 beschaffen. Bis auf weiteres bleibt auch die UH-60L (siehe Ausgabe 2001) in Produktion. Gegen 2400 Blackhawks sind bisher an viele militärische oder paramilitärische Organisationen, aber auch vereinzelt an Private in rund 26 Ländern geliefert worden. Neueste Nachbestellungen der UH-60L: Kolumbien 8, Thailand 2, US Army 24.
Bemerkungen: Die UH-60M stellt eine wesentlich weiter entwickelte Ausführung der UH-60L dar. Durch verschiedene Verbesserungen steigt die Lebensdauer der Triebwerke an. Ihre Leistung konnte zudem um 4 % verbessert werden. Weitere Merkmale der UH-60M sind die grössere Treibstoffkapazität, breitere Rotorblätter und ein neues Glascockpit. Die Avionik umfasst auch ein GPS sowie einen neuen Autopiloten. Zudem musste die Struktur verstärkt werden. Später kommen vielleicht ein Fly-by-Wire-System und auch neue Triebwerke GE CT7-8C der Leistungsklasse 3000 WPS hinzu. Die US Army hat entschieden, auf den Umbau von älteren UH-60A/L in die Version M zu verzichten und ausschliesslich neue Maschinen anzuschaffen.
Hersteller: Sikorsky Aircraft, Stratford, Connecticut, USA.

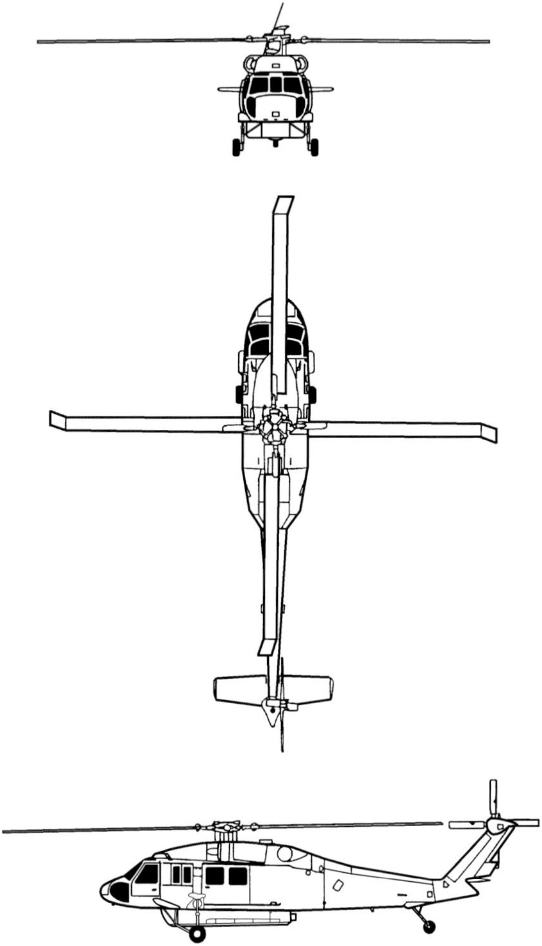

Abmessungen:
Rotordurchmesser 16,36 m
Rumpflänge 15,26 m
Höhe inkl. Rotormast 3,76 m

SIKORSKY S-70A FIREHAWK

Ursprungsland: USA.
Kategorie: Mittelschwerer Lösch- und Rettungshubschrauber.
Triebwerke: Zwei Gasturbinen General Electric T700-GE-701C von je 1947 WPS (1448 kW) Leistung.
Leistungen: Höchstgeschwindigkeit 295 km/h auf 610 m; max. Reisegeschwindigkeit 268 km/h auf 1225 m; Dienstgipfelhöhe 5837 m; Schwebehöhe ohne Bodeneffekt 3390 m; Reichweite mit 30 Min. Reserven 600 km, mit zwei 870-l-Zusatztanks 1630 km.
Gewichte: Leer 5225 kg; max. Startgewicht 10659 kg.
Zuladung: Zwei Piloten und wahlweise 3800 l Löschwasser oder 15 Feuerwehrpersonen. Bei Rettungseinsätzen können nebst den Piloten ein bis zwei Helfer und bis zu vier liegende Patienten mitgeführt werden.
Entwicklungsstand: Die ersten Umbauten erfolgten 1998. Seitdem sind eine kleine Anzahl Firehawks an spezialisierte Waldbrandbekämpfungsunternehmen und Polizeicorps in den USA geliefert worden. Die Produktion läuft weiter.
Bemerkungen: Bei der Firehawk handelt es sich um einen Umbau der UH-60A bzw. um Neubauten der UH-60L. Sie ist für Löscheinsätze aller Art, mit Schwerpunkt Waldbrandbekämpfung, ausgelegt. Dazu verfügt die Firehawk über einen Wassertank von 3800 l unter dem Rumpf und der entsprechenden Ablass- und Saugeinrichtung. Dank letzterer kann die Firehawk ohne zu landen über einem Gewässer innert sehr kurzer Zeit Löschwasser aufnehmen. Wegen des Wassertanks musste das Fahrwerk etwas erhöht werden. Eine weitere Spezialrettungsversion besitzen die Luftwaffen Japans und Taiwans (vier ab April 1998 abgeliefert). Für SAR-Einsätze verfügen sie über verbesserte Avionik für Nacht- und Schlechtwetter-Einsätze.
Hersteller: Sikorsky Aircraft, Stratford, Connecticut, USA.

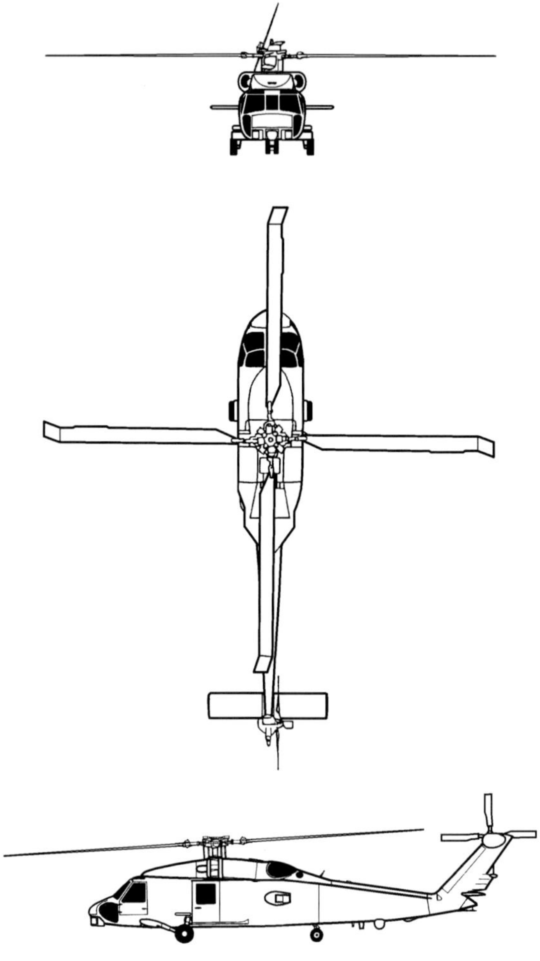

Abmessungen:
Rotordurchmesser 16,36 m
Rumpflänge 15,26 m
Höhe inkl. Rotormast 3,79 m

SIKORSKY MH-60R STRIKEHAWK

Ursprungsland: USA.
Kategorie: Bordgestützter U-Bootjäger- und Mehrzweckhubschrauber.
Triebwerke: Zwei Gasturbinen General Electric T700-GE-401C von je 1900 WPS (1417 kW) Leistung.
Leistungen: Höchstgeschwindigkeit 272 km/h auf Meereshöhe; max. Reisegeschwindigkeit 249 km/h auf 1525 m; Aufenthaltsdauer 3 Std. 50 Min. in 92 km bzw. 45 Min. in 483 km Entfernung vom Stützpunkt.
Gewichte: Leergewicht 6191 kg; max. Startgewicht 10700 kg.
Bewaffnung: Zwei Torpedos Mk.46 oder zwei Antischiffslenkwaffen Penguin sowie AGM-114 Hellfire-Panzerabwehrlenkwaffen und ein 7,62 mm-Maschinengewehr.
Entwicklungsstand: Eine aus einer SH-60B umgebaute MH-60R flog erstmals am 19. Juli 2001, die erste voll ausgerüstete Ausführung am 4. April 2002. Bis zu 254 neue Strikehawks will die US Navy ab 2006 in Dienst stellen, 15 sind bisher bestellt. Diese Ausführung haben auch die Marinen von Singapur und Türkei (zwölf) beschafft. Von den verschiedenen Ausführungen der SH/HH-60 wurden über 500 Einheiten an neun Marinen oder Küstenwachen geliefert.
Bemerkungen: Während die Grundstruktur der MH-60R gegenüber dem Ausgangsmuster in etwa gleich bleibt, stellt sie in vielen Bereichen eine Neukonstruktion dar. So verfügt sie u.a. über ein EFIS-Glascockpit, APS-147-Mehrzweckradar, AQS-22-Sonar, Akustik-Prozessor. FLIR-Sensor und ECM-Ausrüstung sind ebenfalls völlig neu. Später sollen neue Triebwerke der 3000 WPS-Klasse (2240 kW) eingebaut werden, welche sowohl die Flugleistungen als auch die Wirtschaftlichkeit verbessern. Die Ausrüstung der MH-60R ermöglicht es, mehrere Aufgaben der früheren SH-60B/SH-60F/HH-60H-Versionen in einem Muster zu vereinen. Die SH-60K der japanischen Marine ist eine verbesserte Ausführung der SH-60J mit einer der MH-60R ähnlichen Aufdatierung (bisher 21 bisher bestellt, 23 weitere geplant). Die Mehrzweckausführung MH-60S Nighthawk wurde in Ausgabe 2004 vorgestellt.
Hersteller: Sikorsky Aircraft, Stratford, Connecticut, USA.

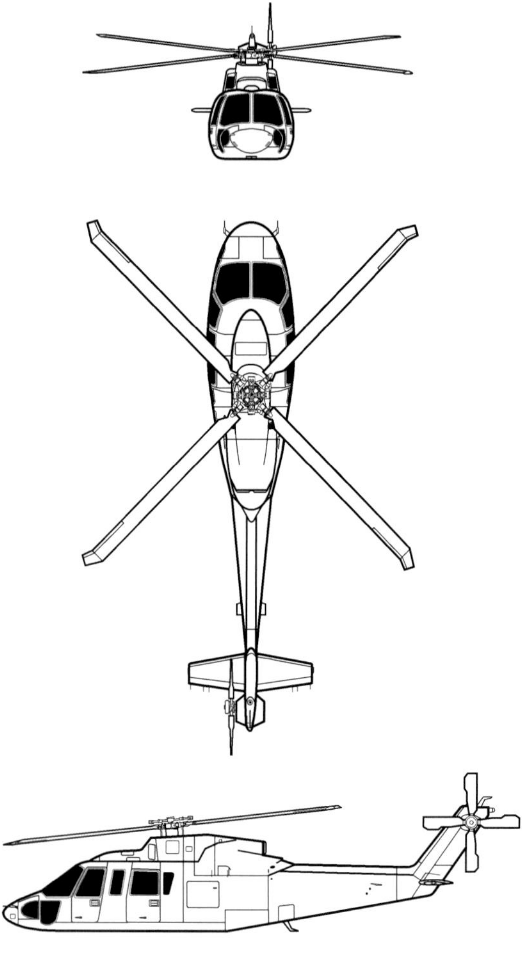

Abmessungen:
Rotordurchmesser 13,41 m
Rumpflänge 13,22 m
Höhe über Heckleitwerk 3,58 m

SIKORSKY S-76C+/D

Ursprungsland: USA.
Kategorie: Ziviler Mehrzweck- und Transporthubschrauber.
Triebwerke (S-76C+): Zwei Gasturbinen Pratt & Whitney PT6B-36A von je 981 WPS (723 kW) oder Turboméca Arriel 2S1 von je 856 WPS (638 kW) Leistung.
Leistungen (S-76C+): Höchstgeschwindigkeit 287 km/h auf Meereshöhe; max. Reisegeschwindigkeit 269 km/h; max. Schrägsteiggeschwindigkeit 8,2 m/Sek; Dienstgipfelhöhe 3871 m; Schwebehöhe mit bzw. ohne Bodeneffekt 1722 bzw. 549 m; Reichweite mit normaler Treibstoffzuladung und 30 Min. Reserven 673 km auf 1219 m.
Gewichte: Leer (Utility/Executive) 3128/3731 kg; max. Startgewicht 5306 kg.
Zuladung: Ein bis zwei Piloten und normal sechs, maximal 12 Passagiere; max. Nutzlast (Utility/Executive) 2178/1571 kg.
Entwicklungsstand: Der Prototyp der S-76+ flog erstmals im November 1995, die S-76++ folgte anfangs 2005. Von allen Versionen sind bisher über 600 Einheiten gebaut worden. Neuester Grossauftrag: Offshore Logistics 35 (+ 21 Optionen) S-76C++/S-76D.
Bemerkungen: Die derzeit in Produktion stehende Variante ist die S-76C+. Sie verfügt über ein integrales Instrumentensystem der zweiten Generation, welches bei geringerem Gewicht eine grössere Zuverlässigkeit erlaubt. Gegenüber der Vorgängerin S-76C ist die Triebwerkleistung um 22 % höher. Entsprechend verbessern sich die Flugparameter. Sikorsky bietet nun ein überarbeitetes Cockpit der zweiten Generation an, welches die Arbeitsbelastung des Piloten reduzieren soll. Viele S-76 werden weltweit für Ambulanzeinsätze beschafft. Diese können in der Standardausführung zwei liegende und zwei sitzende Verletzte nebst zwei Pflegern mitführen. Anfang 2005 stellte Sikorsky zwei neue Varianten vor: Die S-76C++ mit stärkeren Arriel 2S2-Triebwerken, neuem integriertem Cockpit mit LCD-Flachbildschirmen, leiserem Heckrotor und vibrationsärmerem Interieur (Ablieferungen ab Ende 2005) sowie die S-76D, ausgerüstet mit Pratt & Whitney PW210-Triebwerken von je 1000 WPS (745 kW) und TopDeck-Avionik von Thales. Sie wird ab 2008 erhältlich sein.
Hersteller: Sikorsky Aircraft, Stratford, Connecticut, USA.

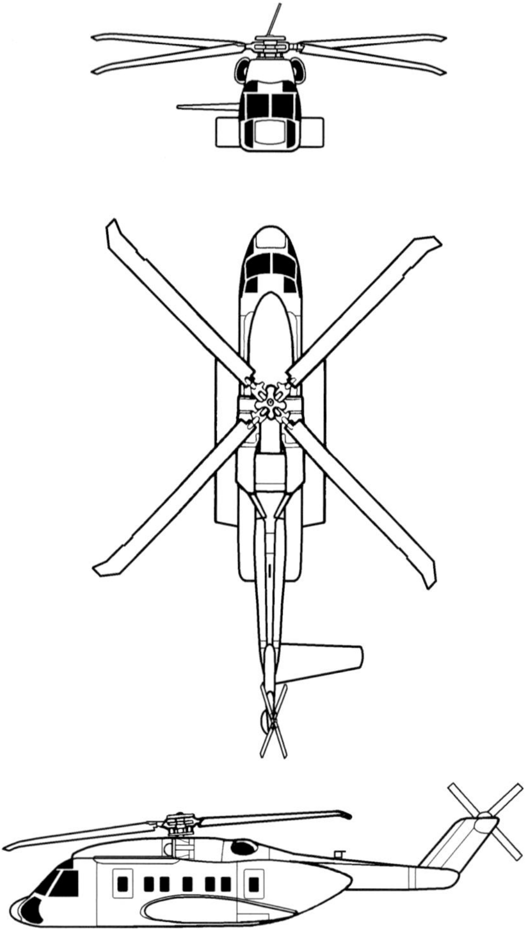

Abmessungen:
Rotordurchmesser 17,17 m
Rumpflänge 17,32 m
Höhe inkl. Rotorkopf 4,62 m

SIKORSKY S-92 HELIBUS

Ursprungsland: USA.
Kategorie: Passagier- und Mehrzweckhubschrauber.
Triebwerke: Zwei Gasturbinen General Electric CT7-8 von je 2400 WPS (1790 kW) Leistung.
Leistungen: Höchstgeschwindigkeit 305 km/h; max. Reisegeschwindigkeit 280 km/h; normale Reisegeschwindigkeit 254 km/h; Dienstgipfelhöhe 4570 m; Schwebehöhe mit Bodeneffekt 3261 m, ohne Bodeneffekt 1942 m; Reichweite mit 19 Passagieren ohne Reserven 996 km, max. 1272 km.
Gewichte: Leergewicht 7212 kg; max. Startgewicht mit interner Nutzlast 11862 kg, mit externer Nutzlast 12837 kg.
Zuladung: Zwei Piloten und zwischen 19 und 22 Passagiere; max. externe Nutzlast 4535 kg.
Entwicklungsstand: Das erste von vier Erprobungsexemplaren S-92A startete am 23. Dezember 1998 zum Erstflug. Die Ablieferung an Kunden begann Mitte 2004. Bisher sind Bestellungen für rund 65 Einheiten (+ 30 Optionen) bekannt gegeben worden, darunter mehrere als Staatshubschrauber (Quatar, Südkorea, Türkei, Turkmenistan). 28 Einheiten einer Mehrzweckversion Cyclone erhält die Marine Kanadas. Tawian beschaft drei S-92 als Such- und Rettungshubschrauber, die englische Küstenwache vier.
Bemerkungen: Während der Rumpf eine völlige Neukonstruktion darstellt, sind die meisten dynamischen Komponenten (Haupt- und Heckrotor, Rotorkopf) von der S-70 übernommen. Die geräumige Kabine (Länge 5,67 m, Breite 2,00 m, Höhe 1,83 m) soll einen Komfort wie ein Linienflugzeug offerieren, so z.B. bezüglich Lärm und Vibration. Das Fahrwerk ist einziehbar. Zum besseren Beladen ist eine Heckladerampe vorhanden. Nebst der heute üblichen Elektronik verfügt die S-92 über die Besonderheit eines digitalen Flugkontrollsystems (AFCS), das den Hubschrauber auch im Schwebeflug automatisch steuert. Als Avionik gelangt die Collins Pro Line 21 zum Einbau. Die S-92 soll dank verschiedener Kits für eine Vielfalt von Aufgaben einsetzbar sein, u.a. Offshore-Einsätze, SAR-, ASW-Aufgaben sowie für VIP- und Commuterflüge.
Hersteller: Sikorsky Aircraft, Stratford, Connecticut, USA.

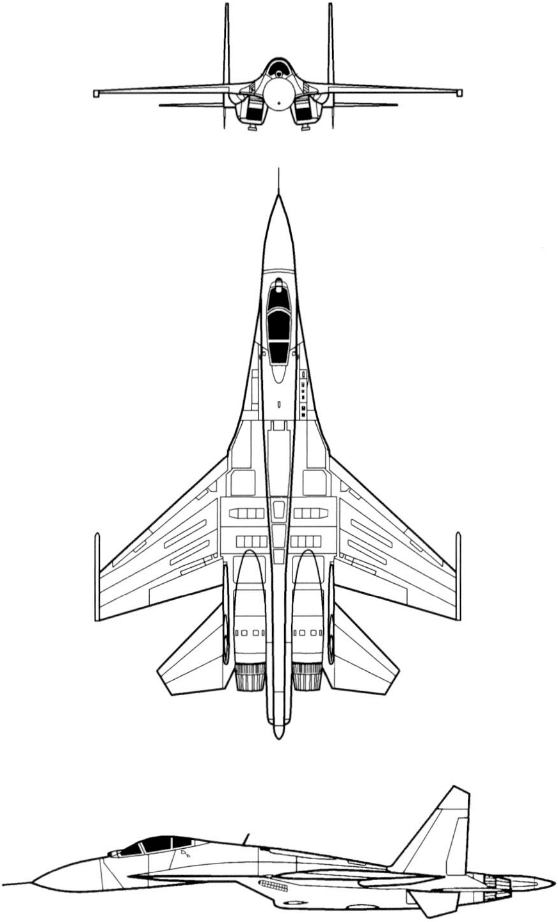

Abmessungen:
Spannweite 14,70 m
Länge 21,94 m
Höhe 6,35 m
Flügelfläche 62,00 m²

SUCHOJ SU-27SK/SU-27SM

Ursprungsland: Russland.
Kategorie: Einsitziger Abfangjäger.
Triebwerke: Zwei Mantelstromtriebwerke Saturn (Lyulka) AL-31F von je 7654 kp (75,06 kN) Standschub ohne und 12500 kp (122,60 kN) mit Nachbrenner.
Leistungen (Su-27SK): Höchstgeschwindigkeit 2500 km/h auf 11000 m (Mach 2,35), 1350 km/h auf Meereshöhe (Mach 1,1); Anfangssteiggeschwindigkeit 330 m/Sek; Dienstgipfelhöhe 18000 m; Einsatzradius im Unterschallbereich und mit je vier Luft-Luft-Lenkwaffen R-27 und R-73 1500 km; Reichweite mit max. Treibstoffzuladung 3680 km.
Gewichte: Startgewicht norm. 16870 kg, max. 33000 kg.
Bewaffnung: Eine sechsläufige 30-mm-Revolverkanone und bis zu zehn Luft-Luft-Lenkwaffen bzw. 8000 kg Waffen aller Art an zehn Aufhängepunkten unter dem Rumpf und den Flügeln.
Entwicklungsstand: Die Jagdversion Su-27SK fliegt seit 1984. Sie steht in grosser Zahl bei der russischen Luftwaffe im Einsatz. Eine noch unbekannte Anzahl wird in die modernisierte Su-27SM umgebaut. Zehn davon wurden 2005 abgeliefert, weitere folgen. Die Volksrepublik China erhielt 76 als F-11 bezeichnete Su-27SK/UB. 200 zusätzliche Einheiten baut Shengyang in Lizenz. Weitere Besteller: Äthiopien 8, Syrien 14, Vietnam 24.
Bemerkungen: Derzeit gibt es zwei verschiedene Modernisierungspakete für Maschinen der russischen Luftwaffe. Eines als Su-27SM bezeichnet übernimmt die Technologie der Exportversion. Sie umfasst u.a. ein Glascockpit und ein aufdatiertes Waffenkontrollsystem. Es bestehen zudem noch verschiedene Angleichungen an die Su-30MKK (siehe Seite 304/305). Die russische Luftwaffe wünscht sich aber eine weiter gehende Modifikation, welche je nach Quelle als Su-27BM oder Su-35 bezeichnet wird. Sie umfasst u.a. ein neues Kampfradar N001VEP, HUD, GPS usw.
Hersteller: Suchoj Design Bureau/KnAAPO, Werke Komsomolsk und Irkutsk, Moskau, Russland.

Abmessungen:
(Su-30MK): Spannweite 14,70 m
Länge 21,93 m
Höhe 6,35 m
Flügelfläche 63,20 m^2

SUCHOJ SU-30MKK/MKI

Ursprungsland: Russland.
Kategorie: Zweisitziges Mehrzweckkampfflugzeug.
Triebwerke: Zwei Mantelstromtriebwerke Saturn (Lyulka) AL-31F von je 8100 kp (79,43 kN) Standschub ohne und 12500 kp (122,60 kN) mit Nachbrenner.
Leistungen (Su-30MK): Höchstgeschwindigkeit Mach 2,0 in grosser Höhe; 1350 km/h auf Meereshöhe (Mach 1,1); Anfangssteiggeschwindigkeit 330 m/Sek; Dienstgipfelhöhe 17300 m; Einsatzradius im Tiefflug 1270 km, in grossen Höhen 3000 km, mit einer Flugbetankung 5200 km.
Gewichte (Su-30MKK): Startgewicht norm. 26090 kg; max. 34500 kg.
Bewaffnung: Eine sechsläufige 30-mm-Revolverkanone und Waffen aller Art bis zu 8000 kg an zwölf Aufhängepunkten.
Entwicklungsstand: Die Mehrzweckversion Su-30M fliegt seit 30. Dezember 1989, gefolgt von der Su-30MKK 1993 und der Su-30MKI am 26. November 2000. Mehr als 200 Su-30MKK bzw. Su-30MK2 beschafft die chinesische Luftwaffe, 24 die Marine. Weitere Besteller: Indien 50 (18 Su-30K, 32 Su-30MKI + 140 MKI im Lizenzbau), Indonesien neu 12 Su-30MK, Malaysia 18 Su-30MKM, Vietnam 4 Su-30MKK (+ Optionen).
Bemerkungen: Die doppelsitzige Ausführung Su-30M ist vorwiegend für Jagdbomber-Einsätze vorgesehen. Entsprechend dem Aufgabenspektrum wurden anstelle des Abfangradars ein neues Kampfelektroniksystem sowie ein Navigationssystem Loran eingebaut. Besonders die Heckpartie wurde überarbeitet und verstärkt. Die Su-30M verfügt über die gleichen Vorflügel wie die Su-27M (siehe Ausgabe 1999). Eine Exportversion heisst Su-30MK, ebenfalls mit Vorflügeln und auf Wunsch mit zusätzlicher Vektorsteuerung (Su-30MKI) ausgerüstet. Ein weiterer Unterschied zur Su-30M besteht in der Kampfelektronik. 2002 wurde unter der Bezeichnung Su-30KN eine Weiterentwicklung mit digitalem Cockpit, neuem Missions-Computer und überarbeitetem Waffenkontrollsystem vorgestellt. Die russische Luftwaffe soll vorderhand sechs Exemplare erhalten. Ganz neu ist die Su-30MK2 für die Luftwaffe Chinas. Sie weist verbesserte Erdkampffähigkeiten auf und kann Präzisionswaffen neuester Generation mitführen.
Hersteller: Suchoj Design Bureau/KnAAPO, Werke Komsomolsk und Irkutsk, Moskau, Russland.

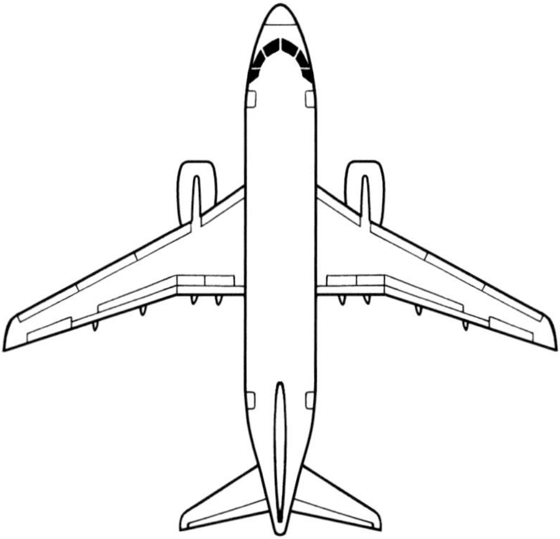

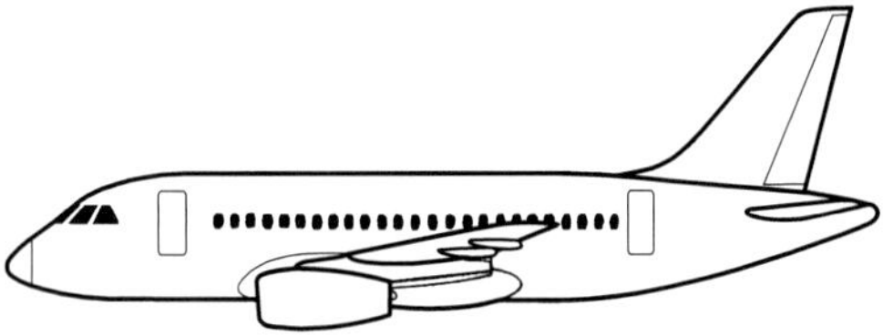

Abmessungen:
Spannweite 27,80 m
Länge (RRJ60/75/95) 23,87/26,33/29,83 m
Höhe 10,28 m
Flügelfläche 70,00 m²

SUCHOJ RRJ60/75/95

Ursprungsland: Russland.
Kategorie: Kurz- und Mittelstrecken-Verkehrsflugzeug.
Triebwerke: Zwei Mantelstromtriebwerke Snecma/NPO Saturn SaM-146 von je (RRJ60B/60LR/75B) 2773 kp (27,19 kN) bzw. (RRJ75LR/95B/95LR) von je 3158 kp (30,96 kN) Standschub.
Leistungen (nach Angaben des Herstellers): Max. Reisegeschwindigkeit Mach 0,78; Dienstgipfelhöhe 12497 m; Reichweite mit max. Nutzlast (RRJ60B/60LR/75B/75LR/95B/95LR) 204/4871/3200/4870/3120/4590 km.
Gewichte: Leergewicht zwischen 21900 und 24715 kg; max. Startgewicht zwischen (RRJ60) 35790 und (RRJ90LR) 45880 kg.
Zuladung: Zwei Mann Cockpitbesatzung und je nach Innenausstattung bis zu (RRJ60/75/95) 63/78/98 Passagiere in Viererreihen, normalerweise aber (RRJ60/75/90) 60/68/86 Passagiere in zwei Klassen. Max. Nutzlast zwischen (RRJ60) 7350 und (RRJ95LR) 12250 kg.
Entwicklungsstand: Das erste Muster, eine RRJ95, soll die Flugerprobung Ende 2006 aufnehmen. Bisher sind folgende Bestellungen eingegangen: Aeroflot 30, Dalavia 4, FinanceLeasing 10+, Sibir 50. Mit den Ablieferungen soll im 2008 begonnen werden.
Bemerkungen: Mit dieser neuen Familie von mittelgrossen Commuter-Flugzeugen versucht sich Russland im nationalen wie auch im internationalen Zivilflugzeugmarkt zu etablieren. Um dies zu erreichen, wurden mehrere internationale Kooperationen eingegangen. Alle Versionen der RRJ sind zu 95 % baugleich. Besondere Merkmale dieser Modell-Reihe sind u.a. die robuste, möglichst einfach gehaltene Grundkonstruktion, welche eine sehr grosse Bandbreite von Bedürfnissen abdeckt. Alle sind mit einem Fly-by-Wire-Steuersystem mit Sidesticks ausgerüstet. Die RRJ-Muster können auf nur teilweise vorbereiteten Pisten starten und landen. Daher ist das Hauptfahrwerk mit vier Rädern ausgerüstet, was in dieser Klasse von Flugzeugen unüblich ist. Auf die Wirtschaftlichkeit wurde besonderer Wert gelegt.
Hersteller: Sukhoj Civil Aircraft Company, Moskau, Russland.

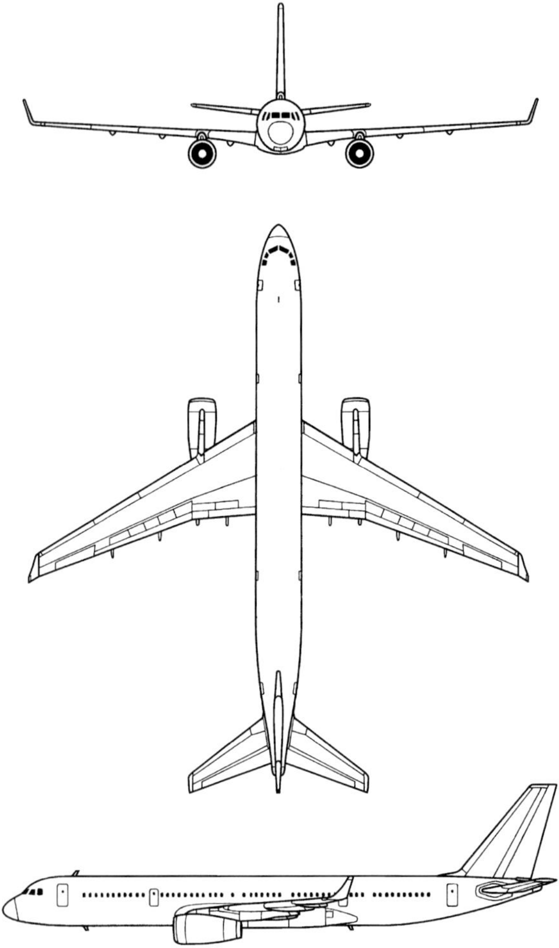

Abmessungen:
Spannweite 42,00 m
Länge (Tu-204-100/-120/-214) 46,00 m, (-300) 40,00 m
Höhe 13,90 m
Flügelfläche 184,1 m^2

TUPOLEW TU-204/TU-214

Ursprungsland: Russland.
Kategorie: Mittelstrecken- (Tu-204) bis Langstrecken-Verkehrsflugzeug (Tu-214).
Triebwerke: Zwei Mantelstromtriebwerke (Tu-204-100) Perm (Solowiew) PS-90 von je 16000 kp (156,9 kN) oder (Tu-204-120) Rolls Royce RB.211-535E4 von je 19580 kp (193 kN) Standschub.
Leistungen (Tu-204-100): Max. Reisegeschwindigkeit 850 km/h auf 10650 m; Dienstgipfelhöhe 12505 m; Reichweite mit 196 Passagieren 3850 km, mit max. Nutzlast 2500 km.
Gewichte: Leer 56500 kg; max. Startgewicht 103000 kg.
Zuladung: Zwei Mann Cockpitbesatzung und normalerweise in Dreiklassenbestuhlung 170, maximal jedoch bei nur einer Klasse 214 Passagiere in Sechserreihen; max. Nutzlast als Frachter 29000 kg.
Entwicklungsstand: Der erste Prototyp der Tu-204 flog am 2. Januar 1989. 1997 begann die Auslieferung an die ersten Kunden. Rund 75 Maschinen (+ Optionen) der verschiedenen Ausführungen sind bestellt und bisher etwa 40 abgeliefert worden. Der Erstflug des ersten Serienflugzeugs Tu-214 fand Anfang 2001 statt. Die neueste Ausführung Tu-204-300 fliegt seit August 2003, Ablieferung ab Mai 2005.
Bemerkungen: Um ein möglichst geringes Leergewicht zu erzielen, wurden in weiten Bereichen neue Werkstoffe, meist Kunststoffe angewandt. Das Cockpit ist mit sechs Farbbildschirm-Anzeigegeräten ausgerüstet. Weitere Neuerungen sind die vollelektrische Steuerung, ein superkritisches Flügelprofil und das dreifache Inertial-Navigationssystem. Die Variante Tu-204 wird durch eine Version Tu-214 ergänzt, welche dank höherem Startgewicht von 110000 kg grössere Reichweiten ermöglicht. Beide haben russische Avionik. Wahlweise kann die Tu-214 aber auch mit Rolls Royce-Triebwerken und mit westlicher Avionik ausgerüstet geliefert werden. Schliesslich ist auch ein Frachter Tu-204C erhältlich sowie die um fast 6 m verkürzte Ausführung Tu-204-300.
Hersteller: Tupolew Joint Stock Comp., Werke Ulyanovsk (Tu-204) und Kazan, Tartastan (Tu-214), Moskau, Russland.

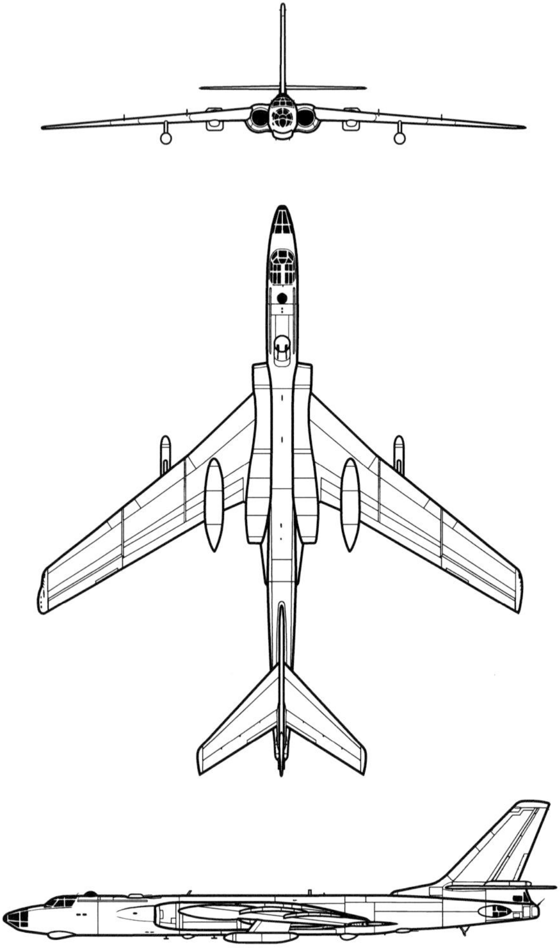

Abmessungen:
Spannweite 34,18 m
Länge 34,80 m
Höhe 14,00 m
Flügelfläche 164,65 m^2

XIAN H-6E/F/H

Ursprungsland: VR China.
Kategorie: Mittelstreckenbomber bzw. Tankerflugzeug.
Triebwerke: Zwei Strahltriebwerke Xian WP8 von je 9500 kp (93,2 kN) Standschub.
Leistungen (geschätzt): Höchstgeschwindigkeit 1007 km/h; normale Reisegeschwindigkeit 786 km/h; Anfangssteiggeschwindigkeit 21 m/Sek; Dienstgipfelhöhe 12000 m; Aktionsradius 1800 km; max. Reichweite 4300 km.
Gewichte: Leergewicht 38530 kg; max. Startgewicht 75800 kg.
Bewaffnung: Eine 23-mm-Zwillingskanone in einem Drehturm am Heck sowie eine Waffenlast von rund 9000 kg im Bombenschacht sowie an Stationen unter den Flügeln. X-6E/F/H Nuklearlenkwaffen bzw. Bomben aller Art, X-6D zwei Antischiffslenkwaffen C-601 Silkworm oder C-801 bzw. bis zu vier Cruise Missiles YJ-63.
Entwicklungsstand: Bereits 1955 nahm die chinesische Lizenzversion H-6 die Flugerprobung auf. Die ersten Exemplare dieses Bombers fliegen bei der chinesischen Luftwaffe seit 1965. Derzeit befinden sich rund 100 Einheiten im Dienst der chinesischen Luftwaffe. Weitere 50 X-6D betreibt die chinesische Marine. Nach noch unbestätigten Informationen wurde die Produktion 2004 wieder aufgenommen. Wieviele neue Einheiten hergestellt werden, ist derzeit nicht bekannt.
Bemerkungen: Bei der H-6 handelt es sich um eine Weiterentwicklung des sowjetischen Mittelstreckenbombers Tupolew Tu-16. Insgesamt gibt es drei Hauptausführungen: Die H-6E/F/H für Einsätze primär mit nuklearen Abstandswaffen sowie mit konventionellen Waffenlasten. Zur Bekämpfung von Seezielen gibt es die X-6D, welche hauptsächlich mit Antischiffslenkwaffen ausgerüstet ist. Aber auch eine Tankerversion H-6U ist vorhanden. Von ihr gibt es rund 20 Einheiten, welche aus früheren Bombern umgebaut wurden. Die derzeit hergestellten Modelle kommen in den Genuss einer aufdatierten Avionik und sind vor allem vorgesehen, die neuen chinesischen Cruise Missiles YJ-63 mitzuführen, welche eine Reichweite von rund 500 km aufweisen.
Hersteller: Xian Aircraft Company (XAC), Xian, Provinz Shaanxi, Volksrepublik China.

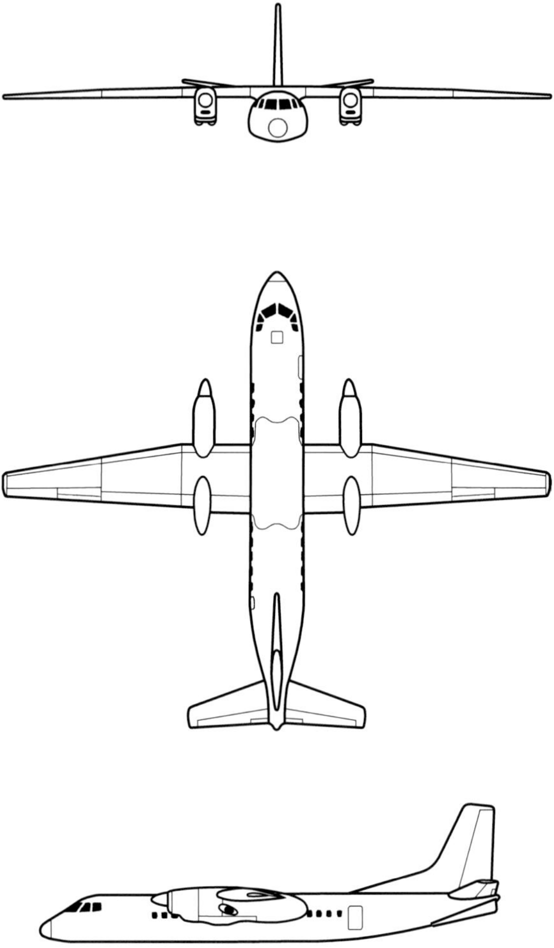

Abmessungen:
Spannweite (Y-7/MA60) 29,67/29,20 m
Länge je nach Version zwischen 24,22 und 24,71 m
Höhe 8,85 m
Flügelfläche 74,98 m²

XIAN Y-7/MA-60

Ursprungsland: Volksrepublik China.
Kategorie: Kurzstrecken-Passagier-, Kombi- und Frachtflugzeug.
Triebwerke (Y-7-200B): Zwei Propellerturbinen Dongan WJ5A-1 von je 2917 WPS (2175 kW) bzw. (MA60) Pratt & Whitney Canada PW127C von je 2750 WPS (2050 kW) Leistung.
Leistungen (MA60): Max. Reisegeschwindigkeit 459 km/h; Anfangssteiggeschwindigkeit 8,05 m/Sek; Dienstgipfelhöhe 7600 m; Reichweite mit 60 Passagieren 1600 km, mit max. Treibstofffüllung 2646 km.
Gewichte (MA60): Leergewicht 13700 kg; max. Startgewicht 21800 kg.
Zuladung: Zwei Piloten und normal 56 Passagiere oder bei dichter Bestuhlung 60 Passagiere; max. Nutzlast als Frachter 5500 kg.
Entwicklungsstand: Erstflug der Y7H-500 Ende 1988, der Y7-200A im 3. Quartal 1993. Von dieser Ausführung sind bisher gegen 70 Maschinen an meist chinesische Fluggesellschaften sowie an diverse Luftwaffen geliefert worden. Weitere Einheiten bestellten kürzlich insbesondere mehrere Entwicklungsländer.
Bemerkungen: Diese ursprünglich aus der damals sowjetischen An-24/26 abgeleitete Ausführung hat Xian in verschiedenen Etappen wesentlich weiterentwickelt. Derzeit werden folgende Varianten angeboten und gebaut: Passagier- bzw. Executiveversion Y7-100, Y7-100A mit Winglets, Y7-100C mit westlicher Avionik von Rockwell Collins und verlängertem Rumpf, die Commuterversion Y7-200A (neu als MA60 bezeichnet) sowie die zivilen und militärischen Frachter Y7-200B und Y7H-500 mit Heckladerampe. Alle -200-Ausführungen verfügen über ein EFIS-Cockpit, ein APU von AlliedSignal, ein leichteres Fahrwerk und Vierblattpropeller von Hamilton Standard. Dank des Triebwerks PWC127C resultiert eine Reduktion des spezifischen Treibstoffverbrauchs von 25 %, die Nutzlast ist um 800 kg erhöht. Ganz neu und besonders auf den Exportmarkt zugeschnitten wurde die MA60 weiter verbessert und u.a. mit neuen Propellern und komfortablerer Inneneinrichtung ausgerüstet. Auch eine Frachtvariante dieser Ausführung ist geplant.
Hersteller: Xian Aircraft Company, Xian, Provinz Shaanxi, VR China.

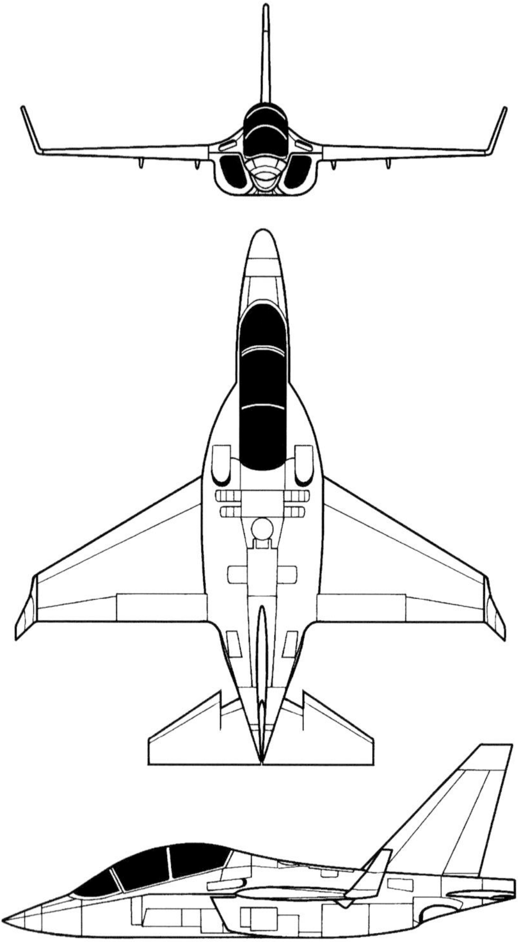

Abmessungen:
Spannweite 9,72 m
Länge 11,25 m
Höhe 4,76 m
Flügelfläche 23,50 m^2

YAKOWLEW YAK-130

Ursprungsland: Russland.
Kategorie: Zweisitziger Fortgeschrittenentrainer und leichtes Erdkampfflugzeug.
Triebwerke: Zwei Mantelstromtriebwerke Progress AI-222-25 von je 2500 kp (24,50 kN) Standschub.
Leistungen: Höchstgeschwindigkeit auf optimaler Höhe 1050 km/h; auf Meereshöhe 850 km/h+; Anfangssteiggeschwindigkeit 75 m/Sek; Dienstgipfelhöhe 12500 m; Aktionsradius mit zwei 500-kg-Bomben (Einsatzprofil hoch-tief-tief-hoch) 850 km; Überführungsreichweite 2000 km.
Gewichte: Leergewicht 4600 kg; normales Startgewicht 5700 kg; max. Startgewicht 9000 kg.
Bewaffnung: Waffen aller Art bis zu einem Gewicht von 3000 kg.
Entwicklungsstand: Ein Prototyp startete mit grosser Verspätung am 25. April 1996 zum Erstflug. Das erste Serienmuster flog erstmals Ende 2003, das zweite im April 2005. Bisher sind 14 Yak-130 (+ 48 Optionen) bestellt. 2007 wird die erste Staffel bei der russischen Luftwaffe einsatzbereit sein. Der Gesamtbedarf beläuft sich auf 150 bis 200 Maschinen.
Bemerkungen: Die Yak-130 soll die Nachfolge der heutigen Trainingsflugzeuge Aero L 29 Delfin und L 39 Albatros bei der russischen Luftwaffe antreten. Da sie besonders wendig ist, kann die Yak-130 alle wichtigen Flugmanöver der heutigen Kampfflugzeuggeneration Su-27 und MiG-29 ausführen. Anfänglich erfolgte die Entwicklung dieses Musters in Kooperation mit der italienischen Aermacchi. Diese Zusammenarbeit wurde aber aufgelöst. Aermacchi verfolgt mit der M-346 (siehe Seiten 16/17) mittlerweile einen eigenen Weg. Die Konstruktion ist von konventioneller Art und besonders robust ausgelegt. Ungewöhnlich ist der komplexe Deltaflügel mit den ovalen Triebwerkeinläufen. Das Triebwerkmanagement (FADEC) ist vollständig digitalisiert, ebenso die übrige Avionik. Die Flugsteuerung stützt sich auf ein vierfach redundantes FBW-System ab. Das Cockpit umfasst u.a. drei grosse LCD-Bildschirme. Unter der Bezeichnung Yak-133 ist eine einsitzige Erdkampfversion in Planung.
Hersteller: OKB Alexander S. Yakowlew, Werke Nizhniy Novgorod und Saratow, Russland.

VERZEICHNIS DER FLUGZEUGTYPEN

ABKÜRZUNGEN IM TEXT

Aéronavale = Französische Marineluftwaffe
AEW/C = **A**irborne **E**arly **W**arning/**C**ommand, fliegende Radarfrühwarn- und Kommandoflugzeuge
ALAT = **A**viation **L**égère de l'**A**rmée de **T**erre, französische Heeresluftwaffe
Armée de l'Air = Französische Luftwaffe
ASTOR = **A**irborne **St**and-**O**ff **R**adar
ASW = **A**nti-**S**ubmarine **W**arfare, U-Boot-Bekämpfung
AWACS = **A**irborne **W**arning **A**nd **C**ontrol **S**ystem, Frühwarnflugzeug
COMINT = **COM**munications **INT**elligence, Nachrichtenaufklärung
CTOL = **C**onventional **T**ake-**O**ff and **L**anding, Start und Landung konventionell
CRT = **C**athode-**R**ay-**T**ube, Kathodenröhren-Anzeigen
ECM = **E**lectronic **C**ounter **M**easures, Sammelbegriff für alle Massnahmen zur Störung feindlicher Funk- und Radareinrichtungen auf elektronischem Weg
EFIS = **E**lectronic **F**light **I**nstrument **S**ystem, Elektronische Bildschirmanzeige-instrumente
Elint = **El**ectronics **Int**elligence, elektronische Aufklärung
FADEC = **F**ull **A**uthority **D**igital **E**ngine **C**ontrol, Digitales Triebwerkmanagement-System
FBW = **F**ly **B**y **W**ire, Steuerung des Flugzeuges mittels elektrischen Impulsen
FLIR = **F**orward-**L**ooking **I**nfra**R**ed, Infrarot-Nachtsichtgerät
GFK = **G**las**f**aserverstärkter **K**unststoff
GPS = **G**lobal **P**ositioning **S**ystem, präzise Navigationshilfe mittels Satelliten
HOTAS = **H**ands-**O**n-**T**hrottle-**A**nd-**S**tick, alle wichtigen Bedienungsfunktionen sind im Steuerknüppel vereinigt
HUD = **H**ead-**U**p **D**isplay, Blickfelddarstellungsgerät. Die wichtigsten Flugdaten werden auf die Frontscheibe projiziert
IFR = **I**nstrument **F**light **R**ules, Instrumentenflugregeln
LANTIRN = **L**ow-**A**ltitude **N**avigation **T**argeting **IR** for **N**ight, Tiefflugnavigations- und Infrarot-Angriffssystem für Nachteinsätze
MAD = **M**agnetic **A**nomaly **D**etection, Magnetometer, Gerät zum Aufspüren magnetischer Unregelmässigkeiten (Einsatz zur U-Boot-Bekämpfung)
NVG = **N**ight **V**ision **G**oggles, Sammelbegriff für Nachsichtgeräte/-brillen am Kopf des Piloten befestigt
RAAF = **R**oyal **A**ustralien **A**ir **F**orce, australische Luftwaffe
RAF = **R**oyal **A**ir **F**orce, britische Luftwaffe
RN = **R**oyal **N**avy, britische Marineluftwaffe
SAR = **S**earch **A**nd **R**escue, Such- und Rettungseinsätze
SAR = **S**ynthetic **A**perture **R**adar, Synthetisches Breitband-Aufklärungsradar
SIGINT = **SIG**nals **INT**ellingence, Funkaufklärung
STOL = **S**hort **T**ake-**O**ff and **L**anding, Kurzstart und -landung
STOVL = **S**hort **T**ake-**O**ff and **V**ertical **L**anding, Kurzstart und Senkrechtlandung
USAF = **U**nited **S**tates **A**ir **F**orce, Luftwaffe der USA
USCG = **U**nited **S**tates **C**oast **G**uard, Küstenwache der USA
USMC = **U**nited **S**tates **M**arine **C**orps, Marineinfanterie der USA
USN = **U**nited **S**tates **N**avy, Marine der USA
VFR = **V**isual **F**light **R**ules, Sichtflugregeln
VTOL = **V**ertical **T**ake-**O**ff and **L**anding, Senkrechtstart und -landung
WPS = **W**ellen-**PS**, Leistung einer Propeller- oder Gasturbine, gemessen an der Welle; der Restschub wird nicht berücksichtigt, Englisch: shp (Shaft Horse Power)